Sagaz

Amishi P. Jha

Sagaz

Encontre seu foco e mude sua vida em 12 minutos por dia

Tradução: Cristiane Riba

principium

Copyright © 2022 by Editora Globo S.A. para a presente edição
Copyright © 2021 by Amishi P. Jha

Todos os direitos reservados. Nenhuma parte desta edição pode ser utilizada ou reproduzida — em qualquer meio ou forma, seja mecânico ou eletrônico, fotocópia, gravação etc. — nem apropriada ou estocada em sistema de banco de dados sem a expressa autorização da editora.

Texto fixado conforme as regras do Acordo Ortográfico da Língua Portuguesa
(Decreto Legislativo nº 54, de 1995).

Título original: *Peak mind*

Editora responsável: Amanda Orlando
Assistente editorial: Isis Batista
Preparação: Laize de Oliveira
Revisão: Theo Cavalcanti, Mariana Donner e Bianca Marimba
Diagramação: Equatorium Design
Capa: Estúdio Insólito

CIP-BRASIL. CATALOGAÇÃO NA PUBLICAÇÃO
SINDICATO NACIONAL DOS EDITORES DE LIVROS, RJ

J56s

Jha, Amishi P., 1970-
    Sagaz : encontre seu foco e mude sua vida em 12 minutos por dia / Amishi P. Jha; tradução Cristiane Riba. - 1. ed. - Rio de Janeiro : Principium, 2022.
    336 p. ; 23 cm.

    Tradução de: Peak mind : find your focus, own your attention, invest 12 minutes a day
    ISBN 978-65-88132-15-9

    1. Atenção. 2. Técnicas de autoajuda. I. Riba, Cristiane. II. Título.

22-78778   CDD: 153.733
                                                 CDU: 159.952

Meri Gleice Rodrigues de Souza - Bibliotecária - CRB-7/6439
06/07/2022   11/07/2022

1ª edição, 2022

Direitos exclusivos de edição em língua portuguesa para o Brasil adquiridos por Editora Globo S.A.
Rua Marquês de Pombal, 25 — 20230-240 — Rio de Janeiro — RJ
www.globolivros.com.br

Este livro contém orientações e informações relacionadas a cuidados de saúde. Este material deve ser usado para complementar, e não substituir, as orientações de seu médico ou outro profissional. Se você sabe ou suspeita que tenha algum problema de saúde, é recomendável consultar seu médico antes de iniciar qualquer tratamento ou programa. Todos os esforços foram feitos para garantir a precisão das informações contidas neste livro na data de publicação. A editora e a autora não se responsabilizam por quaisquer resultados, médicos ou de outra natureza, que possam vir a ocorrer em consequência da aplicação dos métodos sugeridos neste livro.

Para Michael, Leo e Sophie.

Sumário

Introdução: "Pode me dar um minuto da sua atenção, por favor?" 11

1. A atenção é seu superpoder: Um guia do usuário para o poderoso sistema de atenção e como ele define sua vida 27

2. ...Mas tem a kriptonita: As vulnerabilidades da mente e as estratégias fracassadas que pioram tudo 49

3. Flexões para a mente: A nova ciência por trás da antiga solução que funciona para treinar a atenção 67

4. Encontre o seu foco: Em um mundo de distrações, mantenha sua "lanterna" onde você precisar 93

5. Permaneça no play: Use poderosamente a atenção no aqui e agora 125

6. Aperte gravar: Aquilo a que você presta atenção é o que você experimenta... e o que você lembra 153

7. Descarte a história: Não deixe que o "pensamento tendencioso" afete sua atenção e sua clareza 177

8. Vá com tudo: Use a metaconsciência para desbloquear os poderes da atenção 201

9. Fique conectado: Revolucione suas interações e seus relacionamentos 223

10. Sinta a queimação: Obtenha a "dose mínima necessária" para transformar sua mente 247

Conclusão: A mente no auge em ação 275

O guia prático da mente no auge: Treinamento central para o cérebro 283
    Semana um 287
    Semana dois 290
    Semana três 293
    Semana quatro 296
    Semana cinco e para sempre 299

Agradecimentos 303
Notas 309

Introdução

"Pode me dar um minuto da sua atenção, por favor?"

Você está perdendo 50% da sua vida.[1] E não está sozinho: todo mundo está perdendo.

Tire um minuto para visualizá-la. Percorra os eventos individuais, as interações e os acontecimentos que se entrecruzam ao longo de um dia, de uma semana, de um mês, de um ano, de uma *vida inteira*. Pense nela como uma colcha de retalhos, cada quadrado um pequeno bloco de tempo: aqui, você se servindo de uma xícara de café; ali, lendo um livro para seu filho; comemorando uma conquista no trabalho; caminhando pela vizinhança; escalando uma montanha; mergulhando com tubarões. O comum e o extraordinário entrelaçados e trabalhando juntos, formando a história da sua vida.

Agora, pegue a metade desses retalhos e os rasgue. O que resta da colcha — uma coberta irregular, fria e cheia de buracos — é a parte da sua vida na qual você está mentalmente presente. O restante se foi. Você não o experimentou de verdade. E é provável que nem se lembre.

Por quê? Porque você não estava prestando atenção.

Tenho sua atenção agora? Espero que sim — imaginar que estamos perdendo tanto de nossas vidas é muito alarmante. Mas, agora que a tenho, não conseguirei mantê-la por muito tempo. Enquanto você lê este capítulo, é provável que perca até metade do que eu disser. E, ainda por cima, você acabará de ler estas páginas convencido de que não perdeu nada.

Digo isso com segurança, mesmo sem saber quem você é ou como seu cérebro pode ser diferente do último que testamos em meu laboratório, na Universidade de Miami, onde pesquiso a ciência da atenção e dou aulas de neurociência cognitiva. Isso ocorre porque, ao longo de minha carreira de cientista do cérebro, observei determinados padrões universais na forma como *todos* os cérebros funcionam — como conseguem se concentrar tanto e como são tão vulneráveis a distrações —, não importa quem você seja ou o que faça. Tive a oportunidade de espiar o cérebro humano vivo usando as mais avançadas tecnologias de imagens cerebrais disponíveis e sei que, a qualquer momento, há uma grande probabilidade de que sua mente simplesmente não esteja *aqui*. Em vez disso, você estará planejando o próximo item da sua lista de tarefas. Você estará ruminando algo que o esteja incomodando, uma preocupação ou um arrependimento. Estará pensando em algo que poderia acontecer amanhã, ou no dia seguinte, ou nunca. Seja qual for a perspectiva, você não estará *aqui*, vivendo sua vida. Você estará em outro lugar.

Será que isso apenas faz parte de estar vivo? É um efeito colateral da condição humana, algo com que todos temos de conviver? Será que realmente é tão relevante?

Após 25 anos estudando a ciência da atenção, posso responder a essas questões. Sim, *faz* parte de estar vivo — de muitas formas, como a evolução de nosso cérebro foi impelida por pressões de sobrevivência específicas, nossa atenção aumenta e diminui,[2] tornando-nos propensos à distração. Essa facilidade em se distrair foi útil quando predadores espreitavam a cada esquina. Contudo, no mundo de hoje, marcado pelo ritmo acelerado, pelas rápidas mudanças e pela saturação tecnológica, estamos sentindo essa tendência à distração mais do que nunca e enfrentamos novos predadores que contam com essa nossa tendência e a exploram. Mas não, não é algo com que simplesmente tenhamos de conviver — podemos treinar nosso cérebro para prestar atenção de uma maneira *diferente*. E, por fim e mais importante: sim, *é* muito relevante.

O IMPACTO EXTRAORDINÁRIO DA ATENÇÃO

Diga-me se isto o descreve: às vezes, manter o foco é uma luta. Sua mente se alterna entre o tédio e a sobrecarga. Você se sente confuso, como se o raciocínio nítido em que precisa confiar não estivesse ali. Você tem pavio curto. É irascível. Estressado. Repara em falhas que cometeu: erros de digitação, palavras que pulou ou ou repetiu. (Percebeu isso?) Os prazos estão se esgotando, mas você acha difícil se afastar dos *feeds* de notícias e das mídias sociais. Você fica no celular, abrindo aplicativo atrás de aplicativo, e, então, algum tempo depois, olha para cima se perguntando o que estava mesmo procurando. Você passa muito tempo absorto em seus pensamentos, sem sincronia com tudo o que está acontecendo à sua volta. Você se vê pensando direto em suas interações — algo que gostaria de ter dito, algo que *não deveria* ter dito, algo que deveria ter feito melhor.

Você pode se surpreender ao saber que, no final das contas, *tudo* isso se resume a uma coisa: a sua atenção.

- Se você sente que está em uma névoa cognitiva: *atenção esgotada*.
- Se você se sente ansioso, preocupado ou oprimido por suas emoções: *atenção sequestrada*.
- Se você não consegue se concentrar para agir ou para mergulhar num trabalho urgente: *atenção fragmentada*.
- Se você se sente fora de sintonia com os outros e distante deles: *atenção desconectada*.

Em meu laboratório de pesquisa na Universidade de Miami, eu e minha equipe estudamos e treinamos pessoas que atuam em algumas das profissões mais exigentes, estressantes e perigosas. Estudamos profissionais das áreas médica e de negócios, bombeiros, soldados, atletas de elite, entre outros. Eles precisam empregar sua atenção — e bem — em meio a circunstâncias extraordinariamente arriscadas, nas quais suas decisões podem afetar muitas pessoas. Como em cirurgias de alto risco. Incêndios mortais. Operações de resgate. Zonas de guerra ativas. Um único instante em que o desempenho pode impulsionar ou destruir uma carreira, interromper ou salvar uma vida. Para algumas dessas pessoas, prestar atenção, e como o fazem, é literalmente uma questão de vida ou morte. Para todos nós, é uma força poderosa que molda nossas vidas muito mais do que imaginamos.

Sua atenção determina:
- o que você percebe, aprende e lembra;
- o quanto você se sente estável ou reativo;
- quais decisões e ações você toma;
- como você interage com os outros;
- por fim, seu senso de satisfação e realização.

De alguma forma, todos já sentimos isso — considere a linguagem que usamos quando falamos sobre atenção. *"Preste atenção"*, dizemos. *"Pode me dar um minuto da sua atenção?"*, perguntamos. Vemos e ouvimos informações que *chamam a atenção*. Essas expressões comuns mostram o que já sabemos instintivamente: que, tal como o dinheiro, a atenção pode ser paga, dada ou roubada; que é muito valiosa e também finita.

Recentemente, o valor comercial da atenção tem ganhado destaque.[3] Como se costuma dizer sobre os aplicativos de mídias sociais: "Se você não está pagando pelo produto, você *é* o produto". Mais precisamente, a sua atenção é o produto — uma *commodity* que pode ser vendida pela maior oferta. Agora temos negociantes e mercados de atenção. Tudo isso anuncia uma nova e magnífica distopia envolvendo um "mercado de futuros de atenção humana", ao lado de gado, petróleo e prata. No entanto, a atenção não é algo que possa ser acumulado ou emprestado. Não pode ser guardada para uso posterior. Só podemos usar nossa atenção aqui e agora — *neste* momento.

O QUE É EXATAMENTE A ATENÇÃO?

O *sistema de atenção* existe para resolver um dos maiores problemas do cérebro: há, no ambiente, muito mais informação do que o cérebro consegue processar plenamente. A fim de não ficar sobrecarregado, ele usa a *atenção* para filtrar tanto o falatório e os ruídos desnecessários à nossa volta como as distrações e os pensamentos de fundo que constantemente borbulham na superfície da nossa mente.

Ao longo do dia, todos os dias, seu sistema de atenção está agindo: em um café lotado, você se concentra na tela do computador e no trabalho enquanto a conversa na mesa ao lado ou o assobio da máquina de café expresso parecem abafados. No parquinho, você examina todas as crianças em suas roupas coloridas nos escorregadores e balanços, mas rapidamente consegue reconhecer a sua. Durante uma conversa com uma colega de trabalho, você mantém na mente uma observação que quer fazer, mesmo enquanto ouve e absorve o que ela está dizendo. Ao atravessar uma rua movimentada, você percebe um carro vindo em sua direção muito rápido, mesmo que existam centenas de outras distrações — pessoas circulando na calçada, um sinal de pedestres piscando, buzinas tocando.

Sem a atenção, você estaria completamente perdido no mundo. Você ficaria ausente, inconsciente e alheio aos eventos à sua volta, ou ficaria oprimido e paralisado pela massa de informação absoluta e incoerente bombardeando você. Acrescente a esses elementos o fluxo contínuo de pensamentos gerados por nossa mente, e, no final, tudo isso seria incapacitante.

Para estudar *como* o cérebro humano presta atenção, minha equipe de pesquisa usa uma variedade de técnicas — ressonância magnética funcional, registros eletrofisiológicos, tarefas comportamentais, entre outros. Trazemos as pessoas até o laboratório e acompanhamos seu cotidiano no exterior — o que chamamos de ir "a campo". Conduzimos dezenas de estudos em grande escala e publicamos diversos artigos revisados por pares sobre nossas descobertas em periódicos profissionais. Observamos três aspectos importantes:

Primeiro, **a atenção é *poderosa***. Refiro-me a ela como a "chefe do cérebro", pois a atenção orienta como o processamento da informação acontece no cérebro. Tudo a que prestamos atenção é *amplificado*.[4] Parece mais claro, mais audível, mais nítido do que o resto. Aquilo que você foca torna-se mais proeminente em sua realidade do momento presente: você sente as emoções correspondentes; você vê o mundo através dessa lente.

Segundo, **a atenção é *frágil***. Pode se esgotar rapidamente sob determinadas circunstâncias — que acabam sendo, infelizmente, as que permeiam nossas vidas. Quando vivenciamos situações de estresse, ameaça ou mau humor — os três principais elementos que chamo de "kriptonita" para a atenção —, esse valioso recurso se exaure.[5]

E, terceiro, **a atenção pode ser *treinada***. É possível alterar a forma como nossos sistemas de atenção funcionam. Essa é uma nova descoberta fundamental, não apenas porque *estamos* perdendo metade de nossas vidas, mas porque a metade que estamos vivendo pode ser uma luta constante. Com treinamento, no entanto, podemos fortalecer nossa capacidade para experimentar e desfrutar plenamente os momentos em que estamos inseridos, embarcar em novas aventuras e percorrer os desafios da vida de modo mais efetivo.

Estamos vivendo uma crise de atenção... mas não é o que você pensa

Estamos vivendo uma crise de atenção. Estamos exaustos e esgotados, cognitivamente confusos, menos eficientes e menos realizados em nossas vidas. Essa crise é em parte sistêmica, movida pela *economia da atenção*, na qual veículos de distribuição de conteúdo convidativo e altamente viciante, que assumem o formato de aplicativos de mídias sociais, entretenimento e notícias, mantêm-nos rolando a tela sem parar. Guiada por práticas predatórias e falta de regulação, nossa atenção é seduzida e explorada. E, então, como uma hipoteca ou outro produto financeiro, nossa atenção individual é reunida, reembalada e vendida com bastante lucro.

Se a atenção evoluiu porque havia informação em demasia para processarmos, então agora *realmente* há um excesso. O fluxo de conteúdo é barulhento demais, rápido demais, intenso demais, interessante demais, implacável demais. E não somos apenas destinatários dessa explosão de informação, mas também participantes voluntários dela. Estamos indo a todo vapor para manter o ritmo e não perder nada, porque isso é o que esperamos ou o que é esperado de nós.

Isso não parece ser bom. Então, por que é tão difícil mudar? Somos aconselhados a nos "desconectar", a nos "separar" de nossos celulares, a trabalhar por períodos mais curtos e focados. Mas nosso cérebro não tem a menor chance nessa luta. Não conseguimos superar os algoritmos projetados por um exército de engenheiros de software e psicólogos. O poder dessa inteligência artificial reside em sua adaptabilidade — ela está constantemente aprendendo conosco a melhor forma de chamar nossa atenção e nos manter presos. Ela utiliza o mesmo tipo de reforço que mantém as pessoas sentadas em frente a máquinas caça-níqueis por horas a fio em cassinos esfumaçados, com um olhar atordoado no rosto e um balde de moedas no colo. Mas não é uma máquina caça-níqueis na nossa frente, é um aplicativo. E não são moedas que estamos utilizando, *é a nossa atenção*.

Quero deixar uma coisa bem clara: *não há nada de errado com sua atenção*. Na realidade, ela está funcionando tão bem, e tão na hora certa, que programas de computador conseguem prever como ela irá responder. Estamos vivendo uma crise *porque* nossa atenção funciona tão bem. Ela está fazendo exatamente aquilo para o qual foi projetada: responder de forma vigorosa a determinados estímulos. Você não pode derrotar algoritmos em sites de mídias sociais, a atração pavloviana dos sons do seu telefone, o ícone de notificação vermelho vibrante de sua caixa de entrada, nem o desejo de completar mais uma missão para subir de nível. No entanto, não somos indefesos. Podemos resolver essa crise de atenção.

A arte da guerra, cuja autoria é tradicionalmente atribuída a Sun Tzu no século V a.C., oferece conselhos sobre o que devemos fazer quando não estamos em uma luta justa — quando estamos claramente dominados e superados: "Obter cem vitórias em cem batalhas não é o auge da destreza.[6] Subjugar o inimigo **sem lutar** é o auge da destreza".

Em outras palavras: não desperdice sua energia tentando melhorar seu desempenho na luta contra o que desvia sua atenção. *Você não conseguirá vencer essa luta*. Em vez disso, cultive a capacidade e a habilidade de posicionar sua mente de forma a não *precisar* lutar.

Esse é o problema das soluções existentes — elas nos orientam a ir para a guerra contra as forças que desviam nossa atenção. Assim como nadar contra a correnteza, é exaustivo e ineficaz. Em vez disso, precisamos nos afastar desse modo de lutar contra nossa atenção. Assim como um nadador habilidoso que reconhece a força do oceano e nada lateralmente até um lugar seguro, precisamos ser capazes de reconhecer os sinais.

Preste atenção na sua atenção

Pense nas coisas que, de repente, indicam que sua atenção está no caminho errado. Você pode chegar ao final de uma página que está lendo e perceber que não absorveu nenhum conteúdo — é o virar físico da página (ou o rolar para a tela seguinte) que o alerta. Você está absorto em seus pensamentos quando ouve seu nome e um irritante "Olá? Você está me ouvindo?" e percebe que já saiu da conversa há um bom tempo — é a voz da pessoa que o alerta. Você bloqueia sites ou limita seu acesso ao utilizar um aplicativo que controla o seu tempo; é a notificação de "Tempo esgotado!" que o alerta. Mas, quando esses alertas externos o avisam, o dia todo sem parar, você já gastou tempo demais em um estado cerebral que esgotou e degradou sua atenção, deixando-o com recursos cognitivos em declínio e cada vez menos capaz de se recompor — é uma espiral descendente exponencial.

Pensamos nisso como um problema exclusivamente contemporâneo — uma crise nascida de nossa era de alta tecnologia. Sim, é verdade que estamos vivendo em um período sem precedentes de direcionamento de nossa atenção. Mas não precisamos de estímulos externos para ter uma crise de atenção — isso *sempre* foi um desafio para os humanos. Existem registros de monges medievais, no ano 420,[7] preocupados por não conseguirem manter seus pensamentos em Deus como deveriam — reclamavam que estavam constantemente pensando no almoço ou em sexo. Sentiam-se sobrecarregados de informação, frustrados porque mal se sentavam para ler algo e suas mentes inquietas queriam ler outra coisa. *Por que não conseguiam se concentrar? Por que a mente desobedecia?* Eles chegavam ao extremo de cortar relações com a família e abrir mão de todos os bens — a ideia era que, se tivessem menos laços terrenos, teriam também menos distrações. Funcionava? Não.

Mais de mil anos depois, em 1890, o psicólogo e filósofo William James manifestou a luta pela atenção e a constante falta de solução:

> A faculdade de voluntariamente trazer de volta uma atenção divagante, repetidas vezes, é a própria raiz do bom senso, do caráter e da vontade. Ninguém é [senhor de si mesmo] se não a tiver. Uma educação que

melhorasse essa faculdade seria *a* educação por excelência. Mas é mais fácil definir esse ideal do que dar instruções práticas para realizá-lo.[8]

Mesmo se pudéssemos — com o toque de uma varinha mágica — eliminar toda a tecnologia, o brilho noturno dos laptops e a vibração dos celulares, não adiantaria. A natureza da mente é procurar informação e se envolver com ela[9] — seja no celular no nosso bolso ou nos pensamentos borbulhantes em nossa cabeça. Você não precisa estar imerso nesse oceano digital em que todos vivemos hoje para sentir a dor da inquietude, da atenção esgotada, e sofrer com isso. Podemos olhar para mil anos atrás e ver que nossos antepassados experimentaram o mesmo.

O problema não é o celular nem os e-mails que não param de chegar. Não é o fato de estarmos rodeados de informação e notícias que chamam a atenção o tempo todo. Não é a equipe de engenheiros de software trabalhando em novas e melhores formas de atrair sua atenção com aquele retângulo que vibra e toca conectado a você dia e noite. O problema é que muitas vezes não sabemos o que está acontecendo em nossa mente. Não temos **alertas internos** que nos mostrem no que está nossa atenção a cada momento. E, para isso, há uma solução: *prestar atenção na sua atenção.*

Você não pode simplesmente *decidir* fazer algo — o cérebro não funciona assim

Se você fosse participar em um de nossos estudos de laboratório, eis o que aconteceria: colocaríamos em você um chapeuzinho engraçado parecido com uma touca de natação, elástico e ajustado, coberto de eletrodos projetados para captar a atividade elétrica do cérebro. Quando neurônios suficientes disparam juntos em resposta a algo que lhe mostramos no monitor de um computador, os eletrodos detectam minúsculos choques de tensão, que são transmitidos para um amplificador e enviados para outro computador, para gravação e processamento. Enquanto tudo isso acontece, nós da equipe de pesquisa monitoramos uma tela repleta de rabiscos irregulares que nos mostra, em tempo real, milésimo a milésimo de segundo, o que está acontecendo dentro do seu crânio. Ao mesmo tempo, damos-lhe testes computadorizados para examinar comportamentos relacionados à atenção.

Estudo após estudo, procuramos circunstâncias nas quais as pessoas pudessem prestar atenção sem se distrair. Eis o que descobrimos: não existe nenhuma. Em todos os nossos experimentos, cada vez mais direcionados, não houve *nenhuma* circunstância em que os participantes mantiveram o foco 100% do tempo. E um corpo cada vez maior de pesquisa agora confirma que isso não ocorre apenas com nossos participantes — estudos de todo o mundo demonstram o mesmo padrão. Participantes da pesquisa não conseguiam prestar atenção continuamente quando recebiam essa instrução.[10] Não conseguiam fazê-lo quando havia algo importante em jogo ou quando estavam motivados. Não conseguiam fazê-lo nem mesmo quando eram pagos!

Vamos parar e fazer um rápido levantamento. Na primeira frase deste livro, afirmei que você poderia perder até 50% do que eu iria dizer. Você pode ter encarado isso como um desafio para prestar muito mais atenção. Então, como você está se saindo? Reflita um pouco e veja se consegue fazer um inventário mental de todas as *outras* coisas em que pensou (ou mesmo parou de ler para fazer) desde que começou a ler estas páginas. Você pode até querer anotá-las para ver quantas tarefas, pensamentos e afazeres sua mente altamente ativa está tentando realizar ao mesmo tempo. Você fez uma pausa para enviar e-mails ou mensagens de texto? Sua atenção se voltou para preocupações com prazos se esgotando, inquietações com seus filhos ou pais, planos de ver amigos ou pensamentos sobre suas finanças? Você fez uma rápida carícia na cabeça da sua cachorra ou percebeu que ela precisava passear, comer ou tomar banho? Você parou de ler completamente para verificar seu *feed* de notícias?

Todos fazemos isso. Você não pode simplesmente decidir prestar atenção "melhor". Não importa o quanto eu lhe diga como a atenção funciona e por que, e não importa o quanto você está motivado, a forma como seu cérebro presta atenção não pode ser, em essência, alterada por pura força de vontade. Não importa se você é a pessoa mais disciplinada do mundo: *não vai funcionar*. Em vez disso, precisamos treinar o cérebro para operar de modo *diferente*. E a notícia é animadora: finalmente descobrimos como fazê-lo.

A nova ciência da atenção

Cientistas, estudiosos e filósofos há muito tempo se concentram em algumas questões centrais: *O que é a atenção? Como ela funciona? Por que funciona dessa forma?* No início de minha carreira, passei muito tempo explorando essas questões, mas sabia que era preciso fazer a pergunta seguinte: *Como fazê-la funcionar melhor?*

Comecei a procurar maneiras de fortalecer a atenção. Tentamos todos os tipos de técnicas no laboratório, como aplicativos que oferecem exercícios cerebrais, músicas que melhoram o humor e até fones de ouvido de alta tecnologia com luz e som. No entanto, nada era bem-sucedido. Para piorar, começamos a observar um padrão perturbador em nossa pesquisa com indivíduos cujas profissões exigem muito em campo: soldados, bombeiros e outros que atuam em situações de emergência e alto risco. Esses profissionais costumam passar por períodos intensos de preparação para o que irão fazer: soldados passam por meses de treinamento intensivo antes de serem destacados para zonas de guerra; bombeiros encaram treinamento rigoroso antes de enfrentar situações imprevisíveis e com risco de vida. Pense em alguém se preparando para algo importante. Uma aluna estudando para as provas. Um advogado se preparando para um julgamento. Um jogador de futebol americano em pré-temporada, treinando duas vezes por dia. Descobrimos que esses indivíduos ficavam com a atenção esgotada durante esse período de preparação. Sua capacidade atencional despencou. E isso acontecia bem antes de eles terem de atuar em sua melhor forma.

Essas pessoas não estão sozinhas — um período de estresse prolongado ou demanda contínua também irá esgotá-lo, deixando-o com menos recursos quando, na realidade, você mais precisa deles. Mas, antes que pudéssemos desenvolver uma *solução*, precisávamos descobrir o que exatamente estava degradando a atenção.

Uma das maiores culpadas? *A viagem no tempo mental.*

Fazemos essa viagem o tempo todo. Sem parar. E fazemos mais ainda sob estresse. Sob estresse, nossa atenção é puxada para o passado por uma lembrança, na qual ficamos presos num ciclo ruminativo, ou podemos ser lançados para o futuro por uma preocupação, levando-nos a imaginar infinitos cenários apocalípticos. O denominador comum é que intervalos estressantes sequestram a atenção *do momento presente*.

Foi assim que a atenção plena, também conhecida como *mindfulness*, entrou em meu laboratório como uma possível "ferramenta de treinamento do cérebro". Eu queria descobrir se treinar nossos participantes em exercícios de atenção plena poderia ajudá-los a serem mais eficientes em situações de alta pressão. Nossa definição básica de atenção plena era a seguinte: *prestar atenção na experiência do momento presente sem elaboração conceitual ou reatividade emocional*. Eu me perguntava se treinar pessoas para manter a atenção no aqui e agora, sem opiniões ou reações, poderia servir como uma espécie de "armadura mental". Será que poderia proteger e fortalecer sua atenção para quando mais precisassem dela?

Trabalhamos com professores de atenção plena e estudiosos do budismo para identificar as principais práticas de treinamento da mente que se mantiveram ao longo dos séculos. Oferecemos essas práticas a centenas de participantes, explorando seus efeitos no laboratório, em sala de aula, em espaços esportivos e no campo de batalha. Esse trabalho levou a algumas descobertas emocionantes, e vários desses estudos e histórias serão destacados ao longo deste livro. Mas, por agora, vou pular para o final, para a pergunta de um zilhão de dólares: funcionou? O treinamento de atenção plena consegue proteger e fortalecer a atenção?

A resposta é um retumbante *sim*. Na realidade, o treinamento de atenção plena foi a *única* ferramenta de treinamento do cérebro que funcionou, de modo consistente, no fortalecimento da atenção ao longo de nossos estudos.

Nossa crise de atenção é, em essência, um problema antigo, não moderno. E uma solução antiga — com algumas atualizações bem modernas — é *a* saída promissora e científica para resolvê-la.

Nova ciência, antigas soluções

Como pesquisadora, minha missão tem sido trazer a visão da ciência do cérebro para a prática milenar da meditação da atenção plena a fim de explorar *se* e *como* ela pode treinar o cérebro. Descobrimos novas evidências de que, com treinamento, a atenção plena *pode mudar o padrão de funcionamento do cérebro*, de modo que nossa atenção — esse recurso precioso — fique protegida e rapidamente disponível, mesmo diante de estresse intenso e alta demanda.

Vivemos em uma época de incertezas e mudanças. Muitos de nós experimentam uma atmosfera de estresse e ameaça que, de modo constante, ativa a tendência de nossa mente a viajar para uma realidade alternativa. Quanto mais estresse e incerteza enfrentamos, mais nossa mente viaja para um destino mental desejado ou distópico. Com frequência, estamos em modo acelerado. Estamos tentando resolver todas as incertezas. Estamos planejando mentalmente eventos que não são planejáveis. Estamos imaginando cenários que podem nunca acontecer.

Às vezes, saímos mentalmente do momento presente porque é difícil estar nele. Militares me dizem: "Não quero estar nessa situação. Por que eu devo ficar no presente?". Todos queremos fugir às vezes. Mas, como veremos nos próximos capítulos, escapismo e outras estratégias de enfrentamento mental, como pensamento positivo e supressão ("*Simplesmente não pense nisso!*"), não nos ajudam em circunstâncias de estresse intenso.[11] Na realidade, elas pioram tudo.

Estamos perdendo o que está acontecendo aqui, agora, bem na nossa frente. E não queremos apenas experimentar os momentos de nossa vida, precisamos ser capazes de *reunir informações do momento presente*, para observar e absorver o que está acontecendo no aqui e agora, a fim de que possamos percorrer o futuro real que se abre, enfrentar os desafios à medida que surgirem e estar presentes por completo quando for mais importante.

Um treino mental que funciona

No início deste capítulo, eu disse a você que sua mente iria divagar, que você não conseguiria manter sua atenção constante até o fim — que perderia metade do que eu dissesse. Foi, confesso, intencionalmente pensado como um desafio para você tentar. Mas, na realidade, não foi justo. Em vez disso, imagine que eu pedisse a você para pegar a bola mais pesada que pudesse levantar e a segurasse nas mãos durante todo o tempo em que estivesse lendo, sem aviso ou preparação. Claro, você não conseguiria realizar essa tarefa por muito tempo sem primeiro treinar — praticando levantar esse peso por períodos cada vez maiores.

Tendemos a aceitar que, para melhorar nossa saúde física, precisamos praticar exercício. De algum modo, não pensamos da mesma forma em relação à saúde psicológica ou à capacidade cognitiva. Mas deveríamos! Assim como treinamentos físicos específicos podem fortalecer determinados grupos musculares, esse tipo de treinamento mental pode fortalecer a atenção — *se você o fizer*. O tenente-general Walter (Walt) Piatt — uma das muitas pessoas que você encontrará nestas páginas cujos estilos de vida e liderança foram transformados pela prática da atenção plena — logo percebeu o paralelo entre os treinamentos físico e mental quando comecei a trabalhar com suas tropas. Ele disse: "O treinamento de atenção plena deu aos nossos soldados flexões para a mente".

Eu gostaria de poder lhe dizer como recuperar sua atenção, e você poderia ir e fazê-lo. Eu gostaria que bastasse você ler esta introdução. Mas, como já vimos repetidas vezes, conhecimento não é suficiente. Querer que seja diferente não basta. *Tentar* não basta. Você, na realidade, tem de treinar de um modo específico. Nossa história evolutiva preparou a mente para funcionar de acordo com determinado *padrão* — não podemos simplesmente evitá-lo. Em vez disso, podemos treinar o cérebro para se afastar de tendências-padrão específicas que não nos atendem. Podemos treinar a atenção para nos servir melhor quando mais precisamos dela.

E aqui está a boa notícia pela qual talvez você estivesse esperando: você pode fazê-lo em apenas doze minutos por dia.

O conhecimento preciso da quantidade e do tipo de prática de atenção plena mais benéficos é um campo em rápido desenvolvimento.[12] Mas, até o momento, nossa pesquisa e um melhor entendimento de como treinar o cérebro indicam que, se você se dedicar à prática regular da atenção plena por apenas doze minutos por dia, você poderá se proteger contra o declínio da atenção relacionado ao estresse e à sobrecarga.[13] Pode praticar mais do que doze minutos? Ótimo! Quanto mais você fizer, mais se beneficiará.

Este livro irá levá-lo até as profundezas do sistema de atenção do seu cérebro: como funciona, por que é tão fundamental para tudo o que você faz, como e por que se esgota e que tipo de consequências você sofre quando isso ocorre. Em seguida — como os exercícios muito bem ajustados indicados por um *personal trainer* —, vou lhe apresentar exercícios específicos que direcionam, treinam e otimizam as redes cerebrais de seu sistema de atenção. No final, você compreenderá as vulnerabilidades da atenção e saberá como superá-las treinando o cérebro. Começaremos com uma "flexão" e aumentaremos para um treino completo.

O treinamento de atenção plena é uma forma de *treinamento cerebral*. Essa antiga, porém duradoura, prática mental não é um empreendimento abstrato nem exclusivamente filosófico. É uma batalha pelos recursos para viver sua vida.

PODE COMEÇAR AGORA — VOCÊ TEM TUDO DO QUE PRECISA

Quando comecei esta pesquisa, eu estava em uma missão para recrutar pessoas que tivessem vidas profissionais muito exigentes, pressionadas pelo tempo e estressantes. Um dos grupos com que estabelecemos parceria era formado por militares da ativa destacados para zonas de guerra. Durante o combate, eles vivenciam circunstâncias que são *voláteis, incertas, complexas e ambíguas* — VICA, para resumir.[*] Eles nos ajudaram a pôr à prova o treinamento de atenção plena. Queríamos saber se esse treinamento poderia ajudá-los nas circunstâncias *mais* desafiadoras — e ajudou. Mas quando comecei este trabalho, em 2007, nunca esperei que, alguns anos depois, o mundo inteiro se tornasse um laboratório VICA.

Estamos todos em um período de alta demanda. Pode ser intenso, imprevisível, até mesmo assustador. E ainda assim precisamos passar por ele. Neste momento, é assim que o futuro se anuncia: vai ficar com mais informação, mais interconectado, mais dependente de tecnologia. Pode até se tornar mais divisivo e desorientador à medida que seguimos para encarar os

---

[*] Também é usada a sigla em inglês VUCA (*volatile, uncertain, complex, ambiguous*). (N. T.)

desafios do século XXI. Se é isso que temos de enfrentar, precisamos treinar como se nossas vidas dependessem disso — porque elas dependem. Nosso objetivo: não apenas sobreviver, mas também prosperar. Precisamos continuar seguindo em direção ao *que* mais queremos fazer, a *quem* mais queremos ser e à forma *como* queremos conduzir os outros e nós mesmos pelas inevitáveis situações estressantes da vida em tempos de incerteza.

Fala-se muito em resiliência. O que você aprenderá neste livro é o que chamo de "pré-siliência". Resiliência significa recuperar-se das adversidades. Mas o que queremos é treinar nossa mente para que possamos manter nossas capacidades *mesmo quando enfrentamos desafios*. Isso significa que precisamos de algo que possamos começar a fazer desde já — e é isso que temos em nossas mãos com o treinamento de atenção plena. Não é necessário nenhum equipamento especial. Tudo do que você precisa é sua mente, seu corpo e sua respiração. Você pode começar agora.

Com o treinamento de atenção plena, podemos aprender a proteger e a fortalecer nosso recurso mais precioso: *nossa atenção*. Você pode se treinar para prestar atenção na *sua* atenção, para saber o que sua mente está tramando a cada momento, se está lhe servindo bem e, se não, como intervir. Ao fazê-lo, você desenvolverá não apenas a capacidade de saudar momentos de alegria e admiração de forma mais plena, como também a de reagir a momentos desafiadores com aptidão e até facilidade. A correnteza pode levá-lo para o alto-mar se você lutar contra ela, mas, se souber navegar por essas águas, você pode até usar essa corrente forte a seu favor para chegar aonde quiser.

1
A ATENÇÃO É SEU SUPERPODER

Abri subitamente a portá do quarto.

— Não consigo sentir os meus dentes — disse eu, com uma ponta de pânico na voz. Meu marido levantou o olhar, assustado. Ele estava sentado na cama fazendo uma tarefa no laptop.

— O quê? — perguntou Michael.

— Eu disse que *não consigo sentir os meus dentes*!

Era uma sensação muito estranha, uma dormência como se fosse causada por um anestésico. Eu fazia força para falar e me sentia um pouco trêmula. Como iria comer? Como iria *dar aula*? Eu deveria proferir uma palestra importante no final daquela semana sobre minha última pesquisa. O que eu iria fazer? Subir ao palco, na frente de centenas de pessoas, e falar entre dentes como seu eu tivesse acabado de fazer uma obturação?

Michael pediu-me para sentar. Ele tentou me ajudar a entender a situação. Sugeriu que, talvez, se eu descansasse mais, o problema desapareceria. Eu tinha mastigado algo com muita força enquanto comia? Estava me sentindo mal de alguma forma?

Ele segurou minha mão.

— O que está acontecendo? — perguntou ele suavemente.

O que *estava* acontecendo? Bem, muita coisa. Nosso filho, Leo, tinha quase três anos. Como ocorre com muita gente, os primeiros anos de integração de uma criança à vida agitada dos pais tinham sido... desafiadores. Eu havia concluído o pós-doutorado na Universidade Duke e conseguido minha primeira posição de docente na Universidade da Pensilvânia. Nós nos mudamos, compramos uma casa centenária caindo aos pedaços na zona oeste da Filadélfia, a qual Michael logo começou a renovar. Naquele momento, como professora assistente, eu tinha montado meu próprio laboratório e estava em estágio probatório — um processo penoso durante o qual você tem de constantemente provar seu valor e defender seu trabalho. Eu estava envolvida na tarefa constante e exaustiva de dirigir o laboratório: escrevendo propostas de auxílio à pesquisa, conduzindo estudos, dando aulas, orientando alunos, publicando. E Michael, que trabalhava em tempo integral como programador de computadores, também havia iniciado uma pós-graduação difícil em ciência da computação na mesma universidade. Eu me sentia muito dispersa, como se estivesse sendo puxada para todos os lados. Ao mesmo tempo, sentia que deveria ser capaz de lidar com aquilo tudo. Nossas vidas eram difíceis, claro, mas aquelas eram todas coisas que *queríamos* fazer.

Quando fui ao dentista, ele disse que eu deveria estar rangendo os dentes enquanto dormia.

— Provavelmente é só estresse — observou ele. — Tome uma taça de vinho para relaxar.

Uma noite, na hora de dormir, comecei a ler para Leo seu livro favorito, *One fish, two fish, red fish, blue fish* [Um peixe, dois peixes, peixe vermelho, peixe azul]. Uma pequena seção desse clássico do dr. Seuss era sobre umas criaturas chamadas "wumps" — os "wumps" vieram aqui, os "wumps" foram ali, os "wumps" fizeram isso ou aquilo. Na metade do livro, meu filho colocou a mãozinha na página para me impedir de virá-la e perguntou:

— O que é um "wump"?

Abri a boca para responder, mas parei. Eu não fazia ideia do que era um "wump". Eu estava no meio da leitura de um livro — o qual já tinha lido em voz alta provavelmente *umas cem vezes*, e não sabia responder à pergunta mais simples sobre ele. Como um de meus alunos de graduação pego desprevenido por um teste surpresa, tentei contornar a situação concentrando-me na página à minha frente — que diabos *era* um "wump"? Parecia com algum tipo de coisa marrom, felpuda e com protuberâncias, talvez um porquinho-da-índia gigante? O que quer que fosse, de algum modo eu tinha deixado passar completamente, mesmo com meu filho aninhado no colo, virando as páginas, dizendo as palavras.

"Oh, não", pensei. "O que mais estou perdendo? Estou perdendo toda a minha vida?"

E se eu estava assim com meu filho quando ele ainda não tinha nem três anos, quando era pequeno e estava seguro e os desafios da maternidade também eram relativamente menores — colocá-lo para tirar uma soneca, convencê-lo a comer verduras, ajudá-lo a encontrar seu brinquedo favorito —, então o que aconteceria quando, um dia, as coisas ficassem realmente desafiadoras? Será que eu conseguiria estar lá para ajudá-lo?

Era irônico. Eu havia passado anos como uma dedicada estudante do sistema de atenção do cérebro humano. E, naquele momento, o laboratório que eu dirigia em uma renomada universidade era inteiramente dedicado ao estudo da atenção. Nossa missão era investigar como a atenção funcionava, o que a prejudicava e o que a beneficiava. Quando a equipe de mídia da universidade recebeu pedidos para entrevistar um especialista na ciência da atenção, eles me contactaram. No entanto, naquele momento, eu não tinha respostas óbvias para mim mesma. Eu estava distraída e era incapaz de segurar minha própria atenção. Nada do que eu aprendera em minha vida profissional estava me ajudando naquela situação. Estava acostumada a ser capaz de "estudar o meu caminho" para o sucesso, lendo tudo o que pudesse para encontrar uma resposta, conduzindo pesquisas para obter insights científicos. Essa abordagem tinha me levado longe na vida, na minha formação e no meu trabalho — mas naquele momento não estava funcionando.

Pela primeira vez, eu não conseguia resolver um problema de forma "lógica". Não conseguia analisar ou *pensar* no caminho de volta para deixar de me sentir fora de sintonia com minha vida, por mais que tentasse. Refleti sobre o que poderia mudar para tornar as coisas mais fáceis. Refleti sobre minha carreira — a emoção de estar nas fronteiras da ciência do cérebro, colaborando com colegas inteligentes, usando as mais avançadas ferramentas de neurociência e guiando a próxima geração de mentes científicas em sua jornada. Refleti sobre minha família — o amor absoluto de ser mãe e dividir a criação dos filhos com o marido que adoro. Quando revi minha vida — que era, de tantas formas, exatamente o que eu queria —, senti-me apreensiva em vez de feliz, assim como acontecera quando lia o livro para meu filho. Um pensamento preocupante brotou: "Eu também não estou aqui para esta história".

Eu vivia eternamente preocupada, com um massacre estridente e implacável de tagarelice mental, que incluía o que eu deveria ter feito de forma diferente no último experimento do laboratório, a palestra mais recente que eu havia apresentado, a busca do próximo trabalho, a maternidade ou a necessidade de renovação da casa. Parecia uma tempestade perfeita de opressão. Mesmo assim, eu queria aquela vida. Nenhuma daquelas demandas bem reais iria desaparecer magicamente em breve — nem eu queria isso. Naquele momento, percebi uma coisa: se eu não estava disposta a mudar minha vida, teria de mudar meu cérebro.

O CÉREBRO PODE REALMENTE MUDAR?

Nasci na cidade de Ahmedabad, em Gujarat, um estado na fronteira oeste da Índia. A cidade é famosa por abrigar o *ashram* de Mahatma Gandhi — seu legado tem grande importância ali. Mas, quando eu era bebê, meus pais se mudaram para os Estados Unidos para que meu pai pudesse completar sua pós-graduação em engenharia. Morávamos em um bairro residencial de Chicago, onde a malha rodoviária reta e ordenada da cidade dava lugar a ruas sem saída e com curvas. De muitas formas, eu e minha irmã éramos como crianças americanas típicas crescendo nos anos 1980 — ouvíamos Wham e Depeche Mode, e fazíamos o máximo para parecer com personagens do filme *Curtindo a vida adoidado*. Mas, em casa, vivíamos em nossa pequena ilha particular, rodeada pelo oceano da América. Nossos pais haviam trazido a cultura e as tradições indianas da década de 1970 com eles, e, quando estávamos em casa, esse era o mundo em que vivíamos. Sair para ir à escola todas as manhãs era um pouco como cruzar uma ponte para outro mundo, no qual regras e ritmos eram muito diferentes daqueles existentes dentro das paredes de minha casa.

Como crianças indianas, filhas de imigrantes trabalhadores e qualificados, eu e minha irmã sabíamos que havia apenas três opções de carreira aceitáveis para nossos pais: medicina, engenharia ou contabilidade. Esse era, claro, um estereótipo restritivo quase engraçado, mas eu também sabia que suas expectativas para que buscássemos e alcançássemos o sucesso profissional eram reais. Concluí que ser *doutora* seria o mais emocionante, então, adolescente, anunciei minha intenção de estudar medicina. Primeiro passo: ser voluntária em um hospital.

No primeiro dia de voluntariado, percebi que *não* poderia ser médica de jeito nenhum. Senti-me desconfortável, e imaginar estar rodeada de doenças e morte era perturbador para mim. Ao contrário de meus amigos, que se sentiam determinados naquele ambiente, eu tinha de aceitar que aquilo não era para mim — todas as más notícias e incertezas, as longas esperas, as luzes fluorescentes e os corredores institucionais. Mas eu havia me inscrito, então cumpri as horas de voluntariado, não gostando de quase nenhum turno — até me enviarem para a unidade de lesão cerebral.

Minha função ali era levar pessoas que estavam se recuperando de lesões cerebrais traumáticas para tomar um pouco de ar fresco. Um dos auxiliares de enfermagem colocava os pacientes em uma cadeira de rodas (a maioria apresentava níveis variados de paralisia) e eu os empurrava pelos longos corredores sem janelas, que cheiravam à água sanitária e à comida de cantina, através das portas duplas até o ar fresco. Acompanhei bem de perto um dos pacientes. Seu nome era Gordon e ele havia sofrido um acidente de motocicleta. Inicialmente, pensei que fosse tetraplégico, paralisado do pescoço para baixo, mas, com o passar do tempo, ele foi recuperando o movimento de um dos braços. No princípio, eu tinha de empurrar a cadeira de rodas quando saíamos. Então, aos poucos, ele começou a mexer a mão *apenas* o suficiente para pressionar uma pequena alavanca no braço de uma cadeira de rodas elétrica, a fim de que pudesse movê-la sem minha ajuda. Eu andava a seu lado, para caso ele tivesse algum problema, mas ele se saía cada vez melhor. Gordon fazia fisioterapia para ajudar na recuperação, mas ele me disse algo mais: à noite, quando estava deitado na cama, no escuro, tentando dormir, ele imaginava, de forma clara em sua mente, o movimento da mão pressionando aquela alavanca. Mesmo após as horas de fisioterapia que fazia, ele ainda passava *mais* tempo todas as noites revendo o gesto em sua mente, memorizando aquele movimento muscular, repetindo-o para si mesmo, como a letra de uma música favorita que ele nunca queria esquecer.

— Exercita o meu cérebro! — dizia ele, enquanto seguíamos de forma irregular pela calçada, sua mão pressionando a alavanca repetidamente enquanto ele avançava.

Foi aí que a ficha caiu. Pensei: "Uau, ele está treinando o cérebro para ser diferente. Ele está, na realidade, mudando seu próprio cérebro!".

Depois, durante a graduação em neurociências, descobri que atletas profissionais usam essa tática — é uma conhecida estratégia de "prática mental" usada na psicologia do esporte. Mesmo quando os atletas não estão realizando treinamento físico, eles reveem movimentos ou gestos na mente como forma de praticar. Jogadores de golfe falam sobre visualizar seu *swing*, ao passo que arremessadores de beisebol imaginam o arremesso, da primeira à última contração muscular. Após ganhar uma de suas medalhas de ouro nos Jogos Olímpicos, o superastro da natação Michael Phelps descreveu a forma como "vive as braçadas" em sua cabeça o tempo todo, mesmo quando não está na água. E a pesquisa com imagens cerebrais mostra que esse ensaio mental ativa o córtex motor de forma similar ao movimento físico real,[1] exercitando e fortalecendo as redes neurais que controlam o movimento, semelhantemente ao que o exercício físico faz com os músculos.

Após o período de voluntariado na unidade de lesão cerebral, meu fascínio pelo cérebro só aumentou. Fiquei encantada por sua fragilidade, sua resiliência, sua capacidade de mudança. Eu me perguntava: "Como o cérebro funciona? Como consegue controlar todas essas diferentes funções? Como consegue se adaptar e mudar tão radicalmente? Como pode ser esse mapa dinâmico que consegue se reescrever, alterando e atualizando suas estradas e fronteiras — tudo aquilo que parecia tão permanente, como se esculpido em pedra?".

No fim, a busca pela resposta a essas questões levou-me ao sistema cerebral que é a paixão e o foco de minha carreira: a *atenção*.

SUPERPODEROSO

O sistema de atenção desempenha algumas das funções mais poderosas do cérebro. Ele reconfigura o processamento da informação cerebral de uma forma tão importante, que nos permite sobreviver e prosperar em um mundo cada vez mais complicado, com cada vez mais informação e mudando rapidamente. Como a visão de raio x, sua atenção se move muito depressa em um ambiente lotado com milhares de pessoas, uma cacofonia de sons e luzes piscando, para encontrar seus amigos e seu lugar em um espetáculo. A atenção dá a você a capacidade de *desacelerar o tempo*: você pode fazer qualquer coisa, desde observar o sol se pondo lentamente no horizonte até conferir com cuidado seu equipamento antes de uma viagem de escalada ou seguir uma lista de verificação ou folheto de instruções para um trabalho complexo que está prestes a realizar — como as equipes médicas fazem antes de uma cirurgia — e não perder nada. (Como dizem meus amigos militares: "Devagar é tranquilo, e tranquilo é rápido".)

A atenção permite-lhe *viajar no tempo* — você pode percorrer suas lembranças felizes e selecionar uma para desembrulhar, reavivar e saborear. Você pode usá-la para ver o futuro como um vidente, planejando, sonhando e imaginando que coisas divertidas ou empolgantes podem acontecer a seguir. Claro que não podemos usar a atenção para mover montanhas, voar ou atravessar paredes, mas ela nos permite *sim* sermos transportados para essas realidades alternativas emocionantes quando assistimos a um filme, lemos um livro ou deixamos nossa imaginação correr solta. Se ainda não o convenci de que sua atenção é um superpoder, pense como seria a vida se sua mente não pudesse fazer nada disso: *supermonótona*.

A atenção, ao mesmo tempo, ilumina o que é importante e escurece distrações para que possamos pensar profundamente, resolver problemas, planejar, priorizar e inovar. É a porta de entrada para a aprendizagem, assimilando novas informações para que possamos nos lembrar delas e usá-las. É um elemento-chave na forma como regulamos nossas emoções — e com isso não quero dizer suprimir ou negar; significa termos consciência de nossas emoções e gerarmos respostas proporcionais baseadas em nossos sentimentos. E a atenção é o ponto de entrada para outro sistema importante: *a memória de trabalho*, uma área de trabalho cognitiva dinâmica que você usa para quase tudo o que faz. (Veremos isso com mais detalhe nos próximos capítulos.) Contudo, talvez o maior poder da atenção seja o de entrelaçar, a cada momento, cores, sabores, texturas, percepções, lembranças, emoções, decisões e ações que constituem a trama de nossas vidas.

Aquilo a que você presta atenção *é* a sua vida.

Em um famoso estudo sobre atenção acontece o seguinte:[2] a um grupo de participantes da pesquisa é mostrado um vídeo de dois times em uma quadra de basquete praticando passes e interceptando a bola. Um time veste camisa branca, e o outro, preta. Aos participantes é dada a tarefa de contar o número de passes entre os jogadores de camisa branca durante alguns minutos. Há duas bolas em jogo, uma para cada time. Enquanto se movimentam, atrás e na frente uns dos outros, os jogadores de camisa preta passam a bola de jogador para jogador e os de camisa branca fazem o mesmo. É um pouco difícil seguir o movimento da bola entre os jogadores de camisa branca, mas, se você realmente se concentrar, é possível. No final do vídeo, o pesquisador pergunta ao grupo de estudo:

— Quantos passes vocês contaram?

Quem responder "quinze" estará certo. Mas há outra pergunta.

— Vocês viram o gorila?

A resposta geralmente demonstra total espanto:

— *Que gorila?!*

Quando o vídeo é rebobinado, fica claro: na metade, uma pessoa vestida de gorila vai até o meio do jogo de basquete, para, acena (ou até faz uma dancinha em algumas variações — esse estudo já foi realizado muitas vezes) e, então, sai da tela. *E ninguém o vê*. Se você está pensando "Bem, *eu* o veria, não há como eu não enxergar um gorila!", considere o seguinte: essa gravação foi mostrada para um grupo de astronautas da NASA, em princípio algumas das pessoas mais inteligentes e focadas do planeta. Algum deles viu o gorila? Não.

Quando os cientistas se referem a esse estudo, geralmente o discutem como uma *falha* de atenção. É uma "pegadinha" no final da atividade — você não viu algo que deveria ter notado: *falhou*! No entanto, eu o vejo como um exemplo do poder incrível da atenção. Ele mostra que o sistema de atenção pode ser altamente eficaz em bloquear distrações. Nesse exemplo, lhe foi dada uma missão — contar os passes —, então você se concentrou naquelas camisas brancas e filtrou tudo o que era escuro, incluindo o gorila. Para mim, isso parece ser uma incrível *força* da atenção. Ela é tão eficaz em mostrar o que é relevante e bloquear o que é irrelevante, que tornou invisível um gorila dançante.

Mas o ponto a seguir é importante: o seu sistema de atenção faz isso constantemente — destaca certas coisas e bloqueia outras. Era a capacidade do meu sistema de atenção de fazer isso que estava me atrapalhando durante aqueles meses opressivos de dormência nos dentes. Eu havia "selecionado" algumas coisas nas quais focar — preocupações com o trabalho, a casa, o futuro —, e todo o resto foi ofuscado: meu marido, meu filho, o restante da minha vida.

Todos precisamos nos perguntar:
- *O que a minha atenção está destacando agora?*
- *O que está bloqueando?*
- *E como isso influencia a experiência que tenho da minha vida?*

ESSE É O SEU CÉREBRO EM ATENÇÃO

O cérebro foi projetado para ser tendencioso. Isso pode parecer algo ruim — logo pensamos em preconceitos baseados em raça, gênero, orientação sexual, idade ou quaisquer outros aspectos da personalidade central de alguém que levam a maus-tratos e a privilégios injustos —, mas não é a esse tipo de parcialidade que estou me referindo agora. Por *projetado para ser tendencioso*, quero dizer que o cérebro não trata de forma igual toda informação que encontra. Para falar a verdade, você também não. Talvez você goste mais de verde do que de azul, de chocolate amargo do que de chocolate ao leite, de *deep house* ou música country do que de música erudita. Você provavelmente pode inventar todo tipo de explicação (do seu passado, dos seus relacionamentos, das suas experiências, e assim por diante) para justificar essas preferências, mas, quando se trata do funcionamento do cérebro, foram as *pressões evolutivas*, na realidade, que deram origem a muitos de seus aspectos tendenciosos.

Um exemplo: nós humanos temos a visão melhor do que o olfato. Todavia, nossos cachorros têm o olfato mais apurado do que a visão. Por quê? Nossos antepassados, milhares de anos atrás, muito provavelmente dependiam mais da visão do que do olfato para sobreviver — e vice-versa com nossos amigos peludos. Em sua opinião, quanto do cérebro é dedicado à visão?[3] Dê um palpite. E não se esqueça de que o cérebro tem muitas funções para além da visão. Seria 5%? Talvez 10%? Ou 25%?

A resposta é 50%.

Uma metade inteira do cérebro é dedicada a uma tarefa: percepção visual. Então, logo de partida, o cérebro é *tendencioso* a favor dos sinais visuais em detrimento de outras informações sensoriais. Depois fica ainda mais intenso.

Tire os olhos desta página por um minuto e mantenha a cabeça e os olhos voltados para a frente. Você acabou de experimentar seu "campo de visão": a extensão do mundo observável que você consegue ver em qualquer momento. Em humanos que enxergam com os dois olhos, esse campo é de cerca de 200 graus. Assim, se você desenhar um grande círculo de 360 graus ao seu redor, conseguirá perceber um pouco mais da metade desse alcance. E o lugar onde você tem a melhor acuidade é bem no centro do seu campo de visão. Essa pequena fatia é a única região onde temos visão perfeita. E, quando digo "pequena", quero mesmo dizer *pequena*. Fora desses 200 graus que você consegue perceber, você tem alta acuidade visual em apenas *dois* deles.

Tente o seguinte: estenda os braços à sua frente. Em seguida, levante os polegares para que fiquem lado a lado, tocando-se. A largura das duas unhas dos polegares juntas é aproximadamente dois graus. É isso, essa é a pequena e estreita porção do seu campo visual que tem alta acuidade. Se não acredita em mim, tente separar os polegares aos poucos, mantendo o olhar fixo. Logo você notará que tudo fica impreciso. Para manter os dois polegares nítidos, você tem que lançar o olhar de um lado para o outro, o que significa deslocar rápido seu campo de visão, repetidas vezes, de modo que cada polegar fique no centro outra vez por alguns instantes.

Esses dois graus de alta acuidade visual que você tem dependem 50% das células presentes no córtex visual do seu cérebro. Menciono esse dado para ilustrar exatamente como seu cérebro *é* tendencioso, o tempo todo, não importa o que você esteja fazendo: o cérebro é *tendencioso* a favor da informação visual. E é mais tendencioso ainda a favor daquela pequena porção de seu campo visual. Qualquer coisa que estiver nesses preciosos dois graus terá uma representação muito excessiva em seu cérebro.

A representação do corpo no cérebro também é muito tendenciosa. Você não ficará totalmente surpreso ao saber que temos muitos mais neurônios dedicados às sensações táteis nas pontas dos dedos do que no antebraço. Qual você preferiria usar para sentir o pelo macio de um coelho fofinho, as pontas dos dedos ou o braço? Agora mesmo toque algo texturizado — um cobertor, um suéter, qualquer coisa. Acaricie-o com as costas da mão; em seguida, com a ponta dos dedos. Perceba a diferença. Isso é você tendo *contato direto* com um dos "preconceitos" do seu cérebro. Em comparação com outras partes das mãos ou dos braços, uma quantidade muito maior de neurônios está envolvida e trabalhando enquanto as pontas dos seus dedos tocam o suéter.

Essa componente tendenciosa inerente ao cérebro é essencial. Ela nasceu das pressões evolutivas enfrentadas por nossos antepassados para garantir a sobrevivência. Dependemos dela o tempo todo: pense em mover os olhos em direção à porta para ver quem está entrando. Nosso olhar e nossa atenção estão estreitamente ligados, como parceiros de dança sempre em sintonia. A movimentação do olhar é, em geral, a maneira como direcionamos a atenção e mostramos aos outros (incluindo ao seu cachorro) onde está nossa atenção. O olhar é um sinal social incrivelmente poderoso.

No entanto, ter os olhos em algum lugar não garante que sua atenção também esteja ali ou que o processamento da informação será bem-sucedido — pense na última vez em que você se desconcentrou no meio de uma con-

Leia o texto no canto inferior direito deste quadro.

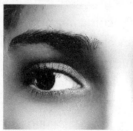

Este é o canto inferior esquerdo.   **Assim é bem melhor.**

versa. Em outras palavras: você poderia estar acariciando aquele coelhinho sem realmente sentir o pelo macio; você poderia estar olhando para o rosto do seu filho sem ouvir o que ele está dizendo. Por quê? Porque, dentro do seu cérebro, existe uma batalha contínua entre qual informação é processada e qual é suprimida. E a *atenção* é a força poderosa que pode fazer a balança pender para um dos lados.

SEU CÉREBRO É UMA ZONA DE GUERRA, E A ATENÇÃO EQUIPA A LUTA

O cérebro é uma zona de guerra onde neurônios, nodos (grupos de neurônios) e redes (nodos interconectados, como um mapa de metrô com centros de conexão) competem por destaque, cada um lutando para suprimir a atividade do outro. Às vezes, formam alianças, melhorando o desempenho de todos; outras vezes entram em guerra uns contra os outros. Os nodos podem exercer mais influência do que os neurônios individuais, principalmente quando se ligam em redes, como um partido político abrindo escritórios pelo país, solidificando sua influência em uma mensagem coerente e uma ação coletiva forte. A todo momento, existem diversas redes lutando por destaque no cérebro.

Esqueça o mito de que você usa apenas 10% do cérebro. O total de 100% dele está ativo neste momento, com todos os seus 86 bilhões de neurônios — organizados em nodos e redes — coordenando, melhorando e suprimindo uns aos outros. Conforme a atividade de uma rede aumenta, a de outra diminui. Isso é, em grande parte, algo bom! Se a atividade da rede ligada ao movimento de *subida* da mão não suprimisse a atividade da rede ligada ao movimento de *descida*, você não conseguiria mover a mão. Na realidade, esse é o tipo de coisa que pode acontecer em determinadas doenças neurodegenerativas que comprometem a cognição, o movimento, a visão, entre outros — os neurônios perdem suas ordens de marcha claras e param de coordenar da maneira esperada.[4]

Nas guerras do cérebro, *queremos* ter vencedores e perdedores definitivos a cada momento da dinâmica da função cerebral. Isso nos permite fazer qualquer coisa, desde mover nosso corpo até seguir determinadas linhas de pensamento em detrimento de outras.

Em meu laboratório, usamos itens visuais complexos como *rostos* e *paisagens* para explorar a percepção e a atenção. Rostos são especiais. Existe uma assinatura elétrica do cérebro única que podemos identificar colocando eletrodos em seu couro cabeludo. Nosso equipamento de gravação a capta de forma segura 170 milésimos de segundo depois que a imagem de um rosto humano lhe é mostrada. E a amplitude do sinal — em outras palavras, a tensão que é produzida pelo grande número de neurônios que disparam juntos em resposta ao rosto — é elevada. É uma assinatura cerebral forte e confiável. Nós a chamamos de componente N170.

Se eu lhe mostrasse a imagem de um rosto enquanto estivesse gravando a atividade elétrica em andamento no seu cérebro, eu veria um N170 forte vindo de você. Se eu lhe mostrasse um segundo rosto meio segundo depois, eu veria outro N170 forte. Mas, se eu lhe mostrasse dois rostos ao mesmo tempo, o N170 cairia repentinamente, ficando com menor amplitude.[5] Ele imediatamente encolhe e enfraquece.

Isso parece muito estranho — por que *mais* informação visual leva a uma resposta cerebral *menor*? Resposta: *as guerras do cérebro*! Os grupos de neurônios que processam cada rosto *suprimem uns aos outros*. Captamos um sinal mais fraco porque os rostos competem por nossa atividade neural. Como resultado, nenhum dos rostos é bem processado.

E daí? Bem, considere as consequências para nossa experiência do mundo: a quantidade de atividade neural determina a riqueza da experiência perceptiva que temos. Nossa capacidade de perceber detalhes, ou agir com base no que percebemos, está ligada à atividade de nossos neurônios de percepção. Pense na última chamada de vídeo de que você participou. Se era uma chamada com outra pessoa, você provavelmente fez uma leitura aprofundada de suas expressões, sua aparência. Mas, se era uma reunião com quinze pessoas, deve ter sido confusa e opressiva. Com mais rostos, haverá ainda mais inibição reduzindo e comprometendo a riqueza de sua percepção. E isso vale para qualquer coisa — não apenas para rostos. Tudo ao nosso redor está competindo, o tempo todo, pela atividade cerebral.

É aí que a *atenção* se torna a super-heroína.

Voltemos àqueles dois rostos. Desta vez, peço-lhe que *preste atenção* no rosto à esquerda. Você não pode mover os olhos — mantenha-os perfeitamente parados enquanto desloca sua atenção para o rosto esquerdo. O que veríamos no laboratório é que, embora ainda haja dois rostos na tela, e nada tenha mudado, você conseguirá perceber e relatar muito melhor informações sobre o rosto esquerdo. *Prestar atenção* no rosto aumenta a atividade dos neurônios correspondentes, e mais atividade significa maior riqueza de percepção. Luta vencida! E foi a atenção que determinou o vencedor.

Recapitulando: *a atenção orienta a atividade cerebral de forma tendenciosa*. Ela dá uma vantagem competitiva à informação que seleciona. Aquilo a que você presta atenção terá mais atividade neural associada. Sua atenção, literalmente, *altera o funcionamento do cérebro no nível celular*. É realmente um superpoder.

A *ATENÇÃO* NÃO É APENAS UMA COISA

Até aqui, tenho falado da *atenção* como se fosse um sistema cerebral único, o qual você pode direcionar para algum lugar com o intuito de melhorar seletivamente o processamento da informação. Mas essa é apenas uma forma de atenção. Existem, na realidade, três subsistemas que trabalham juntos para que possamos viver bem e com fluidez em nosso mundo complexo.[6]

A LANTERNA

A atenção pode ser como uma lanterna. O lugar para onde você a aponta torna-se mais claro, iluminado, mais destacado. E o que não está sob o feixe da lanterna? Essa informação permanece suprimida — fica amortecida, obscurecida e obstruída. Os pesquisadores da atenção chamam isso de *sistema de orientação*, e é ele que você usa para selecionar informações. Você pode apontar esse feixe da lanterna para qualquer lugar: para seu ambiente exterior, ou interior, para seus próprios pensamentos, lembranças, emoções, sensações corporais, entre outros. Temos essa fantástica capacidade de direcionar deliberadamente essa nossa lanterna e fazer escolhas com ela.

Podemos levar sua luz a alguém com quem estamos, ao passado ou ao futuro — para onde quisermos, podemos apontá-la.

O HOLOFOTE

De certa forma, é o oposto da lanterna. Enquanto a luz da lanterna é estreita e focada, este subsistema, chamado *sistema de alerta*, é amplo e aberto. Tenho um holofote gigante em cima da porta da minha garagem. Não fica sempre aceso, mas, quando o detector de movimento é acionado, ele liga. Quando olho pela janela, posso examinar cuidadosamente o que está acontecendo. É um pacote? Um guaxinim? Uma visita? Minha atenção fica preparada para qualquer coisa ou pessoa. Pense no que acontece quando você vê uma luz amarela piscando enquanto dirige — você fica imediatamente "em alerta" enquanto seu sistema de atenção acende seu holofote. Difuso e preparado, assim como eu olhando pela janela de casa, ele tem uma postura receptiva e ampla. Você agora está em um estado de vigilância. Você não tem certeza do que está procurando, mas sabe que está procurando *algo* e está pronto para empregar rapidamente sua atenção em qualquer direção enquanto responde. O que o alertou pode ser algo em seu ambiente, ou um pensamento ou emoção gerados no seu interior.

O MALABARISTA

Dirigir, supervisionar e gerenciar o que fazemos, a cada momento, assim como garantir que nossas *ações* estejam alinhadas com *o que pretendemos fazer*: esse é o trabalho do malabarista. É a esse subsistema que as pessoas se referem quando falam em "função executiva", mas sua denominação formal é, na realidade, "executivo central". Ele é o supervisor responsável por nos manter na linha. Talvez pretendamos realizar pequenos objetivos de curto prazo, como terminar de ler este capítulo, redigir um e-mail, limpar a cozinha. Ou tenhamos grandes objetivos de longo prazo, como treinar para uma maratona, criar filhos felizes, ganhar uma promoção. Não importa o tamanho do objetivo nem sua distância no horizonte, sempre haverá desafios ao longo do caminho, distrações a serem superadas, concorrentes a serem enfrentados. Precisaremos lidar com várias demandas ao mesmo tempo.

O executivo central funciona como um malabarista, mantendo todas as bolas no ar. A função do malabarista não é fazer tudo sozinho. É garantir que toda a operação se desenrole com fluidez. É compatibilizar *objetivos* com *comportamentos*, a fim de garantir que esses objetivos sejam alcançados. Por exemplo: seu objetivo é terminar um projeto urgente até as dezoito horas. Mas, em vez disso, você fica numa conversa de grupo até as dezessete horas, planejando um evento que ocorrerá em seis meses. Isso é uma falha do executivo central: seu malabarista não manteve você na linha em relação a seu objetivo corrente. Ele falhou ao não ignorar a atração exercida por seu celular quando as mensagens chegavam aceleradamente umas após as outras. Logo seu comportamento passa a não se alinhar mais com o que você queria realizar. Agora, multiplique por tudo o que você precisa fazer em um dia, uma semana, um mês...

É importante observar que você usa seu malabarista para *ignorar tendências automáticas* (como pegar o celular a cada som), atualizar e revisar objetivos com base em novas informações que chegam e renovar o objetivo de lembrá-lo daquilo que você pretende fazer. Ignorar. Atualizar. Renovar. Toda vez que fazemos alguma dessas coisas, estamos envolvendo nosso *executivo central*. Quanto mais tarefas você planejar e administrar, mais você dependerá dessa forma de atenção. Às vezes, você está fazendo malabarismos e alguém lhe joga mais uma bola (tarefa) — você não tem escolha a não ser lidar com isso. Ela pode bater em outra bola fora de órbita. Ou talvez você escolha continuar pegando cada vez mais bolas, pensando que consegue lidar com todas — e talvez consiga, dependendo de como o seu malabarista é capaz de alinhar seus comportamentos e objetivos.

Por mais eficaz que seja sua atenção quando está em qualquer um desses três modos, ela tipicamente não funcionará em vários modos ao mesmo tempo. Por exemplo, ela não pode ser a lanterna *e* o holofote no mesmo momento. Pense em uma ocasião em que você estava profundamente focado e envolvido em uma atividade. Se alguém se aproximasse e falasse com você bem naquele momento, talvez você levasse mais alguns segundos apenas para perceber que algo havia sido dito e seria muito menos capaz de iniciar o processo de decifrar o que foi dito de fato! (Quantas vezes você já levantou o olhar de um livro, do celular, da tela do videogame ou do laptop e disse: "O quê?".) Isso é *o funcionamento com alerta baixo e orientação alta*: sua lanterna estava tão focada no alvo, que todo o resto — de imagens e sons no ambiente a pensamentos aleatórios gerados na mente — ficou escurecido.

Agora imagine ir para casa e pegar um atalho por um beco escuro e deserto. Antes, você estava concentrado planejando o seu dia seguinte, mas nesse momento você abandona essa atividade mental e muda para um estado de alerta elevado, procurando possíveis ameaças. Isso é o *funcionamento com alerta alto e executivo baixo* — o holofote está ligado, e o malabarista tem apenas uma tarefa: gerenciar sua segurança.

Se você estiver "em alerta" por qualquer motivo (você não precisa *ser* ameaçado, apenas se *sentir* ameaçado), não será capaz de focar nem planejar. E, embora possa parecer, isso, na realidade, não é uma falha de atenção. É exatamente assim que a atenção deve funcionar para que possamos:

- *focar* quando precisamos;
- *observar* quando precisamos;
- *planejar e administrar nosso comportamento* quando precisamos.

Quando dizemos a alguém para "prestar atenção", o que, em geral, queremos dizer é para ele ter *foco*. Mas a atenção é muito mais do que isso. A atenção é uma moeda, um recurso multiúso. Precisamos dela em quase todos os aspectos de nossa vida, e cada forma que ela assume (a lanterna, o holofote, o malabarista) é relevante para tudo o que fazemos. Já falamos de como a atenção permite perceber o ambiente à sua volta. Além da percepção, as três formas de atenção operam **em três tipos de domínios de processamento de informação**: *cognitivo, social* e *emocional*. Observe a seguir três tabelas simples que dão uma ideia de como a atenção é usada em cada um desses domínios — elas basicamente englobam todo o "processamento de informação" que você fará ao longo de um dia e ao longo da vida.

Cognitivo (pensar, planejar, tomar decisões)

Lanterna	Você pode seguir e manter uma linha de pensamento.
Holofote	Você tem consciência situacional — percebe pensamentos, conceitos e perspectivas relacionadas à sua tarefa.
Malabarista	Você tem um objetivo e consegue mantê-lo em mente, sabendo o que tem de fazer a seguir para alcançá-lo. Você supera distrações e evita entrar no "piloto automático" (como pegar o celular), o que poderia atrapalhá-lo.

Social (conectar, interagir)

Lanterna	Você pode direcionar o feixe de sua lanterna para outras pessoas com o intuito de ouvir e se conectar.
Holofote	Você pode tomar consciência do tom de voz de alguém e do estado emocional de outras pessoas.
Malabarista	Você pode conversar com várias pessoas, selecionar pontos de vista relevantes para ter em mente, depois filtrá-los e avaliá-los quando opiniões conflitantes são expressas.

Emocional (sentir)

Lanterna	Você pode apontar sua lanterna para seu próprio estado emocional, primeiro para conhecê-lo e depois para perceber quando ele está interferindo na capacidade de fazer outras coisas.
Holofote	Suas reações emocionais alertam-no sobre como você está se sentindo. Você pode identificar se elas são ou não "proporcionais" (apropriadas para a situação).
Malabarista	Você pode corrigir sua rota emocional quando necessário.

Existe outro sistema cerebral básico que você usa para tudo isso. Não faz parte do sistema de atenção, mas é um primo próximo: a *memória de trabalho*. Ela é uma espécie de "área de trabalho" temporária no cérebro, na qual a informação é tratada por um período de tempo bastante curto, de alguns segundos a um minuto, no máximo.

Atenção e memória de trabalho operam em conjunto:[7] sempre que prestamos atenção, seja de que jeito for (estreito, amplo ou malabarístico), a informação que é processada tem de ser armazenada temporariamente em algum lugar tempo suficiente para que possamos trabalhar com ela. Atenção e memória de trabalho formam não apenas o conteúdo corrente de nossa experiência consciente, mas também nossa capacidade de *usar* essa informação ao longo da vida.[8]

Será que preciso de um "chefe" melhor?

Até aqui, passamos um bom tempo falando como a atenção é poderosa, então você deve estar se perguntando: *se minha atenção já é um superpoder, por que preciso melhorá-la?*

A atenção *é* poderosa. Quero muito que você saia deste livro compreendendo, de fato, e valorizando plenamente o poder inato do seu sistema de atenção. Quero que tome consciência de tudo o que sua atenção faz por você e que talvez você não tenha se dado conta antes. Em geral, nem percebemos os superpoderes da atenção, da mesma forma que talvez não percebamos outras coisas incríveis que o corpo e a mente fazem por nós a cada momento. Você pode não ficar por aí pensando que seu coração bombeia cerca de 7.500 litros de sangue por dia,[9] mas isso acontece. Ele está trabalhando para você sem parar, fazendo circular oxigênio e nutrientes pelo seu corpo. Sua atenção também pode estar sendo subvalorizada. Muitas vezes, não notamos os poderes da mente nem do corpo até que, por algum motivo, algo dê errado.

E é aí que é necessário conseguir um chefe melhor.

Quando minha própria crise de atenção surgiu, foi com um sintoma bastante incomum (nunca tinha ouvido falar de alguém que tivesse perdido a capacidade de sentir os dentes!). Mas ter uma crise de atenção não é raro.

Olhe em volta, e talvez pareça que todo mundo que você conhece está vivendo uma. Você pode sentir que seu foco está constantemente mudando de uma coisa para outra, que você está disperso e não é eficiente. Você pode ter percebido isso mesmo enquanto lê este livro, colocando-o de lado para olhar o celular. Se a atenção deveria ser tão poderosa, por que então tanto esforço?

Algumas das coisas que tornam a atenção tão poderosa — como a capacidade de restringir e limitar o que você percebe, de se mover muito rápido no tempo e no espaço e de simular um futuro imaginário e outras realidades — podem todas se voltar contra você. Elas se viram contra você por algumas razões importantes. Uma delas diz respeito às tendências milenares naturais do cérebro humano — algumas das quais podemos achar frustrantes, embora tenham boas razões para existir, ligadas à nossa sobrevivência. Outra razão está relacionada ao mundo em que vivemos.

Atenção perturbada

Imagine seus antepassados colhendo frutos silvestres ou caçando. De repente, eles identificam um rosto através de um emaranhado de ramos. Será um predador ("Corra!") ou uma possível refeição ("Atacar!")? Eles precisavam ser capazes de decidir — *rápido*.

No laboratório, mostramos às pessoas a imagem da página 46. Assistindo à atividade elétrica de seus cérebros, fazíamos perguntas sobre a paisagem ("É no interior ou no exterior? É urbana ou rural?") ou sobre o rosto ("Essa pessoa é homem ou mulher? Está feliz ou triste?"). Quando as pessoas prestavam atenção no rosto, o N170 era muito mais forte do que quando pedíamos que prestassem atenção na paisagem. *A atenção melhorou a percepção facial.* Isso ajudou nossos participantes a se saírem bem na tarefa, assim como ajudou nossos antepassados a sobreviverem mais um dia para comer, e não serem eles próprios comidos! Mas, às vezes, nossos antepassados *eram* comidos. Então por que às vezes a atenção falha?

Em uma variante do experimento, mostramos os mesmos rostos/paisagens, mas, de vez em quando, introduzíamos subitamente uma imagem diferente na tela: uma imagem negativa, algo violento ou perturbador.[10] Eram retiradas da mídia — o tipo de coisa que pode ser encontrada numa rede de notícias 24 horas, no seu *feed* do Facebook ou em qualquer *busca on-line de más notícias* de sua preferência. Embora os participantes estivessem fazendo a mesma tarefa de "prestar atenção", sua capacidade de distinguir "relevante" de "irrelevante" quase desapareceu. A simples apresentação de imagens estressantes, como aquelas de que estamos rodeados o tempo todo, foi suficiente para diminuir o poder de atenção.

Todo superpoder tem sua kriptonita correspondente — aquilo que o enfraquece *rápido*. À medida que a atenção se enfraquece, aquelas incríveis forças podem, de maneira rápida, voltar-se contra você. Sua atenção fica igual àquele carro problemático do filme *De volta para o futuro*, saltando no tempo sem intenção ou controle, ruminando arrependimentos e prevendo catástrofes que talvez nunca aconteçam; ela se fixa em coisas que não são produtivas; enche a memória de trabalho com entulho irrelevante.

A atenção é poderosa, mas não é invencível. Determinadas circunstâncias são kriptonita potente para a atenção. E, infelizmente, elas acabam sendo as circunstâncias de nossas vidas.

2
...Mas tem a kriptonita

Estamos em 2007, na costa do Golfo da Flórida. Jeff Davis, capitão dos Fuzileiros Navais dos Estados Unidos que acabara de retornar do Iraque, está dirigindo por uma extensa ponte. A vista da ponte é deslumbrante. O sol reflete-se na água, o céu está sem nuvens, perfeito — com aquele azul que sempre parece impossível. Mas Davis não está vendo nada disso. Sua mente está ocupada com cenas de estradas empoeiradas e campos de terra: sombras profundas que parecem se mover. Seu corpo está inundado de hormônios do estresse, pois ele sente a mesma ansiedade que costumava sentir quando dirigia por aquelas estradas. Seu corpo está naquela ponte na Flórida, seu pé pisando cada vez mais fundo no acelerador, o carro perigosamente ganhando velocidade. Mas sua mente — sua atenção — está do outro lado do globo, no Iraque, e ele não consegue trazê-la de volta. O que ele mais quer é virar a roda apenas um pouquinho e se jogar daquela ponte. Ele precisa usar toda a sua força para não o fazer.

O que vemos o capitão Davis experimentar nesse momento é chamado de *sequestro da atenção*. Embora certamente esse exemplo seja mais extremo e acarrete consequências mais graves do que aquilo que a maioria de nós pode vivenciar, o sequestro da atenção é bastante comum. A atenção, aquele holofote criado por sua mente, está constantemente sendo arrancada de onde você quer que ela esteja para outra coisa, algo que sua mente, em toda a sua complexidade, decidiu que é mais "relevante" e "urgente" — mesmo que isso esteja muito longe da verdade.

No capítulo anterior, vimos como a atenção é um sistema poderoso que determina o vencedor da guerra dentro do cérebro. Bem, *fora* do cérebro também há uma guerra por sua atenção.

SUA ATENÇÃO É UMA *COMMODITY* VALIOSA

No laboratório, a pesquisa sobre a atenção é uma operação rigorosamente controlada. Mantemos o ambiente escurecido, especificando a quantidade exata de lumens de luz. Você, nosso participante, fica sentado a exatamente 1,40 metro da tela. Verificamos os movimentos de seus olhos para assegurar que você esteja olhando fixo para a frente, conforme instruímos. E, o mais importante, para garantir que todos os parâmetros que estamos testando sejam conhecidos, direcionamos você para o lugar preciso onde deve prestar atenção, o que é uma situação totalmente criada e artificial — o mundo real é muito mais complexo, desconhecido e dinâmico. E é no mundo real que nossa atenção realmente importa.

Dentro do cérebro, a atenção orienta a atividade cerebral de forma *tendenciosa*. O que ela favorece "ganha o prêmio" de maior influência sobre a atividade cerebral em curso. Fora do cérebro, no "mercado da atenção", o grande prêmio é o acesso à sua carteira. E os negociantes da atenção estão fazendo o seu melhor, com equipes de designers e programadores treinando algoritmos para atrair sua atenção e, logo, seu dinheiro. E *funciona*.

Recentemente, fui atrás de um conjunto de panelas com fundo magnético para o novo cooktop de indução da minha família. Vasculhei as páginas de resultados de busca do Google após pesquisar "panelas de indução". Assisti a um vídeo de uma blogueira de culinária que gosto e naveguei por algumas páginas que pareciam promissoras, mas nada era exatamente o que eu queria. No dia seguinte, quando abri minha caixa de e-mails, um banner dizia: "Olá, fã de utensílios de cozinha!". Quando verifiquei meus aplicativos de mídias sociais, havia panelas por todo o meu *feed*. Tenho certeza de que não é novidade para você que os anunciantes o perseguem dessa forma, rastreando sua pegada digital como cães de caça e jogando os produtos deles em seu caminho, esperando que você clique. E eu *cliquei*. Cliquei em um dos anúncios quando reconheci o nome da empresa; cliquei em outro que tinha um texto piscando em vermelho: Amishi, temos um ótimo negócio para você! Mas seja rápida — dura só mais 7 minutos!

Nossa atenção está sendo sempre caçada. Os anunciantes sabem melhor do que ninguém como ela é preciosa e sabem exatamente como captar a sua. A literatura da neurociência aponta três fatores principais que determinam quando nossa atenção é empregada:[1]

1. ***Familiaridade***. A primeira vez que cliquei foi porque já tinha ouvido o nome da empresa antes. Minha atenção foi influenciada de forma poderosa, imediata e tendenciosa pela história anterior. Aquele nome familiar saltou e atraiu minha lanterna como um ímã.

2. ***Saliência***. A segunda vez que cliquei, fui sugada pelas características físicas do anúncio. A cor, o piscar, o tamanho do texto — todos esses aspectos gritavam "olhe para mim!". A saliência (novidade, barulhos altos, cores e luzes brilhantes, movimento) nos puxa em direção a esse estímulo — não podemos resistir. A *saliência* é feita sob medida para cada um de nós — ver meu nome, "Amishi", me pegou — e é exatamente por isso que tantos aplicativos nos pedem para personalizar nossos perfis. Somos agarrados por coisas que são relevantes para cada um de nós. Nossa atenção se move — de forma rápida e explosiva. É facilmente captada.

3. ***Nosso próprio objetivo***. Por último, a atenção pode ser "orientada por objetivos", tendenciosamente influenciada pelo objetivo que escolhemos. O meu era encontrar panelas de alta qualidade e acessíveis, então, no fim, restringi meus termos de busca on-line para que fossem mostradas apenas essas opções. A atenção funciona *exatamente* assim quando temos um objetivo em mente: *ela restringe nossa percepção com base nesse objetivo*. Mas meu exemplo de caça às panelas também evidencia uma fraqueza: nossos objetivos são os mais vulneráveis de todos esses "atraidores da atenção". Familiaridade e saliência foram facilmente capazes de me demover.

Essa foi uma batalha por meu *sistema de orientação* — minha lanterna. Ela foi atraída pela familiaridade, como que pela ação de um ímã; foi puxada pela saliência. No fim, meu objetivo venceu a batalha — mas levei muito tempo e enfrentei alguns desvios antes de conseguir o que queria e o que precisava. Não se trata apenas de comprar panelas, é claro: pode acontecer com qualquer coisa que nos propusermos a fazer. A atenção é um superpoder, mas, em geral, temos pouquíssima consciência de onde ela está e de quem ou o que está no controle, para não falar de como ou quando ela é empregada. E, mais importante, passamos grande parte de nossas vidas — enquanto percorremos não apenas a internet, mas também nossas carreiras, nossos relacionamentos e todas as dificuldades que a vida tem a oferecer — sob condições que são como kriptonita para nosso superpoder de atenção.

O QUE É "KRIPTONITA"?

Três grandes forças degradam a atenção: *estresse*, *mau humor* e *ameaça*. Nem sempre é possível separá-las — em geral, funcionam em uníssono, trabalhando juntas para golpear o sistema de atenção. Mas vou apresentá-las individualmente para que possamos ver como, e por que, essas forças podem perturbar sua atenção de forma catastrófica.

Estresse

Aquela sensação de estar oprimido que chamamos de *estresse* alimenta a viagem no tempo mental. Vivemos uma aceleração vertiginosa do sequestro da atenção, como ocorreu com o capitão Davis naquela ponte. A tendência de nossa mente para ser atraída por uma lembrança ou preocupação, e para criar histórias sem parar, leva-nos para longe do aqui e agora conforme nosso nível de estresse aumenta. Você está ruminando algo que ocorreu no passado, muito tempo depois em que revivê-lo seria útil ou instrutivo. Ou está preocupado com o que ainda não aconteceu e que pode nunca acontecer. E isso serve apenas para aumentar e acelerar a quantidade de estresse a que você está submetido. Quando você vive sob demasiado estresse por muito tempo, fica preso na espiral descendente da degradação da atenção:

quanto pior fica a atenção, menos você consegue controlá-la; quanto menos você a controla, pior fica o nível de estresse.

O nível de estresse considerado "demasiado" pode ser bastante individual e subjetivo. Para muitas pessoas com quem trabalho — e isso pode ser verdade para você também —, a ideia do estresse como um problema não encontra eco imediatamente. Elas veem o estresse como um poderoso motivador, algo que as desafia e as inspira a se superarem, a se esforçarem mais, a buscarem a excelência. Eu entendo isso. Observe o gráfico[2] abaixo, que mostra como o estresse se relaciona ao desempenho. Ele sugere que, de fato, quando o nível de estresse é baixo — quando não temos nada nos orientando, nenhum prazo imediato a cumprir, por exemplo —, o desempenho não é tão bom, mas, à medida que o nível de estresse aumenta, ficamos à altura do desafio. Esse tipo de estresse "bom", chamado *eustresse*, é um motor poderoso do desempenho e sobe até o topo desse gráfico, onde alcançamos o nível ótimo (que carinhosamente chamo de "ponto ideal"), em que o estresse é um motivador positivo, algo que nos impulsiona e nos foca.

Se pudéssemos ficar aí para sempre, tudo estaria resolvido. Mas a realidade é que mesmo esse nível ótimo de estresse, quando vivenciado por um longo período, começa a nos empurrar daquela colina, encosta abaixo, quando o *eustresse* se transforma em *distresse*.

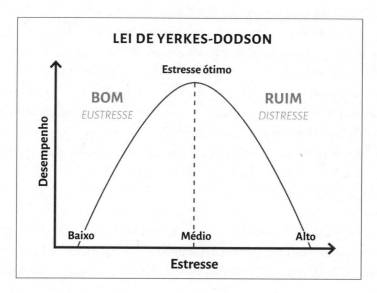

Mesmo que o estresse, no início, seja motivador ou produtivo, quanto mais tempo estivermos sob condições de alta demanda, mais esse estresse em curso nos afetará. Começando no ponto de estresse ótimo, vamos descer pelo lado direito da curva de estresse. Rapidamente perdemos qualquer benefício do estresse que estejamos vivenciando, e ele se torna uma força corrosiva e degradadora de nossa atenção. Cada vez mais, sua lanterna fica presa a pensamentos negativos. Seu sistema de alerta fica aumentado de forma que *tudo* o que você encontra parece um sinal de aviso piscando, puxando-o para um modo de hipervigilância, fazendo com que seja impossível se concentrar profundamente em alguma coisa. O seu executivo central, o malabarista, deixa cair bolas, de modo que o que você *quer* fazer e o que *realmente* faz não são mais compatíveis; suas ações e seus objetivos ficam desalinhados. Enquanto tudo isso acontece, há uma consequência natural: o humor desaba.

Mau humor

Tudo, desde depressão crônica até a forma como você se sente após receber más notícias, pode ser considerado *mau humor*. Seja qual for a origem, o resultado pode ser enviá-lo para ciclos de pensamentos negativos repetitivos. No laboratório, quando induzimos um estado de humor negativo nos participantes do estudo, o desempenho nos testes de atenção cai.

Como "induzimos um estado de humor negativo"? Às vezes, mostramos aos participantes imagens perturbadoras, semelhantes às do estudo que mencionei anteriormente. Ou podemos pedir às pessoas que evoquem uma lembrança negativa. Então damos-lhes tarefas cognitivas que ponham à prova a atenção e a memória de trabalho — como lembrar algumas letras e, em seguida, resolver um problema matemático de cabeça. O desempenho é sempre pior — menos preciso, mais lento e com respostas mais variáveis — após a indução de um estado de humor negativo.[3]

Ameaça

Quando você está sob ameaça — ou acha que está — pode ser impossível se concentrar na tarefa em questão ou perseguir qualquer objetivo ou plano. Sabe aquela lanterna que descrevi no capítulo 1 e a poderosa capacidade que ela tem de direcionar sua atenção como quiser? Puf! Já era. Imagine aquele feixe de luz fixo e brilhante agora balançando aleatoriamente, e todo aquele foco se dispersando na escuridão. Aquilo que você estava tentando fazer? Não vai acontecer.

Sob ameaça, a atenção é reconfigurada de duas formas: (1) a vigília contra ameaças aumenta e (2) a atenção torna-se *orientada por estímulos*, de modo que tudo que esteja relacionado a ameaças capta e mantém a atenção. Existe uma razão de sobrevivência óbvia para isso: em momentos cruciais da evolução humana, a alta vigilância era um requisito, caso contrário você não sobreviveria para transmitir seus genes. Se você estivesse concentrado demais em uma tarefa a ponto de não perceber um predador se aproximando, aconteceria isso. A sensação de estar sendo ameaçado tinha que provocar uma mudança rápida para um estado de "alerta máximo". Como um seguro de vida extra, a evolução redobrou os esforços para que o estímulo ameaçador captasse e mantivesse seu foco, garantindo que sua atenção permanecesse fixada nele de modo firme e compulsivo — o que permitia que você pudesse ficar atento a predadores e, caso visse um, soubesse onde ele estava o tempo todo. Isso provavelmente salvou a vida de nossos antepassados muitas vezes, mas teve outras consequências que explicam por que eles nunca escreveram livros brilhantes ou projetaram máquinas complexas. Se você se sentir ameaçado o tempo inteiro, não conseguirá se envolver a fundo com nenhuma outra tarefa ou experiência.[4] Não importa se a "ameaça" em questão é literal ou metafórica.

Quando estudamos ameaça no laboratório, não colocamos as pessoas em situações nas quais elas realmente sintam que sua segurança física esteja em risco — isso não seria ético. No entanto, muitas das pessoas com quem trabalho enfrentam ameaças reais à sua segurança física: um soldado indo para combate ou para um exercício de fogo real, ou um bombeiro paraquedista enfrentando um perigoso incêndio durante ventos fortes. Para a maioria de nós, a ameaça é menos literal, mas não significa que seu impacto em nossa atenção seja menor. Uma reunião com um supervisor a propósito de uma avaliação de desempenho, uma contenda com a companhia de seguros, um depoimento com autoridades municipais numa audiência pública relativa a uma nova lei que afeta sua vizinhança — esses tipos de circunstâncias, embora não representem ameaças à nossa segurança física, ainda assim podem ser ameaçadoras. Nossa reputação, nosso bem-estar financeiro ou nosso senso de justiça podem estar sob ameaça.

Mesmo que você tenha o QI mais alto do quarteirão, eis uma verdade sobre o cérebro humano: de certa forma, ele não mudou em 35 mil anos.[5] Se o cérebro acreditar que está sob ameaça, ele vai reconfigurar a atenção de acordo com isso, independentemente se o que estiver à sua frente *for* de fato uma ameaça.

A KRIPTONITA É TRAIÇOEIRA

Mesmo que não tenha visitado um laboratório de neurociência nem visto as evidências científicas de estudo após estudo, provavelmente faz sentido para você a ideia de que o estresse, o mau humor e a ameaça são ruins para a sua atenção. "Tudo bem", pensamos, "então apenas vou reduzir o estresse, ficar de olho no meu humor e garantir que não esteja me sentindo ameaçado por coisas que não são realmente uma ameaça."

A questão é que somos péssimos em identificar forças que degradam a atenção, mesmo quando estamos imersos nelas. Muitas vezes não conseguimos reconhecê-las pelo que são. Mais ainda, sem treinamento para ganhar maior consciência de nossa própria mente, simplesmente não percebemos bem os efeitos.

Eis um bom exemplo: a *ameaça do estereótipo*. Ela ocorre quando preconcepções sociais sobre algum aspecto da identidade de um indivíduo — em geral, relacionado a gênero, etnia ou idade — funcionam como um obstáculo ao nosso desempenho ou bem-estar. Um estudo com universitárias asiáticas pôs em confronto dois estereótipos comuns:[6] um, que as mulheres são, por natureza, ruins em matemática; o outro, que os asiáticos são naturalmente dotados para a matemática. Foi solicitado a um grupo de estudantes que registrasse seu gênero antes de realizar um teste de matemática: tinham simplesmente que escrever "feminino". Ao outro grupo foi solicitado que indicasse apenas sua etnia. O grupo que foi "preparado" para manter a etnia em mente foi bem no teste, enquanto o grupo formado para se identificar com seu gênero se saiu pior.

E há um detalhe: não é apenas quando o estereótipo é "ruim" que o desempenho sofre. Em um estudo relacionado, os pesquisadores reforçaram a expectativa de que os participantes se sairiam bem em um teste ("asiáticos são bons em matemática") — e ainda assim eles acabaram indo mal! Nesse exemplo, a expectativa *elevada* baseada no estereótipo também funcionou como uma ameaça — a "ameaça" de que eles poderiam não estar à altura dessas expectativas e não conseguiriam confirmar aquele estereótipo positivo. A ameaça do estereótipo pode oscilar para os dois lados: você pode promover o estereótipo do juízo *desfavorável* ("mulheres não sabem matemática") ou pode (ou não) promover a expectativa elevada ("asiáticos são ótimos em matemática"). Qualquer uma das hipóteses ameaça uma parte central de sua identidade, e essa ameaça abala seu foco. Por fim, em todos os estudos, o padrão foi observado apenas em participantes que estavam a par do estereótipo — se você achar que é um membro desse grupo, será afetado.

Por que isso é importante? Porque evidencia a razão pela qual os estereótipos se tornam uma ameaça à atenção: é *preocupante*. "Estou envelhecendo, então ficarei lento e esquecido" ou "Sou jovem demais para ser respeitado como líder" — essas são distrações porque atuam, no sistema de atenção do cérebro, como ameaças. Carregamos um enorme fardo cognitivo quando nos preocupamos em confirmar as baixas expectativas dos outros — ou quando não confirmamos as altas.

A ameaça do estereótipo foi importante em um momento crucial da minha vida. Como estudante de graduação em neurociências, trabalhei uma vez em um laboratório focado na *teoria da mente* — a capacidade de atribuir estados mentais a si mesmo e aos outros e de entender que os outros têm percepções diferentes das nossas. Achava o assunto fascinante e pensei em desenvolver esse tópico de pesquisa na pós-graduação. O laboratório era dirigido por um professor sênior do departamento, muito respeitado. No final do meu terceiro ano acadêmico, após um ano em seu laboratório, procurei-o para me orientar sobre a quais programas de pós-graduação eu poderia me candidatar. Lembro-me de seu olhar: ele ficou surpreso e, depois, duvidou.

— Você vai fazer pós-graduação? — perguntou ele. — Mulheres da sua cultura não costumam ter uma vida profissional.

Lembro-me de como isso me atingiu, ele olhar para mim e ver meu gênero e alguma versão antiquada da minha cultura, não uma jovem aluna talentosa com muito potencial.

Quando deixei seu laboratório naquele semestre, nunca mais voltei. Havia uma aula fantástica que eu acabara de terminar, uma das minhas favoritas no curso, com uma professora chamada dra. Patti Reuter-Lorenz, que eu achava articulada, brilhante, clara, engraçada, uma verdadeira celebridade. Ela deu aula até o terceiro trimestre de gravidez. Era forte, enérgica e destemida. No início do meu último ano acadêmico, entrei em contato com ela e perguntei se havia alguma vaga em seu laboratório, que pesquisava... a *atenção*.

Aquele incidente determinou o rumo da minha vida. Senti o impacto da ameaça do estereótipo, e não estava disposta a trabalhar sob aquelas condições adversas, as quais eu sabia que não seriam propícias para a aprendizagem e o sucesso. Se eu pudesse falar com aquele primeiro professor agora, iria agradecer-lhe por me alertar sobre quem ele realmente era bem a tempo de eu mudar de rumo e encontrar esse trabalho, que mudou minha vida de tantas formas.

Pense em todas as categorias nas quais você pode se inserir — gênero, raça, identidade sexual, capacidade ou incapacidade, peso, aparência, contexto socioeconômico, formação educacional, nacionalidade, religião, experiência ou falta de experiência profissional. Independentemente das forças históricas ou preconceituosas que orientam nossa experiência de ameaça do estereótipo, quando a sentimos, ela mina nosso desempenho, nosso alcance de objetivos e até mesmo nosso bem-estar psicológico geral. Esse é o caldo cultural em que vivemos. Por melhor que fosse se pudéssemos escorrê-lo, não podemos. A ameaça do estereótipo pode nos colocar "em alerta" constante, mantendo nossa atenção difusa, superficial e incapaz de focar.

O estresse também pode ser traiçoeiro.

Quando o estresse não parece estresse

Recentemente, fiz uma apresentação do meu trabalho para o dr. Julio Frenk, presidente da minha universidade, a Universidade de Miami. Ele tinha ouvido falar sobre a pesquisa da minha equipe e estava interessado na possibilidade de oferecermos um programa de treinamento de atenção plena para seu gabinete de liderança. Mas, se os membros de sua equipe fossem passar algum tempo em algo assim, ele precisaria de mais informações acerca do que eles ganhariam.

Então fiz um briefing individual e comecei descrevendo os custos cognitivos de intervalos de estresse intenso. Ele ouviu com atenção e, quando terminei de falar sobre os danos que esses fatores que degradam a atenção podem causar, fez uma pergunta.

— Mas e se eu *não* estiver estressado?

Ele admitiu que tinha muito com o que lidar. Mas não parecia *estresse*. Ele não tinha aquela sensação de opressão, urgência, pânico ou qualquer outra das emoções típicas associadas ao estresse. Em vez disso, ele descreveu a situação como "muitas coisas acontecendo em segundo plano que me afastam".

Concordei com a cabeça. Fazia sentido que alguém no seu nível não experimentasse o "estresse" da maneira usual. Com frequência, líderes de alto desempenho e grandes realizações não identificam sua experiência como estressante. Embora ele compreendesse a ideia de que a atenção de alguém pode ser sequestrada por preocupações, a noção de "estresse" simplesmente não encontrava eco nele.

Como eu sabia do trabalho no laboratório, você não precisa estar se *sentindo* estressado para que a atenção esteja comprometida. Muitas das questões que os líderes enfrentam — demandas cognitivas altas, pressão avaliativa, interações sociais tensas, incerteza — são conhecidas por também degradarem a atenção.[7] Em um estudo recente, foi informado aos participantes que *talvez* tivessem de fazer um discurso após completar uma tarefa que exigia bastante atenção e que levaria vários minutos.[8] Esses participantes tiveram um desempenho pior na tarefa em relação àqueles a quem foi informado que *não* teriam de fazer um discurso. Isso pode não ser surpreendente, mas eis o que aconteceu: o desempenho na tarefa do grupo da "incerteza" foi pior do que o de um terceiro grupo cujos participantes foram informados que definitivamente teriam de fazer um discurso — sugerindo que a incerteza em si adiciona uma carga cognitiva preocupante que esgota ainda mais a atenção.

Essa pesquisa nos mostra que não precisa parecer ser estresse para que nossa atenção seja degradada. Eu sabia disso também por experiência própria. Eu não tinha identificado o que estava acontecendo comigo durante meu episódio de dormência nos dentes como "estresse" — eu nunca teria rotulado dessa forma.

Você pode estar sentindo que seu copo está transbordando, de tal forma que começa a notar alguns desafios para separar e focar as prioridades mais importantes, ou para manter aquela clareza mental de que você precisa para dar o seu melhor.

Todos teremos níveis variados de tolerância ao estresse (também chamada de "tolerância ao distresse"). Você pode não sentir sua vida como estressante, mas saiba que, quando as demandas da sua vida são intensas e prolongadas (de algumas semanas a meses), muito provavelmente elas têm um impacto na sua atenção. Chame isso de "alta demanda" caso lhe pareça adequado. Estamos nos referindo aqui à "demanda" como um ponto de inflexão, quando você ultrapassa o que é confortável ou produtivo. Quando há mais coisas acontecendo do que aquelas com que seu sistema de atenção (em seu estado normal) consegue lidar, você está muito mais propenso ao desconforto e a disfunções.

Independentemente de como você os rotule, períodos de alta demanda podem ter um efeito corrosivo em sua atenção. A solução óbvia é, então, evitar as circunstâncias prejudiciais? Diminuir as expectativas? Alcançar menos objetivos? Reduzir as demandas?

Minha resposta é um sonoro *não*. Muitos estressores são inevitáveis, ao passo que outros fazem parte de nossa jornada rumo à autorrealização e ao sucesso — se os eliminássemos, estaríamos nos limitando. Não estou aqui para mandá-lo mudar de vida, trocar de carreira ou diminuir suas expectativas pessoais como profissional, pai ou mãe, líder comunitário, atleta — seja o que for que tenha decidido se tornar. Eu não estava disposta a fazê-lo e aposto que você também não. Este livro não trata de como reduzir suas demandas para otimizar a atenção nem o ensina a dizer não. Trata de como otimizar *em face* do estresse, dos desafios e da alta demanda. As coisas que valem a pena demandam esforço. Nossa vida profissional demanda esforço. Criar um filho demanda esforço. Alcançar o sucesso demanda esforço.

Ter grandes objetivos a alcançar pode ser estressante. Nossas vidas estão longe de serem perfeitas — talvez se eu não tivesse tido meu primeiro bebê quando comecei o primeiro emprego como professora do quadro permanente da universidade e abri meu primeiro laboratório de pesquisa, meus dentes não tivessem ficado dormentes! Mas eu queria ser mãe *e* professora *e* cientista. Tudo isso precisava acontecer segundo um determinado cronograma inegociável (de acordo com as leis da biologia e o percurso desafiador da carreira acadêmica), e eu não estava disposta a desistir de nenhum deles.

É um clássico ardil 22: você está em um período de alta demanda no longo prazo, o que significa que precisa atuar em alto nível, e os recursos cognitivos *exatos* de que precisa para atuar nesse alto nível estão sendo rapidamente esgotados por esse mesmo período de alta demanda em que você está.

O *CONTINUUM* DA ATENÇÃO

Lembre-se de que a atenção não afeta *apenas* o desempenho profissional. A atenção é um recurso multiúso que você utiliza para *tudo o que faz*. Isso significa que, quando ela começa a falhar, não nos referimos apenas à sua capacidade de redigir um e-mail ou terminar um relatório. Estamos falando sobre seus relacionamentos com as pessoas que são importantes para você. Estamos falando sobre ser capaz de ir em direção a seus grandes objetivos de vida, sejam quais forem — eles podem estar bem distantes, mas você precisa começar a preencher a lacuna se quer chegar lá, e os problemas da atenção vão enviá-lo na direção errada ou deixá-lo à deriva. E estamos falando sobre sua capacidade de reagir bem num momento crítico, seja uma emergência com risco de vida ou uma crise emocional ou interpessoal, que pode determinar como um relacionamento ou um evento importante vai se desenrolar no futuro.

Os três modos de atenção presentes em todos os domínios do processamento da informação são altamente sensíveis às influências prejudiciais do estresse, do mau humor e da ameaça, assim como a outras condições adversas — os drenos da atenção podem assumir a forma de qualquer coisa, de uma temperatura baixa desconfortável à *saliência da mortalidade* (pensar na própria morte).[9]

	O *continuum* da atenção	
MAXIMIZADA		COMPROMETIDA
Você consegue seguir uma linha de pensamento, elaborar uma estratégia, planejar e tomar decisões. Você tem consciência situacional e consegue triar e priorizar tarefas.	**Cognitivo**	Sua linha de pensamento sai dos trilhos; você muda de ideia com frequência. Fica perdido em detalhes ou é disperso pelo que parece ser um problema intransponível.
Você consegue se conectar e se envolver de forma direta e significativa com os outros.	**Social**	Você não é perceptivo nem está em sintonia com os outros; perde sinais e oportunidades importantes de se conectar.
Você percebe suas reações; suas respostas são genuínas, mas proporcionais aos acontecimentos.	**Emocional**	Você tem reações emocionais desproporcionais e não tem consciência de seu próprio estado emocional.

Essa tabela fornece uma visão geral do que ocorre quando a atenção está *maximizada* e quando está *comprometida*.

Descendo a coluna da esquerda, tem-se basicamente o perfil de uma pessoa que usa a atenção com sucesso. Isso é o que acontece quando a atenção é forte, flexível e bem treinada. Mas a verdade (apoiada em evidências cada vez maiores do meu próprio laboratório, assim como do campo de pesquisa mais amplo) é que nenhum de nós se insere de forma segura ou exclusiva nessa coluna.

Nem estudantes.

Nem advogados.

Nem CEOs.

Nem generais.
Nem os melhores cientistas da NASA, da Boeing ou da SpaceX.
Ninguém.

O QUE TORNA A KRIPTONITA TÃO PODEROSA?

Existe um famoso teste de atenção aplicado em pessoas de todas as idades: você se senta diante de um computador e uma série de letras aparece na tela à sua frente, uma após a outra. Sua tarefa é dizer a cor da tinta de cada grupo de letras o mais rápido que conseguir.[10] Parece simples, certo?

Tente fazê-lo com as imagens mostradas nesta página. Vá descendo e diga em voz alta a cor da tinta da maneira mais rápida e precisa que puder.

Fácil, certo? Nenhum problema. Mas agora quero que você faça novamente com a lista da página seguinte. A tarefa é a mesma: desça pela lista e diga a cor da tinta uma por uma. Para ser clara: diga *a cor da tinta*, não a palavra em si. Prepare-se... pode ir!

Fácil de novo? Provavelmente, não.

Não há um computador medindo seus tempos de resposta agora, como haveria se você estivesse fazendo esse teste no meu laboratório, mas você deve ter percebido que seu desempenho foi mais lento do que com a primeira lista. E você provavelmente hesitou, levando um pouco mais de tempo a partir da quarta palavra. Seu impulso de dizer "preto" deve ter sido muito forte. Talvez você tenha até mesmo deixado escapar e depois se corrigiu e disse "cinza".

As instruções eram tão simples. Então, por que isso aconteceu? *Porque configurei seu cérebro para lutar contra ele mesmo.* A batalha foi entre o que aconteceu automaticamente (você leu a palavra) e o que as instruções lhe pediam para fazer (informe a cor da tinta). Esse desencontro produziu o que chamamos de momento de "alto conflito".

No cérebro, esses momentos sinalizam que há um problema. Em resposta, a atenção executiva é chamada a fornecer um "aumento de potência". Com

CINZA
PRETO
BRANCO
PRETO
BRANCO
PRETO
CINZA
BRANCO

a atenção à disposição, você pode com mais facilidade parar automaticamente de ler e dizer a palavra. Seu comportamento se torna mais alinhado com seus objetivos. Podemos mapear isso em laboratório. As respostas são mais rápidas e mais precisas para julgamentos de alto conflito que seguem outros julgamentos de alto conflito versus aqueles que seguem julgamentos de baixo conflito — o que parece algo bom.[11] E às vezes o é. Mas também pode se tornar uma causa fundamental de esgotamento da nossa atenção.

Em nossas vidas, o que consideramos *situações desafiadoras* geralmente são "estados de conflito".[12] Há um desencontro entre o que percebemos que *está acontecendo* e o que *deveria estar* acontecendo. Nossa mente vivencia esses conflitos de diferentes maneiras:

- *Mente resistente*: podemos querer que o que está acontecendo pare — enchendo-nos de medo, tristeza, preocupação, ressentimento ou até mesmo ódio.
- *Mente duvidosa*: podemos desconfiar de nossa avaliação sobre o que está ou deveria estar acontecendo, aumentando nosso senso de dúvida.
- *Mente inquieta*: estamos inquietos e agitados, incertos sobre o que está ocorrendo, mas ainda assim insatisfeitos.
- *Mente ansiosa*: podemos querer mais do que está acontecendo, deixando-nos desejosos e ansiosos por isso.

Esses estados de conflito sinalizam que há um problema. A atenção é chamada para resolvê-lo. No entanto, os problemas em nossas vidas não são como os de matemática, que podem ser resolvidos e, em seguida, riscados de nossa lista de tarefas. Eles são, na maioria das vezes, problemas complexos e de longo prazo — ou, simplesmente, fios na trama do que é ser humano — e não podem ser bem "calculados" dessa maneira.

A razão pela qual os estados de conflito drenam a atenção é porque *eles a convocam repetidamente*. Esse *comprometimento contínuo* da atenção a esgota. E, à medida que sua atenção se esgota, você entra no piloto automático. Sua mente é facilmente "captada" e levada pelo que estiver mais saliente.

Quando você carrega estados de conflito, eles podem ocupar e competir por sua área de trabalho mental e por recursos atencionais. Você está tão ocupado carregando esse fardo, que sobram pouquíssimos recursos atencionais para superar as tendências automáticas. Qualquer coisa *saliente* vai pegar você — e mantê-lo por mais tempo. Então, se você teve um dia longo e cansativo — digamos, você está estressado, ansioso ou preocupado —, é mais provável que você escolha o que estiver mais vivo e brilhante. Você vai pegar os biscoitos em vez das cenouras. Vai clicar no anúncio piscando. Vai gastar o dinheiro que pretendia guardar. Vai gastar algo ainda mais precioso — *sua atenção* — em lugares em que você nunca teve a intenção.

E, para lidar com essas situações, tendemos a recorrer a um punhado de estratégias. Elas são comuns e naturais, portanto muitas vezes as adotamos como padrão. O problema é que elas não funcionam.

Estamos usando estratégias fracassadas

"Pense positivo. Foque no bem. Faça algo relaxante. Estabeleça objetivos e os visualize. Elimine pensamentos preocupantes. Concentre-se em outra coisa." Todos nós já ouvimos esses tipos de conselhos para enfrentar situações de estresse e conseguir manter o foco. Alguns deles constituem uma grande parte do treinamento de liderança profissional e da psicologia do desempenho. Muitas vezes adotamos essas táticas como padrão quando nossa mente divaga ou ficamos presos em ciclos de pensamentos negativos. O problema? Todas essas estratégias, na realidade, exigem recursos atencionais para serem implementadas. Elas consomem a atenção ao invés de fortalecê-la. Por mais que nos digam que podemos e devemos "mudar nossa experiência mudando nossos pensamentos" — tendo um olhar mais otimista —, essa estratégia, como outras, cobra um preço muito alto. E pior: sob estresse intenso, geralmente não funciona.

Tente o seguinte: não pense em um urso polar.[13] Estou falando sério! Não pense. É sua única tarefa agora. Pare de pensar em um urso polar!

Em que você está pensando?

Tenho um palpite.

Fizemos um estudo com soldados da ativa que foram testados para verificar se o treinamento da positividade poderia ajudá-los durante um período de alta demanda de treinamento militar. Não ajudou. E, além de a atenção não ter melhorado nem ficado protegida, ela ainda piorou com o tempo.

Por quê? Parte da explicação é que é necessário muita atenção para reformular positivamente uma experiência ao se passar por circunstâncias angustiantes ou difíceis. Quando a atenção já está começando a se degradar, é difícil construir esse modelo mental, e a coisa toda acaba desmoronando como um castelo de areia na maré alta. Você, então, emprega muito de seus recursos cognitivos para reconstruí-lo e consertá-lo — que é como tentar evitar que seu castelo de areia seja levado pelas águas. Você não consegue. Você acaba ficando mentalmente (e atencionalmente) exausto, sem conseguir realizar nada.

Embora haja pesquisas substanciais mostrando que a positividade é benéfica em muitas circunstâncias, táticas como positividade ou supressão não são apenas ineficazes durante períodos de estresse intenso e alta demanda — elas podem ser efetivamente prejudiciais. Eu as chamo de "estratégias fracassadas", porque, embora tentemos usá-las para resolver nossos problemas de atenção, elas a degradam ainda mais. (Imagine torcer o tornozelo e tentar correr.) É cíclico e exponencial: conforme nosso foco vai desaparecendo e as distrações começam a invadir, tentamos olhar para o lado bom, suprimir, escapar, empurrar, correr. Esse esforço suga os recursos cognitivos. O estresse aumenta, o humor piora. As forças que degradam a atenção se intensificam. À medida que a atenção vai se degradando cada vez mais rápido, você se apoia nessas estratégias ineficazes com mais força, queimando ainda mais combustível cognitivo. Você está em uma espiral descendente, cognitivamente esgotado e menos capaz de aguentar e atuar.

Você simplesmente não consegue *não* pensar naquele urso polar, e tentar não o fazer o cansa — *rápido*. Essas estratégias aumentam o comprometimento atencional. Usá-las é como tentar apagar um incêndio com gasolina — só piora. Na luta para controlar nossa atenção, estamos empregando todos os nossos esforços cognitivos em métodos que, simplesmente, não funcionam.

Chega-se, então, à pergunta óbvia: o que *funciona*?

3
Flexões para a mente

QUANDO MEU FILHO ERA pequeno — e eu estava no auge da luta contra minha própria atenção —, ele tinha um brinquedo que adorava. Chamado de cobra d'água, era basicamente um tubo escorregadio de plástico transparente cheio de água e vedado nas pontas. Quando você o pegava, ele se dobrava e voava da mão. Era impossível mantê-lo agarrado. Leo o envolvia em suas mãozinhas, e o brinquedo saltava no ar e ficava quicando pelo chão — diversão garantida.

Enquanto isso, eu não estava me divertindo nem um pouco. Estava presa no mesmo tipo de ciclo, mas, em vez de um brinquedo, era a minha atenção que eu estava tentando agarrar. Contudo, quanto mais forte eu segurava, mais ela voava.

Lembro-me de *mandar* minha mente se acalmar e ficar quieta. Lembro-me de me esforçar cada vez mais para controlá-la. Deu totalmente errado. O monólogo interior angustiante e perturbador apenas ficou mais alto. Eu me sentia sem esperança — parecia que, quanto mais eu tentava, pior ficava. E a desesperança era agravada por um anseio crescente. Eu ansiava por realmente experimentar minha vida — não viver em modo acelerado nem em marcha à ré.

Muitos de nós experimentam esse anseio existencial. Algum evento — um susto com a saúde, um divórcio, uma tragédia ou perda, uma pandemia global — leva-nos a refletir o quanto estamos presentes (ou não) no desenrolar de nossas vidas. O gatilho pode até ser algo bom: um sucesso, uma promoção, um momento terno com alguém amado. Ou pode ser uma percepção gradual — um pressentimento seu de que *tem* de haver alguma maneira de fazer seu desempenho e seu bem-estar "subirem de nível". Seja o que for, algo indica que você está mais distraído, desregulado e desconectado do que gostaria — então você *precisa* estar presente para viver sua vida ao máximo. Tentamos todos os truques e táticas disponíveis, de fins de semana de desintoxicação digital até aplicativos de estilo de vida. Precisamos de uma solução real para esse problema — algo que possamos fazer para nos tornarmos mais focados, menos reativos e mais conectados.

Já sabemos agora que nossa atenção é poderosa, mas vulnerável — que somos projetados para a distração e que o mundo ao nosso redor vai explorar isso sem piedade. Eu também lhe disse que você pode fazer algo a respeito. Mas há um desafio: a crença generalizada de que o cérebro não muda muito. As pessoas, em geral, acreditam que, de alguma forma, estão "programadas" e que essa programação é relativamente permanente, parte de sua composição genética ou personalidade.

Neuroplasticidade: treine seu cérebro para mudar seu cérebro

Os neurocientistas pensavam que a programação do cérebro era relativamente permanente. Pensávamos que ao atingir a idade adulta — após passar por aqueles anos maleáveis e formadores da adolescência — "o cérebro que tínhamos era definitivo". Claro, novas conexões poderiam ser feitas quando aprendêssemos algo ou tivéssemos uma nova experiência, mas seriam apenas conexões entre pontos de referência já existentes — como erguer uma ponte para conectar dois territórios ou adicionar uma estrada de acesso para ligar duas rodovias. Ainda estaríamos trabalhando no mesmo terreno básico. Na idade adulta, o mapa já estaria desenhado com tinta semipermanente.

Até percebermos, como, em geral, acontece na ciência, que estávamos errados. O cérebro humano — o cérebro totalmente desenvolvido, o cérebro adulto, até mesmo o cérebro *lesionado* — tem uma *neuroplasticidade* incrível, o que significa que consegue se renovar ou se reorganizar dependendo dos dados que recebe e dos processos em que se envolve com regularidade. Um rápido exemplo: em Londres, uma cidade antiga com um mapa urbano complexo e bastante confuso, pesquisadores realizaram um estudo comparando o cérebro de motoristas de ônibus com o de taxistas.[1] Eles descobriram que o hipocampo, uma parte fundamental do cérebro para a memória e a navegação espacial, era significativamente maior nos taxistas do que nos motoristas de ônibus. Eles tinham quase o mesmo emprego — dirigir pela cidade —, então por que esse resultado? Porque, enquanto os motoristas de ônibus só precisavam memorizar e usar uma rota específica, os taxistas tinham de manter toda a paisagem urbana em mente, percorrendo com flexibilidade seu mapa mental a fim de encontrar cada nova rota. Essas pessoas, claro, não dirigiam ônibus nem táxis desde crianças — essas mudanças em seus cérebros eram relativamente recentes.

Essa pesquisa sobre neuroplasticidade existe há anos. Mas ela ainda não despertou uma consciência geral. Ainda pensamos em nosso cérebro como "programado"; ainda acreditamos que a forma como reagimos às situações — cognitiva ou emocionalmente — é um fato imutável, uma faceta de nossa personalidade ou identidade, algo que temos de aguentar ou contornar, mas não podemos realmente mudar. O fato de ter me ocorrido, durante minha crise de "atenção", que eu poderia mudar meu cérebro em vez da minha vida inteira é uma consequência da minha escolha particular de carreira. Quando você se depara com uma crise como aquela que eu estava vivendo, a abordagem natural pode ser descobrir como mudar sua vida de forma a lidar melhor com ela — mudar de emprego, ter menos responsabilidades, e assim por diante. No entanto, para mim, nada era particularmente negociável. Eu já estava no caminho certo, fazendo o que amava. Não havia nada que eu quisesse mudar — a não ser o jeito como estava me sentindo no meio de tudo aquilo. E, como neurocientista, eu já tinha um conhecimento profundo da incrível neuroplasticidade do cérebro. Lesões cerebrais como as sofridas por Gordon, o paraplégico que conheci tantos anos atrás como voluntária num hospital, deram-me o primeiro indício do que pode ser possível quando falamos de neuroplasticidade. Após sofrer danos, o cérebro poderia recuperar de forma extraordinária algumas das funções que aparentemente havia perdido. Levaria tempo, treino e persistência, mas era possível. Aquilo me mostrou que o cérebro *poderia* mudar. Então, o próximo passo, depois de passar da lesão para a recuperação, era pegar as pessoas que já estavam saudáveis e dar-lhes oportunidades de treinar repetidamente. A expectativa era que, com a repetição, elas pudessem *otimizar* algumas de suas funções. Será que poderíamos usar a capacidade de neuroplasticidade do cérebro para tornar a mente mais saudável, *mais* adaptada aos desafios do nosso tempo?

Eu *poderia* mudar meu cérebro — disso eu tinha certeza. O que eu não sabia exatamente era *como* fazê-lo.

Na mesma época em que meus dentes ficaram dormentes, o renomado neurocientista Richard (Richie) Davidson veio proferir uma palestra no meu departamento, na universidade. Hoje, Richie lidera um bem-sucedido centro de estudos focado em pesquisa sobre meditação na Universidade de Wisconsin-Madison, o Center for Healthy Minds, mas quando veio à Universidade da Pensilvânia, no início dos anos 2000, ele ainda não falava muito sobre sua então recente pesquisa em meditação. Na parte final da palestra, ele colocou na tela, lado a lado, duas imagens cerebrais por ressonância magnética funcional: uma de alguém induzido a um estado de humor positivo e outra de alguém induzido a um estado de humor negativo. Para obter essas imagens, pesquisadores desencadearam reações emocionais nos participantes, fazendo-os recordar de forma viva lembranças felizes ou tristes, tocando música alegre ou triste ou fazendo-os assistir a trechos de filmes de humor contrastante. Enquanto isso, o magneto gigante da ressonância magnética, vibrando e apitando com seus pulsos de frequência de rádio, captava os dados de ativação cerebral.

A imagem por ressonância magnética (IRM), como aquela que você pode fazer para investigar uma lesão no joelho ou tornozelo, oferece uma visão *estática* da anatomia — um instantâneo do que está no interior. A imagem por ressonância magnética *funcional* (IRMF) é diferente. Ela tira proveito de propriedades úteis do cérebro e do sangue em um ambiente magnético. Quando os neurônios disparam, precisam de mais sangue oxigenado — e o sangue tem uma assinatura magnética diferente quando é rico em oxigênio. A IRMF ilumina os níveis correntes de sangue oxigenado em diferentes partes do cérebro ao longo do tempo,[2] o que significa que ela consegue mapear indiretamente, a cada instante, em que local do cérebro os neurônios estão mais ativos. As duas imagens que Richie nos mostrou tinham padrões de atividade surpreendentemente diferentes, como testes de Rorschach com borrões de tinta opostos. O cérebro negativo funcionou diferente do positivo.

Durante a sessão de perguntas e respostas, levantei a mão.

— Como fazer o cérebro negativo se parecer com o positivo?

Ele respondeu sem hesitar:

— Com meditação.

Eu não conseguia acreditar que ele tinha usado essa palavra. Aquela era uma palestra sobre ciência do cérebro, como ele poderia falar em *meditação*? Parecia tão bizarro quanto mencionar *astrologia* para uma plateia de astrofísicos. Meditação não era um tópico digno de investigação científica! Ninguém o levaria a sério. Além do mais, eu tinha razões pessoais para ser cética.

Enquanto eu crescia, meu pai se dedicava à prática da meditação. Eu me lembro de entrar tropeçando no quarto dos meus pais de manhã cedo, com cara de sono, para ver meu pai de banho tomado e vestido, *mala* (contas de oração) na mão, olhos fechados, imóvel como uma estátua. Embora eu não viajasse com frequência para a cidade indiana onde nasci, quando tinha cerca de dez anos, fomos passar o verão na Índia. Naquele ano, um dos grandes eventos para a minha família foi uma cerimônia de rito de passagem hindu de um primo, um menino que tinha a minha idade. Durante a solenidade, o sacerdote sussurrou algo em seu ouvido. Descobri mais tarde que ele sussurrou um mantra especial, uma curta passagem em sânscrito, uma língua antiga. Meu primo deveria usar 108 contas de oração e, em silêncio, repetir o mantra deliberadamente 108 vezes como uma prática diária.

Fiquei intrigada — era como ser convidado para um clube secreto, muito importante e de adultos. Perguntei à minha mãe qual era o mantra e quando eu poderia receber o meu. Foi quando ela me deu a notícia: eu não receberia o mantra dado a todos os garotos… porque eu era uma menina. Na tradição hindu, essa cerimônia era apenas para meninos e apenas eles recebiam o mantra. Isso não deixava minha mãe satisfeita, pois ela sempre quis que as filhas fossem tratadas de forma igual, mas aquela era a realidade cultural.

Foi o que bastou. Era o fim da meditação para mim. Se a meditação não me queria, eu também não queria a meditação. Juntei tudo, embalei e guardei na minha mente, no mesmo contêiner das outras atitudes ultrapassadas sobre papéis de gênero e de todas as outras tradições antigas que me irritavam. Eu não iria aprender a cozinhar comida indiana para ser a esposa indiana perfeita e, com certeza, não iria meditar. Então, quando Richie Davidson disse a palavra *meditação* naquele seminário, cada parte de mim — a cientista, a professora, a jovem enfurecida excluída de uma tradição familiar — discordou. Ignorei seu comentário, mas ele me incomodou.

Enquanto isso, no laboratório, procurávamos novos caminhos para melhorar a atenção, o humor e o desempenho. Tentamos diversas coisas — dispositivos, jogos de treinamento cerebral e outras estratégias, como indução do humor. Em um estudo, investigamos um novo dispositivo que muitos alunos chamavam de "segredo para o sucesso acadêmico" porque os fazia se sentirem mais atentos. Era um aparelhinho portátil que se conectava a fones de ouvido e óculos. Os usuários o ligavam para sentir luzes piscando e sons relaxantes. Não era necessário *fazer* nada — a pessoa escutava os sons e observava as luzes passivamente. Era muito popular — em um país asiático aficionado por tecnologia, as pessoas compravam-no para os filhos, e estudantes universitários diziam que era o único responsável por ajudá-los a passar nos exames nacionais. O fabricante alegava que aumentava o foco, melhorava a memória e reduzia o estresse. Seria verdade mesmo?

Quem experimentava dizia que sim. Mas não precisávamos acreditar no que diziam — eu e minha equipe poderíamos testá-lo no laboratório e descobrir ao certo.

Realizamos um estudo básico de atenção, depois outro só para ter certeza. Em ambos, demos aos participantes testes de computador que avaliavam sua atenção, depois os enviamos para casa com esses dispositivos e com a orientação de usá-los trinta minutos por dia durante duas semanas. Quando trouxemos os participantes de volta para testar novamente, verificamos que o impacto do dispositivo no desempenho de sua atenção havia sido *nenhum*. Não houve qualquer mudança, nem mesmo um indício de tendência direcional.

Os resultados de nossas outras tentativas também não foram convincentes. No início dos anos 2000, parecia que a maior parte dos jogos de treinamento cerebral não funcionava. Por "não funcionava" quero dizer que não havia consenso científico sólido de que jogar a maioria desses tipos de jogos proporcionaria quaisquer benefícios além de simplesmente melhorar o desempenho naquele jogo específico.[3] Claro, você pode obter uma pontuação maior no jogo após praticar por duas semanas — mas não terá um desempenho melhor em um *novo* jogo que também exija atenção para se destacar. Quaisquer benefícios foram transitórios ou limitados apenas ao ambiente específico do jogo — eles não foram transferidos nem perduraram. A razão? Bem, o conhecimento sobre aplicativos de treinamento cerebral, e até mesmo sobre dispositivos sensoriais passivos, está se proliferando constantemente e o tema ainda é alvo de um acalorado debate. Mas tenho um forte pressentimento de que eles pedem que você empregue sua atenção de maneiras específicas, e não treinam um aspecto muito importante dela, que é a *consciência* de saber onde ela está a cada instante.

Tentamos muitas coisas novas. Talvez fosse o momento de tentar algo... antigo.

Pouco tempo após a palestra de Richie Davidson, comprei um livro, acompanhado de um CD de práticas de meditação guiada, chamado *Meditation for Beginners* [Meditação para iniciantes], de Jack Kornfield, professor com uma longa experiência e autor de livros de atenção plena. A primeira vez em que ouvi o CD, não tinha muita expectativa — eu nunca havia feito nenhum tipo de programa guiado e achava que realmente não tinha nada a ver comigo. Mas não era, de modo algum, o que eu pensava que a meditação seria. Gostei da voz e do estilo de Kornfield, assim como de seus comentários continuamente me orientando a prestar atenção em minha respiração e a observar minha divagação mental. Não havia mantras especiais, nem cantos, nem instruções para contorcer o corpo ou visualizar energia, como eu temia e esperava. E o mais impressionante era que ele parecia conhecer minha mente! Ele previu que ela iria divagar, resistir, repelir, criticar e ficar entediada. Ele recomendou que, quando você perceber a mente "fazendo o que as mentes fazem, apenas volte sua atenção de novo para a respiração". Não era excessivamente sério nem espiritual; muito pelo contrário. Era comum, prático, trivial.

A "meditação" é uma categoria ampla da atividade humana. É um termo geral, como "esporte". Se lhe perguntassem se tem algum passatempo, você não diria simplesmente: "Eu pratico esporte". Você diria que joga tênis, basquete ou *ultimate frisbee*. Claro, todos exigem boa forma física geral, mas existem aptidões e habilidades físicas específicas de cada esporte que você também precisa desenvolver para praticá-lo. Os exercícios de treinamento da ginástica, por exemplo, são diferentes daqueles do hóquei. Com a meditação acontece o mesmo. Ela envolve dedicação a um conjunto particular de práticas para cultivar qualidades mentais específicas. Existem muitas formas de meditação que foram oferecidas ao longo da história da humanidade e que vêm de diferentes tradições de sabedoria do mundo: filosófica, religiosa e espiritual. O conjunto de práticas — o "treino" da mente — é diferente de acordo com o tipo específico de meditação que você faz — seja ela transcendental, de compaixão, de atenção plena ou outra. Com a meditação transcendental, por exemplo, você almeja alcançar um estado "transcendente", conectando-se com algo maior que você, ao passo que a meditação de compaixão se refere a cultivar o interesse pelo sofrimento dos outros e agir para reduzi-lo. O livro de Kornfield que li focava na *meditação da atenção plena* — ancorar sua atenção no momento presente e vivenciá-lo sem "interpretar": inventar uma história sobre o que está acontecendo ou irá acontecer.

No mês seguinte, pratiquei diariamente, adicionando alguns minutos a cada semana, chegando, por fim, a uma prática diária de vinte minutos. Aos poucos comecei a sentir o retorno da sensibilidade à minha boca. A mandíbula parou de doer o tempo todo. Eu conseguia sentir meus dentes novamente. Eu conseguia falar com facilidade! Aquilo me deu um alívio enorme. E então percebi que conseguia ver o rosto do meu marido de novo. Quero dizer, *realmente vê-lo* — observar suas expressões, identificando rapidamente o que ele estava sentindo ou tentando comunicar. Aconteceu com meu filho também. Senti-me muito mais conectada aos dois, quase sem esforço. No trabalho, eu me sentia mais presente, mais eficiente. Eu tinha a sensação de estar muito consciente e ancorada no meu corpo, na minha vida. *Onde eu estivera?*

Nada mais havia mudado na minha vida — eu ainda tinha o mesmo trabalho exigente, as mesmas propostas de auxílio à pesquisa para escrever e aulas para dar, alunos para orientar, o laboratório para administrar e colegas para debater, a mesma história sobre "wumps" (mais parecidos com um cruzamento de camelo com burro do que com um porquinho-da-índia, agora que eu estava prestando atenção) para ler todas as noites, na hora de dormir, para meu filho. Mas algo *havia* mudado — eu me sentia completamente diferente. Conseguira preencher aquela lacuna, voltar para meu corpo, para minha mente, para o meu ambiente. Sentia-me capaz e no controle, confiante de que poderia enfrentar desafios e trabalhar para superá-los. Sentia-me *poderosamente viva*.

Fiquei curiosa para saber por que isso estava acontecendo. Por meio dessa prática de meditação, eu me sentia muito diferente depois de apenas um mês ou dois. Parecia um pouco como se eu estivesse milagrosamente me sentindo melhor. Contudo, eu sabia que não era um milagre. Algo havia acontecido com meu sistema de atenção e eu precisava descobrir o que era. Eu sabia muito sobre a ciência da atenção do cérebro, mas nunca havia encontrado nada na literatura científica acerca de sua ligação com a prática da atenção plena. Pensei: "Preciso levar isso para o laboratório".

Atenção plena em teste de habilitação

Eu sabia que projetar um estudo científico real seria bastante diferente do experimento pequeno, mas impactante, que eu conduzira em mim mesma — comprometer-me com uma prática diária de atenção plena para "testar" se eu me sentiria melhor, com mais clareza, mais perspicaz. Esse estudo não estaria de forma nenhuma relacionado a meus sentimentos pessoais e seria pautado por métodos rigorosos para determinar se o desempenho objetivo poderia melhorar em pessoas que eu nem conhecia. Quando fazemos um estudo científico da atenção, propomo-nos a testar questões específicas, que são delimitadas por parâmetros e controles detalhados. A primeira coisa que precisaríamos descobrir antes de fazer perguntas de pesquisa específicas seria quanto tempo uma pessoa teria de dedicar a exercícios de atenção plena a fim de que pudéssemos mapear o impacto com métricas objetivas. Horas? Dias? Semanas?

Decidi que a melhor maneira de começar seria ir com tudo.

O Shambhala Mountain Center, nos arredores de Denver, no Colorado, é cercado pelo prateado e verde dos álamos e das bétulas, o azul-claro do céu do oeste norte-americano e o roxo dos cumes afiados das Montanhas Rochosas. O lugar é um retiro no verdadeiro sentido da palavra — isolado do resto do mundo, da vida do dia a dia, até mesmo da rede de telefonia celular. Mais importante, para nossos propósitos, o centro realiza um retiro de meditação intensiva de um mês, no qual os participantes se dedicam a uma variedade de atividades de forma atenta por *doze horas* diárias, com a maioria dessas horas passada em meditação formal. Se fôssemos verificar um impacto nas métricas de atenção do nosso laboratório advindo da prática da atenção plena, nós o veríamos aqui — ou, então, ele provavelmente não existia.

Membros de minha equipe de pesquisa viajaram para Denver com uma mala cheia de laptops, cada um carregado com o mesmo tipo de testes de atenção que usamos no laboratório. No centro de retiro, eles montaram uma mesa na entrada e, à medida que as pessoas chegavam, distribuíam panfletos pedindo voluntários. "Participe de um estudo sobre atenção e meditação da atenção plena!", diziam os panfletos, e muitas pessoas, a maioria das quais já meditava há anos, ficaram animadas e intrigadas. Na manhã seguinte, antes do início do retiro, os voluntários chegaram em grupos de cinco, sentaram-se nas estações de laptop e foram orientados em uma série de tarefas destinadas a reunir dados e a nos fornecer uma base: qual era o ponto de partida deles? Em termos de funcionalidade atencional, qual era o seu "normal"?

Um desses testes se chamava Tarefa de Atenção Sustentada à Resposta, também conhecido pela sigla em inglês SART (*Sustained Attention to Response Task*). Esse teste foi desenvolvido no final dos anos 1990 e, como o nome sugere, testa a capacidade de uma pessoa para sustentar a atenção. Funciona assim: os participantes sentam-se em frente a uma tela de computador na qual um número aparece por meio segundo e, em seguida, desaparece; meio segundo depois, outro número aparece e, em seguida, desaparece; e assim sucessivamente por vinte minutos. A tarefa deles: pressionar a barra de espaço toda vez que um número aparece — a *menos* que o número seja três. Então, não devem pressionar. O número três está programado para aparecer apenas 5% do tempo, o que não é muito.

Esse teste envolve seus três subsistemas atencionais. Você *orienta* a atenção, concentrando-se em cada número quando ele pisca; fica *alerta* para o aparecimento do número três; e usa a *atenção executiva* para se assegurar de que está seguindo as instruções, pressionando a barra de espaço apenas quando deve. Simples.

Simples, talvez. Mas não é fácil. A maioria das pessoas se sai muito mal nessa tarefa. Por quê? Talvez os números pisquem rápido demais, fazendo com que realmente seja difícil vê-los com nitidez? Não. Meio segundo é muito tempo para o cérebro processar informação visual. Talvez desviem o olhar da tela? Verificamos. Ao acompanhar o movimento do olhar por meio de eletrodos fixados ao redor dos olhos, descobrimos que nossos participantes eram ótimos em manter os olhos na tela. Eis o que mais aprendemos: embora seus olhos estivessem na tela, sua atenção não estava. Eles estavam no piloto automático, pressionando a barra de espaço não importando que número aparecesse. Sua lanterna da atenção estava direcionada para outro lugar, o holofote estava desligado, o malabarista deixou cair a bola.

Escolhi o SART exatamente por isso. Antes de fazer perguntas detalhadas acerca de *quais* subsistemas da atenção são fortalecidos, eu queria saber se o treinamento de atenção plena poderia minimizar uma vulnerabilidade fundamental sofrida por *todos* os subsistemas — o sequestro da atenção. Poderia um retiro de um mês estimular a atenção para ajudar a mantê-la na tarefa em questão? Para descobrir, eu precisava de um teste que envolvesse a atenção de um modo amplo e também a desafiasse com distração, tédio e divagação. O SART era perfeito.

Nos testes de acompanhamento, fazíamos perguntas mais específicas e isolávamos vários subsistemas da atenção — para verificar, por exemplo, se o treinamento melhorava o holofote mais do que a lanterna, o que foi confirmado por um estudo posterior.

Os participantes do nosso estudo nas montanhas do Colorado terminaram os testes iniciais e foram passar as quatro semanas seguintes imersos em atenção plena: vivendo de forma atenta e praticando formalmente exercícios de atenção plena na maioria do tempo em que estavam acordados, todos os dias. (Fiz uma versão bem mais curta desse tipo de retiro muitos meses depois, e a melhor forma de descrevê-lo é "um treinamento intensivo para o cérebro" — foi puxado!) Desde o momento em que acordavam de manhã cedo até irem se deitar, eles praticavam, em silêncio, sessões de 30 a 55 minutos. Até as refeições eram feitas em silêncio, e os participantes do retiro receberam instruções de como continuar sua prática enquanto comiam. No final daquele mês, voltaríamos para aplicar o SART novamente e veríamos o que (se algo) havia mudado. Era um pouco como marcar peixes e soltá-los de volta no oceano — fora, eles nadaram com o resto do grupo nas águas meditativas de um ambiente de retiro.

Entretanto, aplicamos o SART duas vezes, também com um mês de intervalo, a um grupo de não meditadores. Quando voltamos para o Colorado, um mês depois, para pegar aqueles meditadores experientes indo embora, descobrimos que sua atenção havia *melhorado*. Eles tiveram um desempenho muito melhor após o retiro. Antes do retiro, os participantes pressionavam a tecla quando não deviam cerca de 40% das vezes — esse foi seu ponto de partida. Os não meditadores também erraram 40% das vezes, e sua pontuação não mudou quando os testamos novamente um mês depois. Mas, após o retiro, os meditadores apenas pressionaram a barra de espaço de forma errada 30% do tempo.[4] Portanto, ocorreu uma melhora geral de 10%.

Se 10% não parecem muito — ou se deixar passar o número três não parece grande coisa —, considere os cenários paralelos do mundo real. Uma versão do SART foi realizada em um exercício de fogo real.[5] Isso significa que, em vez de um número três, um alvo humano simulado piscaria na tela e, em vez de pressionar uma barra de espaço, o sujeito dispararia uma arma com munição simulada. O desempenho dos participantes não foi muito diferente na versão "fogo real" do SART. Eles atiraram quando não deveriam, e *muito*. Fiquei impressionada com esse resultado, pois sugere que a atenção — e melhorá-la — poderia ter consequências de vida e morte no mundo real.

Encorajados, também conduzimos estudos que nos permitiram aprofundar o conhecimento sobre os subsistemas da atenção com treinamento de atenção plena.[6] Usamos o teste de rede de atenção para verificar como a lanterna, o holofote e o malabarista responderam à atenção plena. Eis o que descobrimos: meditadores tinham malabaristas melhores; a atenção executiva foi melhor nos participantes do retiro *antes* mesmo de eles o começarem. Após o retiro, eles ficaram mais alertas — seus holofotes foram rápidos em detectar novas informações.

Oferecemos o mesmo teste para estudantes de medicina e enfermagem na universidade. Descobrimos que após terem feito um curso de redução de estresse com base na atenção plena de oito semanas, como os aplicados em mais de 750 centros médicos em todo o mundo, sua orientação melhorou. Eles tiveram um melhor controle de sua lanterna.

Em minha própria experiência, logo que comecei o treinamento de atenção plena, uma das primeiras coisas que notei foi que me senti *pior*. Percebi o frio na barriga — que, tal como a ansiedade e a tristeza que vinham junto, durava horas — quando tinha que deixar meu filho na creche e ir embora; percebi a dor constante na mandíbula cerrada, em geral acompanhada pela sensação de estar oprimida por uma série de demandas do meu dia de trabalho. Meus pensamentos continuavam a girar sem parar muito depois de eu chegar em casa vindo do laboratório. Todas essas coisas sempre estiveram ali, é claro, mas nesse momento pareciam ampliadas *porque eu estava prestando atenção nelas*.

Mas, então, como eu estava mais consciente das sensações físicas e dos pensamentos negativos concomitantes, aos poucos comecei a captar os pensamentos mais cedo. Conseguia percebê-los, reconhecê-los e deixá-los desaparecer por conta própria. Essa maneira de interagir com a mente me deu uma sensação mais forte de controle. Em vez de me sentir constantemente refém de pensamentos e emoções angustiantes, eu tinha consciência do meu corpo se contraindo e minha atenção vagueando. Logo me senti mais capaz de redirecionar minha mente se eu quisesse. Eu conseguiria sair de um ciclo de pensamento negativo em vez de ficar presa nele, como na agitação forte do fundo de uma cachoeira.

E, agora, os dados desses estudos iniciais pareciam corroborar minha experiência, sugerindo que a meditação da atenção plena, diferentemente de *tudo o que tínhamos estudado até ali*, poderia de fato mudar a forma como nossa atenção, a "chefe do cérebro", se comportava. Mas precisávamos ter certeza.

A ATENÇÃO PLENA É MESMO O INGREDIENTE SECRETO?

Quatro dias por semana, durante quatro semanas, abordamos o time de futebol americano da Universidade de Miami[7] no final do treino de musculação. Meus assistentes do laboratório entregavam aparelhos iPod Shuffle com fones de ouvido conectados (o iPod Shuffle ainda era uma novidade). Uma gravação de doze minutos da voz relaxante, mas firme, de meu colega Scott Rogers conduzia os jogadores por uma de duas atividades possíveis: um exercício de atenção plena ou um exercício de relaxamento. Os jogadores não sabiam, mas eles eram separados em dois grupos: um recebia treinamento de atenção plena e o outro recebia treinamento de relaxamento. Os exercícios que os dois grupos (sem o conhecimento deles) eram solicitados a fazer ao mesmo tempo *pareciam* semelhantes para o espectador comum (por exemplo, eles simplesmente ficavam deitados em seus tapetes, no chão, com os olhos fechados). Mas, na verdade, sua atenção estava sendo "instruída" de formas bem diferentes — o grupo de atenção plena foi conduzido por exercícios que aguçavam sua atenção, com o intuito de ficar numa postura observacional, como a consciência da respiração e a exploração do corpo (práticas que veremos em breve), enquanto o grupo de relaxamento usou a atenção para manipular o pensamento e direcionar seus movimentos musculares (como nos exercícios de relaxamento muscular progressivo). Fora das sessões de treinamento programadas, todos os participantes tiveram que baixar para o celular as mesmas gravações das práticas e foram orientados a praticar por conta própria nos outros dias da semana em que não os víamos.

Não tínhamos um grupo de controle sem treinamento, como é usual em estudos científicos — todos participaram. Os jogadores estavam em pré-temporada, uma ocasião de estresse intenso, com muita coisa em jogo: no final dela, todos iriam para o acampamento de treinos, onde seu desempenho determinaria a trajetória de toda a sua temporada de jogos, e talvez até de sua carreira. O treinador principal, ciente de que quem não participasse de algum tipo de treinamento poderia ficar em desvantagem, insistiu que todos participassem de algum. Isso fortaleceu o teste de alguma maneira, porque levantou uma pergunta urgente: se o treinamento de atenção plena é útil, será que é *mais* útil do que fazer outra coisa, como o treinamento de relaxamento?

Sabíamos que aqueles meditadores experientes do retiro do Colorado, assim como os estudantes de medicina e enfermagem que havíamos treinado na universidade, tinham melhorado consideravelmente. O que precisávamos descobrir naquele momento era se a *atenção plena*, em particular, era a peça-

-chave da equação que estava ajudando, ou se os exercícios de relaxamento teriam o mesmo efeito.

Estávamos preparados para ver a atenção de nossos participantes diminuir durante o intervalo de pré-temporada. Isso é algo que descobrimos sobre a atenção e períodos de alta demanda: *todo mundo fica com ela degradada*.[8] Estudantes, soldados, atletas de elite — todo mundo. Então, a pergunta era: o treinamento de atenção plena ou o relaxamento poderiam ajudar a evitar essa degradação da atenção?

Eis o que descobrimos: os dois tipos de treinamento ajudaram em algumas áreas, como no bem-estar emocional. Mas, para a atenção, os dois grupos divergiram, principalmente em relação àqueles que se dedicaram aos exercícios diários cinco ou mais dias por semana.

No grupo da atenção plena, as habilidades relacionadas à atenção *mantiveram-se estáveis* em vez de se degradarem — o treinamento de atenção plena realmente funcionou para "proteger" sua atenção, mesmo nesse período de alta demanda.

Mas, no grupo do relaxamento, a atenção *piorou*.

Não estou, de forma alguma, dizendo "não relaxe". O que estou afirmando — e o que a ciência mostra — é que tentar usar o relaxamento como um antídoto para a degradação da atenção *não funcionará*, porque, na realidade, ele não trata das *razões* pelas quais a atenção se degrada.

Como discutimos anteriormente, algumas táticas, embora benéficas em diversas circunstâncias, podem piorar muito a situação se forem usadas em intervalos de alta demanda, quando a atenção é escassa. Você se lembra de "Não pense num urso polar?". O conselho que mais ouvimos é *esqueça — não pense nisso agora*. (Em vez disso, visualize algo positivo.) A nova ciência da atenção diz: "Não — em vez disso, você deve *aceitar e permitir*". Tentar suprimir tem um efeito paradoxal: mantém o conteúdo na sua memória de trabalho por mais tempo, porque você tem de ficar lembrando a si mesmo para continuar suprimindo. Muitos estudos sobre a prática da atenção plena sugerem que, se você *aceitar e permitir* em vez de *resistir*[9] (o que aprenderemos a fazer nos próximos capítulos), o conteúdo estressante desaparecerá.

Sabíamos que a prática da atenção plena era a chave para treinar a atenção. A pergunta seguinte era: *até que ponto é eficaz?* Ela poderia nos ajudar fora de um ambiente universitário controlado ou de um retiro calmo e específico? Poderia ajudar em situações de estresse intenso, de pressão de tempo, de alta demanda? Havíamos testado a atenção plena em condições ideais — mas e o contrário? Em outras palavras: e na *vida real*?

A ATENÇÃO PLENA SOB PRESSÃO

No laboratório, quando começamos a pensar de que modo condições do tipo kriptonita, como o estresse, impactam a atenção, parecia haver muitos caminhos *diferentes*. Mas existia um fator em comum: o estresse *sequestra a sua atenção para longe do momento presente*.

A viagem no tempo mental nos tira do momento atual e, ao fazê-lo, monopoliza toda a nossa atenção. A prevalência do sequestro da atenção me sugeriu que treinar a mente para ficar no presente poderia ser uma peça importante que faltava no *treinamento da atenção* — um ingrediente catalisador que os aparelhos, os aplicativos de treinamento cerebral e outras abordagens que havíamos tentado não tinham. Para saber se estávamos no caminho certo, voltamos nosso olhar para um dos grupos com mais alto estresse e demanda: os militares.

Agarrei os braços da poltrona enquanto o avião sobrevoava West Palm Beach esperando para aterrissar. Eu estava nervosa, mas não era medo de voar: estava lá para conhecer a liderança de uma unidade de Reserva dos Fuzileiros Navais. Eu e meu colega estávamos montando um estudo-piloto sobre treinamento de atenção plena especificamente para militares, e eu não fazia ideia se eles aceitariam. Nossos contatos, dois capitães da reserva dos Fuzileiros Navais que haviam concordado provisoriamente em nos deixar visitar a base, tinham se arriscado ao nos permitir conduzir um programa de meditação da atenção plena com seus homens. Eles eram combatentes. A meditação da atenção plena não tinha muito *a ver* com eles.

O estudo no centro de retiro, no Colorado, produzira resultados promissores. Os participantes haviam *melhorado*, indicando que a prática da atenção plena poderia estimular a atenção em circunstâncias ideais. Mas o que aconteceria em circunstâncias *menos* do que ideais? O que aconteceria com menos de um mês inteiro de meditação intensiva e contínua em um lugar plácido e remoto? Parece ótimo estar em um retiro idílico nas montanhas, mas a maioria de nós precisa de ajuda com a nossa atenção enquanto vivemos o dia a dia, sob pressão, fazendo milhões de malabarismos. E, além do mais, meditar *doze horas por dia* dificilmente é algo realista para a grande maioria das pessoas. A prática da atenção plena poderia ajudar o restante de nós?

Estávamos refletindo sobre essas questões no laboratório quando recebi um telefonema de uma professora de estudos de segurança de outra universidade. Veterana das Forças Armadas que recorrera à prática da atenção plena após experimentar pessoalmente as dificuldades associadas ao destacamento militar, ela estava interessada em oferecê-la a outros militares. Como não tinha formação em neurociência nem em pesquisa experimental, ela estava buscando um colaborador de pesquisa. Richie Davidson, com quem mantive contato desde sua palestra na Universidade da Pensilvânia, sugeriu que ela me procurasse.

Fiquei intrigada e comecei a analisar as pesquisas existentes sobre atenção e destacamento militar. Fiquei logo envolvida e, francamente, bastante preocupada. Os militares representavam uma população que tinha de lidar com situações de altíssima demanda o tempo todo, e era claro que isso tinha um preço. Durante o pré-destacamento, os militares treinavam intensivamente, simulando cenários nos quais vidas estavam em jogo o dia todo, todos os dias. Em seguida, eram destacados para cenários nos quais vidas estavam *de fato* em jogo. Essas forças potentes que, como temos discutido, degradam a atenção são um modo de vida constante para os militares. Junte a isso outros fatores que degradam a atenção, como distúrbios do sono, incertezas, temperaturas extremas e saliência da mortalidade (pensar na própria morte). Para piorar a situação, isso foi na era pós-Onze de setembro da ofensiva militar norte-americana no Iraque. O ano era 2007, e, como nação, os Estados Unidos estavam em guerra no exterior havia seis anos. As unidades eram enviadas em destacamentos consecutivos. As taxas de suicídio e de transtorno de estresse pós-traumático (TEPT) entre os militares estavam subindo. O nível alto de estresse estava levando os combatentes a uma espiral de transtornos psicológicos, e muitos sofriam de danos morais, lutando contra o arrependimento, o remorso e a culpa quando sua própria reatividade levava a comportamentos que violavam seu código de ética.

Se tive alguma hesitação em trabalhar com os militares? Claro que sim. Pensei muito sobre o assunto. Muitos dos problemas que esses combatentes enfrentavam eram decorrentes da ida à guerra. Não seria melhor não haver guerra?

Bem, é claro — não seria ótimo? Mas essa pergunta é basicamente semelhante àquela que o restante de nós deveria fazer com relação aos estressores em nosso cotidiano: deveríamos mudar nossa vida ou nossa mente? Pessoalmente, não posso mudar o mundo nem acabar com a guerra. Mas talvez eu possa ajudar aqueles que servem às Forças Armadas a atuar melhor em meio a um nível altíssimo de estresse, a proteger sua atenção da degradação, a controlar suas emoções de forma mais efetiva e a manter seu próprio código de ética no topo de sua mente, mesmo na sombra da guerra.

E, por fim, havia muito a aprender com esse grupo demográfico. A prática da atenção plena poderia ajudar a atenção daqueles que experimentam as situações mais inimagináveis de alto estresse, alta tensão e pressão de tempo? Poderia estimular aqueles que estão comprometidos por causa do trabalho que foram solicitados a fazer, a pedido de uma nação? Em caso afirmativo, provavelmente poderia ajudar o resto de nós também. Era hora de ver se conseguiríamos trazer a atenção plena das montanhas para as trincheiras.

Isso nunca vai dar certo

Foi o que o então capitão Jason Spitaletta me disse enquanto caminhávamos para o Marine Corps Reserve Center, em West Palm Beach, na Flórida. Ele parecia bem-humorado com a questão. Sorriu quando apertou minha mão e disse-me, num tom alegre, que nosso estudo provavelmente estava condenado. Os fuzileiros navais, ele disse, simplesmente não iriam aderir. A *prática da atenção plena* não era algo em que investiriam — soava "brando" demais. (Isso foi em 2007 — o conceito era muito novo para todos naquela época.)

Mesmo assim, o capitão Spitaletta e seu colíder na base da reserva tinham concordado em acolher o estudo. Seu colíder era o capitão Jeff Davis, do qual você deve se lembrar do capítulo 2 — essa foi a primeira vez que o encontrei, e não sabia bem o que esperar. Quando falamos com Davis ao telefone, alguns meses antes, ele pareceu cético, mas receptivo, reconhecendo que eles precisavam tentar algo novo.

Spitaletta e Davis eram fuzileiros navais típicos. Admito que tive um momento de dissonância cognitiva. Era difícil imaginar aqueles dois caras impassíveis e musculosos, de roupa camuflada, sentados e meditando. E, se até eu tinha problemas para imaginar aquilo, a liderança militar provavelmente tinha suas próprias dúvidas. Nesse estágio inicial de nossa pesquisa, não havia histórico do uso da meditação da atenção plena como "treinamento cognitivo". Iríamos colocar isso à prova e verificar o que os dados revelariam. Meu objetivo principal era estabelecer as condições para um experimento robusto: fazer as perguntas certas e selecionar métricas de avaliação que fossem sensíveis o suficiente para detectar até mesmo pequenas alterações na atenção. Com planejamento cuidadoso e a sorte ao nosso lado, teríamos uma resposta clara, de uma forma ou de outra.

Tive a sorte de ter Davis e Spitaletta como meus colaboradores. Embora fossem capitães da reserva dos Fuzileiros Navais, poderiam ser alunos de pós-graduação em meu laboratório. Enquanto conversávamos, eu os achei bem inteligentes e curiosos, fascinados por neurociência e por pesquisa experimental. Eu conseguia sentir sua liderança compassiva — que eles realmente se importavam e queriam ajudar seus companheiros fuzileiros navais, os quais lideravam em situações difíceis, complexas e perigosas. Davis, que tinha filhos pequenos em casa, estava prestes a ir para seu quarto destacamento consecutivo — por falar em kriptonita!

Era verdade o que ele dissera ao telefone em relação à necessidade de tentar algo novo. *Todos* precisávamos tentar algo novo.

Na universidade, nossos experimentos no laboratório haviam simulado situações de estresse intenso exibindo imagens perturbadoras enquanto voluntários de pesquisa estavam no meio de tarefas de atenção. Mas aqui, no Marine Corps Reserve Center, tínhamos acesso a pessoas que experimentariam não apenas imagens em um laboratório, mas potentes estressores da vida real. Aqui não era nenhum centro de retiro calmo. A prática da atenção plena faria a diferença *aqui*?

Eu e minha equipe preparamos nossos laptops e demos aos fuzileiros navais diversas tarefas cognitivas. Também examinamos seus níveis de humor e estresse. E, então, nas oito semanas de treinamento pré-destacamento que se seguiram, foi-lhes oferecido um programa de 24 horas desenvolvido a partir das bem estabelecidas técnicas de redução de estresse com base na atenção plena que haviam sido testadas em ambientes médicos, mas contextualizadas para um grupo militar. Eles foram apresentados a um conjunto fundamental de práticas: atenção à respiração, exploração do corpo, entre outras — atividades que implicam trazer a atenção para o momento presente, de forma "não interpretativa". Sabíamos que precisávamos entregar essas práticas de um modo que fizesse sentido para esse grupo demográfico a fim de que fossem acessíveis para seus integrantes.

A lição de casa deles: trinta minutos de prática de atenção plena todos os dias.

Oito semanas depois, voltamos para testá-los novamente. Alguns tinham feito a tarefa de trinta minutos diários por vários dias, mas a maioria fez bem menos. Havia de tudo. É o que, com frequência, acontece com os dados de campo: muita variabilidade entre os participantes. Foi bem diferente do que ocorreu com os meditadores pós-retiro. Para traçar os resultados, dividimos o grupo em dois. O grupo de "prática alta" fez, em média, cerca de doze minutos por dia, ao passo que o grupo de "prática baixa" era formado pelos participantes que haviam praticado com uma frequência significativamente menor. Eis o que observamos: enquanto a atenção, a memória de trabalho e o humor do grupo de prática baixa pioraram progressivamente ao longo das oito semanas, os números do grupo de prática alta permaneceram estáveis. No final do intervalo de treinamento, o grupo de prática alta teve melhor desempenho e relatou sentir-se melhor do que o grupo de prática baixa e um grupo de controle sem treinamento. O que descobrimos em nossos estudos anteriores se confirmava, mesmo sob maior demanda: *a prática da atenção plena podia de fato estabilizar a atenção.*

Após essa fase do estudo, os fuzileiros navais foram destacados. Quando retornaram, nós os testamos outra vez. Novamente, os resultados foram, no início, confusos — nada alcançava significância estatística. O grupo era pequeno; alguns membros abandonaram o estudo, deixaram as Forças Armadas ou assumiram um novo posto. Muitos tinham parado de fazer as práticas de treinamento durante o destacamento.

Ainda assim, um padrão se sobressaiu. Quando analisamos aqueles que estavam no grupo de prática baixa no período de pré-destacamento, verificamos que um subconjunto de participantes, na realidade, teve um desempenho *melhor* do que aquele apresentado antes da ida ao destacamento. Esse resultado contradizia os dados anteriores e não fazia sentido — por que tiveram um desempenho tão bom? Afinal, mesmo antes de serem destacados, eles haviam praticado o mínimo em comparação com os outros.

Liguei para a minha colega que havia desenvolvido e aplicado o treinamento para tentar descobrir a resposta. Ela também não tinha uma explicação — até eu ler para ela os nomes dos participantes do grupo de prática baixa. Isso refrescou sua memória. Eles tinham lhe enviado um e-mail do Iraque relatando coisas como: "Meu amigo que participou do seu programa antes de sermos destacados está dormindo durante a noite toda. Preciso que você me ajude a aprender o que ele está fazendo". De longe, eles conseguiram começar a se envolver com a prática da atenção plena seguindo a orientação do instrutor.

Basicamente, esse grupo de prática baixa se transformara em um grupo de prática *alta* por conta própria. No meio do destacamento no Iraque, vivendo provavelmente com horários imprevisíveis e em circunstâncias muito difíceis, eles resolveram por si mesmos praticar *mais* a atenção plena, porque era flagrante para eles a diferença que ela fazia.

É importante notar que esse estudo — nossa primeira experiência na condução de um treinamento de atenção plena em um ambiente militar — mostrava-se promissor. Contudo, ele não produziu resultados impressionantes — era pequeno, e os dados, variáveis. No entanto, mesmo os resultados sendo modestos, as implicações foram *enormes*. Primeiro: o treinamento com base na atenção plena poderia ser introduzido em grupos de alta demanda para proteger a atenção. E segundo: não era uma situação em que se poderia dizer "qualquer exposição ao treinamento é útil". Exigiu prática regular para se obterem benefícios.

Todos os obstáculos que enfrentáramos para viabilizar o estudo tinham valido a pena. Tínhamos bem na nossa frente a prova viva, respirando, de que o treinamento de atenção plena criara uma espécie de "armadura mental" que poderia proteger efetivamente os recursos atencionais dos indivíduos, mesmo nos cenários mais estressantes possíveis.

Hora de começar a treinar

Imagine um momento que exija força física. Digamos que você esteja prestes a ajudar um amigo a mudar um móvel de lugar. Você se aproxima do sofá pesado, percebe que não está à altura da tarefa e... se joga no chão e começa a fazer flexões para ganhar a força de que precisa.

Se isso parece ridículo, saiba que é o que muitos de nós fazem todos os dias, constantemente, quando confrontados com desafios cognitivos — em vez de desenvolver um regime de treinamento, tornando-o um hábito e praticando um pouco a cada dia para desenvolver nossas capacidades, deixamos de lado e tentamos suprir essa falta com uma ou duas "flexões mentais" quando estamos sob estresse ou em crise, o tempo todo acreditando que isso ajudará e que seremos capazes de ficar em pé e "levantar aquele sofá". Contudo, ficamos apenas mais esgotados.

Precisamos começar a treinar *agora* para o período de alta demanda em que podemos estar no momento e para períodos de outras demandas que enfrentaremos no futuro.

A boa notícia é que você pode começar devagar. E pode começar imediatamente. Na verdade, *você já começou*. Neste ponto, você está no caminho certo em direção à sua jornada de treinamento da atenção. Você conhece sua própria força (o poder da atenção). E conhece seu inimigo (as principais formas de kriptonita, como estresse, mau humor e ameaça, e por que são tão prejudiciais). A seguir, vamos tratar das maneiras segundo as quais nosso cérebro é projetado para divagar, suas causas e o que podemos fazer a respeito. Nossos problemas de atenção não podem ser totalmente atribuídos a tipos de estressores externos, como os que temos discutido aqui. É tentador pensar nas circunstâncias difíceis como sendo o principal desafio — achamos que, "se pudéssemos eliminá-las, tudo ficaria bem".

Mas, em última análise, os fatores que degradam a atenção são ervas daninhas na *paisagem interna*, ou o que, às vezes, chamo de "paisagem mental": eles estão menos relacionados a forças externas que trabalham contra você e mais ligados à forma como a atenção funciona. Se você cortar essas ervas daninhas (livrando-se de estressores e "ameaças"), elas brotarão de novo. Talvez você não tenha ervas daninhas se infiltrando em sua paisagem mental durante aquela estadia de fim de semana em um spa ou naquela viagem de pesca em alto-mar, mas isso não significa que elas não reaparecerão logo que você voltar à vida normal. Na verdade, o desejo de retornar às suas férias felizes pode, ele mesmo, ser uma erva daninha, tornando sua segunda-feira uma nova forma de infelicidade.

Com a minha crise de atenção, descobri que eu não conhecia minha paisagem mental de verdade. Claro, eu "me conhecia" no sentido socrático: meu caráter, meus valores e minhas preferências. Mas eu não sabia, nem me interessava saber, o que estava acontecendo em minha mente a cada instante. Onde estava minha atenção naquele momento? Que pensamentos, emoções ou lembranças estavam me (pré)ocupando, então? Que histórias, suposições e mentalidades estavam em jogo?

Como alguém que sempre pensou em si como uma empreendedora competitiva, orientada para a ação, focada em resultados, com grandes ambições e levada por limites, o que aprendi quando embarquei em minha jornada da atenção plena me surpreendeu. Pela primeira vez, experimentei uma forma de me envolver com a minha mente e de aprender sobre minha paisagem mental que não estava ligada a me esforçar mais, pensar melhor e mais rápido e *fazer* mais. Estava relacionada a *ser* — ser receptiva, ser curiosa, ser presente nos momentos da minha vida. Antes, sempre achei que podia "pensar" num modo de me livrar de qualquer problema difícil que estivesse enfrentando. Meu palpite é que a maioria de nós acredita nisso — que a única e melhor maneira de aprender algo, avaliar uma situação ou administrar uma crise é pensar sobre o assunto, decifrá-lo, resolver o problema com lógica e, em seguida, tomar uma atitude. Os psicólogos chamam isso de "pensamento discursivo": julgar, planejar, criar estratégias, e assim por diante. Não sabemos agir de outra forma. Mas pensar e fazer, ao que parece, simplesmente não são suficientes.

A ciência da atenção enfatiza a *ação*. Isso provém do nosso entendimento acerca do porquê evoluímos para ter um sistema de atenção — para *limitar* nosso processamento de informação e filtrar entulho irrelevante a fim de que possamos nos concentrar em uma tarefa e realizar objetivos importantes. Em outras palavras, precisamos da atenção para podermos agir e interagir no mundo. Essa ênfase restrita na literatura é também a razão por que cheguei de mãos vazias quando procurava respostas para minha crise de atenção. Se me frustrou no início, também me motivou a investigar um modo atencional diferente, receptivo e que implicasse *perceber*, *observar* e *ser*.

Enquanto Descartes resolveu sua angústia existencial ao concluir que "Penso, logo existo", a maioria de nós sente mais angústia *devido* ao pensamento: "Penso, logo... estou distraído". Estamos coletiva e cronicamente viciados em pensar e fazer, e é por isso que mudar para um "modo ser" não é fácil para a maioria de nós. Requer treinamento. E uma literatura cada vez maior sobre a nova ciência da atenção sugere que com esse treinamento o nosso pensar e o nosso fazer se tornam mais eficazes e significativos.

Uma mente no auge, sagaz, é aquela que não privilegia o pensar e o fazer em relação ao ser. Ela domina os dois modos de atenção. É focada e receptiva, e com esse equilíbrio podemos superar nossos desafios de atenção. É assim que vencemos a luta injusta.

O capitão Davis — que conhecemos em meio à sua própria crise de atenção naquela ponte na Flórida — teve outra crise recentemente, de um tipo muito diferente.

Aos 44 anos, ele teve um ataque cardíaco enquanto estava em um carro de aplicativo. Quando me contou sobre o ocorrido, ele fez a descrição valendo-se do treinamento de atenção plena que ele começara durante nosso estudo, mais de dez anos atrás. Em vez de entrar em pânico, ele rapidamente observou e avaliou a situação antes de agir — vendo a si mesmo como um homem em um carro necessitando de atendimento médico urgente. Ele estava focado e calmo, orientando o motorista a encostar. Ele mesmo telefonou para a ambulância e até fez sinal quando a viu se aproximar. Na realidade, ele parecia tão diferente de alguém vivenciando uma situação com risco de vida, que o motorista da ambulância tentou ignorá-lo, dizendo: "Não, não, estou aqui para socorrer um homem que está tendo um ataque cardíaco!".

Mesmo que seu corpo estivesse em crise, sua atenção estava receptiva e focada. Ele ainda conseguia acessar sua mente no auge.

Quando o capitão Davis me contou sobre o ataque cardíaco, fiquei muito aliviada por saber que ele estava bem. Também fiquei maravilhada com a forma como ele transformou sua própria atenção. Ali estava um homem que trocou um "chefe" realmente terrível — um sistema de atenção que quase o jogou de uma ponte — por outro que era um excelente líder, guia e aliado: aquele que salvou sua vida.

Neste ponto, se estiver preparado para melhorar sua atenção, você possui todo o conhecimento de que precisa para seguir em frente. Você sabe agora o que sabíamos após nossos estudos iniciais sobre a atenção plena:

A atenção é *poderosa*.

A atenção é *vulnerável*.

A atenção pode ser *treinada*.

E agora começaremos esse treinamento com uma habilidade básica, porém essencial: como encontrar foco em um mundo de distrações.

4
Encontre seu foco

Numa viagem recente à Califórnia, voei para San José e fui para o sul dirigindo um carro alugado. O claro céu azul tinha um frescor que afastou meu *jet lag*. Quase não havia tráfego — a estrada tinha quatro pistas, livres e amplas, tal como minha atenção. Viajei, tendo todos os tipos de pensamentos... Trabalhei mentalmente em um artigo que estava escrevendo, refleti sobre uma ideia para um novo experimento, fiz uma lista mental das perguntas que precisava fazer aos meus filhos quando lhes telefonasse à noite. Enquanto vislumbrava as árvores altas e de folhas perenes espiando sobre as barreiras acústicas de concreto, tão diferentes da paisagem de casa, em Miami, eu cantava junto com a minha lista de músicas. Minha mente se alternava de forma rápida entre esses diversos pensamentos, como um peixe num turbilhão, de um para outro e depois de volta, e tudo bem — até eu entrar na Highway 17, uma estrada estreita, cheia de curvas e, em geral, perigosa, que serpenteia pelas encostas que levam a Santa Cruz, no oceano Pacífico. De repente, pareceu que um véu de nuvens deslizou no céu. Um nevoeiro cercou o carro; começou a chover e o asfalto ficou escorregadio; o trânsito ficou pesado. A estrada encolheu para duas pistas e um motorista me cortou; em um determinado ponto, um deslizamento de terra atingiu a estrada. Meus pensamentos se estreitaram junto com ela até um único ponto intenso: "Chegue ao seu destino viva!". Mas a preocupação se instalou e, depois, a preocupação por estar preocupada. Eu sabia que aquilo não adiantava. Eu precisava canalizar toda a minha energia cognitiva para percorrer a estrada à frente. Eu tinha que *focar*!

Obviamente, sobrevivi aos deslizamentos de terra e aos motoristas temerários da Highway 17, ou não estaria contando isso a você agora. O ponto dessa história é que, às vezes, você tem de ser capaz de agarrar a lanterna da sua atenção, apontá-la e segurá-la onde precisar. Outras vezes, seu foco pode vaguear, esvoaçar, ocasionalmente pegar algo na paisagem ou em sua paisagem mental. De qualquer forma, sua lanterna é afetada, e isso é algo sobre o qual a maioria de nós não tem muita consciência ou capacidade de controlar... até agora.

Sua lanterna representa a *capacidade de selecionar uma fração de informações* a partir de tudo o que existe. Quando digo *focar*, significa que a informação que você selecionou, seja qual for, está sendo mais bem processada e é de melhor qualidade do que todo o resto em torno dela. Lembre-se daquela "guerra" dentro do seu cérebro: quando a atenção é direcionada para algo, seja um lugar, uma pessoa ou um objeto, os neurônios que a codificam ganham temporariamente influência sobre a atividade do cérebro. Focar alguma coisa aumenta sua "claridade" e escurece informações que são irrelevantes para nossos objetivos correntes. Sem essa capacidade, ficaríamos, com frequência, congelados, confusos e oprimidos.

Raramente percebemos como nossa atenção muda de forma, de estreita para ampla, dependendo das circunstâncias e das demandas do ambiente. Mas aposto que você percebe *sim* quando sua lanterna não está onde você quer — os momentos em que precisa se concentrar em algo importante, mas luta para permanecer na tarefa. Podem ser outros pensamentos, emoções fortes ou preocupações pessoais que estejam atraindo você. Por um detalhe irônico, a pressão e o estresse de ter que se concentrar em uma tarefa ou demanda podem ser a causa de sua distração. Quando isso acontece, você pode tentar se acalmar ou se distrair de maneiras improdutivas, navegando e clicando mentalmente sem nenhum sentido, por assim dizer, afastando-se ainda mais da realização de sua tarefa. Se você já teve de lutar para recuperar o foco, você não está sozinho. Uma pesquisa recente sobre o uso de mídias sociais no local de trabalho constatou que, embora possa oferecer uma "pausa mental", para 56% dos funcionários ela os distrai do trabalho que precisam fazer.[1]

O que *sabemos* é que estamos lutando para que nossos pensamentos não se desviem da tarefa em questão. Quantas vezes por dia você olha para cima percebendo que sua mente está em qualquer lugar, menos no trabalho bem à sua frente? Pode ser incrivelmente frustrante — você *sabe* que existem consequências reais por perder o foco (um prazo vencido, um carro se aproximando que você não percebe, ou algo pior) e, ainda assim, você simplesmente não consegue mantê-lo no que é preciso.

ATÉ QUE PONTO SUA LANTERNA É FIXA?

Conduzimos um estudo com alunos de graduação da Universidade de Miami[2] em que lhes pedimos que entrassem no laboratório, se sentassem em um dos nossos computadores e, em silêncio, lessem capítulos de um manual de psicologia, sendo apresentada na tela uma frase de cada vez. A maior parte do texto fluía normalmente. Mas, então, colocávamos uma frase totalmente fora de contexto. Fizemos isso poucas vezes — cerca de 5% do tempo —, mas, se a pessoa estivesse prestando atenção, seria óbvio que a frase estava fora do lugar. A tarefa dos participantes era simples: após cada frase, pressionar a barra de espaço para avançar para a próxima, ou, se a frase estivesse fora de contexto no parágrafo, pressionar a tecla *Shift* para nos avisar. Adoro comer tangerinas. Se você estivesse no nosso laboratório, nesse experimento, teria pressionado a tecla *Shift* ao ler esta última frase.

Nós os encorajamos a prestar muita atenção e lhes demos um claro incentivo: haveria um questionário no final e, pelo tempo passado ali, eles receberiam um crédito para o curso.

Como eles se saíram? Nada bem. Na maioria das vezes, eles deixaram passar as frases fora de contexto. E, naturalmente, quanto mais frases erradas, pior o desempenho no teste que veio depois — era nítido que eles não estavam absorvendo o material.

Você pode argumentar que o experimento é muito difícil, manuais podem ser extremamente secos e densos, e pressionar uma barra de espaço, com frequência, por vinte minutos parece muito enfadonho. Talvez. *Mas* outros experimentos tiveram os mesmos resultados com parâmetros mais fáceis:[3] leia o texto que aparece na tela e, se for uma palavra real, pressione a barra de espaço. Se não for, pressione a tecla *Shift*. Quando os participantes leem uma palavra depois da outra pressionando a barra de espaço para *ovet arp thj usult grept frew bramt,* tenho de perguntar: quantas palavras você leu antes de perceber que não eram, bem, palavras?

No estudo, agora repetido em muitos laboratórios, as pessoas não percebem de imediato que, 30% das vezes, as palavras não têm sentido, e continuam pressionando a barra de espaço em média *dezessete vezes* antes de notar que o texto que estão lendo não faz sentido.[4]

Talvez não tenha sido justo — eu não avisei quando as frases iriam aparecer! Vamos tentar outro exercício, com todas as regras na mesa. Esse é muito simples e não levará mais do que alguns segundos. Você nem precisa sair de onde está sentado.

Quando eu disser "Vá", quero que feche os olhos e respire cinco vezes. Se você já pratica meditação, respire quinze. Respirações regulares e uniformes. Sua tarefa é se concentrar em sua respiração — inspirando e expirando —, e *só* em sua respiração. Assim que perceber os pensamentos indo para outra coisa, ou um pensamento intrusivo surgir, pare e abra os olhos.

Preparado? *Pode começar.*

Tudo bem, vamos avaliar. Quantas respirações você conseguiu fazer antes de se distrair e parar? Aposto que nem cinco. Nem mesmo perto.

Claro que esse foi apenas um teste rápido, de baixa pressão, pontual — nada estava em jogo aqui. Talvez se houvesse consequências reais você conseguisse manter o foco na respiração (ou em qualquer alvo) por um pouco mais de tempo. Mas o que descobrimos no laboratório, bem como no campo da pesquisa da atenção, é que ocorre o mesmo quando *há* muita coisa em jogo. As pessoas não conseguem manter o foco, não importa o que aconteça. Nem se forem pagas. Nem se a tarefa for se divertir com uma atividade. Nem mesmo se as consequências de perder o foco forem desastrosas.[5]

O NEUROCIRURGIÃO E O MECÂNICO

Saltei do táxi numa manhã fria e cinzenta de inverno, copo de café na mão, e fui para o prédio do hospital situado no campus de um importante centro médico acadêmico. Eram 6h30 — havia muito tempo para encontrar o auditório onde faria minha apresentação na reunião de discussão de casos clínicos, às sete horas. A "reunião de discussão de casos clínicos", para quem não conhece essa terminologia, é, nos Estados Unidos, um evento semanal para instituições de ensino médico e geralmente envolve a apresentação de uma doença específica ou do perfil de um paciente. Hoje, eu seria a palestrante, a plateia seria um grupo de residentes de neurocirurgia e os temas seriam a prática da atenção plena e a atenção.

Preparei meus slides e esperei pacientemente para começar. No relógio, *tique-taque, tique-taque, tique-taque*. Eram 6h55, e não havia nenhuma alma no auditório. Será que eu tinha errado o dia? Às 6h57, as portas se abriram com uma explosão de barulho e vozes gritando, e cerca de quarenta pessoas correram para encontrar um lugar. Todas as cadeiras foram logo ocupadas. Fiquei aliviada — afinal, não tinha errado o dia.

Mas, quando comecei minha exposição, meu alívio desapareceu. Eu não sabia bem o que estava acontecendo, mas definitivamente não sentia que tinha uma plateia interessada. Celulares vibravam. Conversas reverberavam pela sala. Pessoas se mexiam, folhas de papel farfalhavam. Havia uma inquietação patente no ar. Eu gostava do material que tinha apresentado, mas, quando terminei, saí do auditório achando que aquela tinha sido a pior apresentação da minha vida. Então fiquei pasmada ao receber uma ligação, uma semana depois, do chefe da neurocirurgia. Ele me disse que a palestra tinha sido um sucesso. "Sério?", pensei. "Mas eles pareciam tão distraídos!" Então ele me perguntou se eu poderia aplicar o treinamento de atenção plena em todos os residentes.

— Eles precisam disso — observou ele.

E acrescentou que ele também precisava. Compartilhou uma experiência recente. Ele realizava regularmente cirurgias cerebrais difíceis e altamente técnicas que podiam durar até oito horas — era muito tempo em pé, mexendo com precisão quase microscópica em um cérebro humano exposto.

O problema era que, nos últimos tempos, ele se sentia distraído. Não apenas durante palestras, mas durante as cirurgias. Minha apresentação o ajudara a perceber que sua mente andava divagando... *muito*.

Ele descreveu um acontecimento que é simbólico de um padrão maior, não apenas para ele, mas para muitos cirurgiões. Uma noite, ele teve um desentendimento com a esposa que ficou bastante acalorado e não foi resolvido. No dia seguinte, no meio de uma cirurgia, uma das enfermeiras entrou para lhe entregar uma mensagem de telefone. Não era incomum para ele receber mensagens ou responder a perguntas durante uma cirurgia — cirurgias do cérebro como as que ele fazia se estendiam pelo dia todo. Mas, dessa vez, a mensagem era de sua mulher e estava relacionada à discussão da noite anterior. Ele percebeu como foi difícil recolocar todo o foco na cirurgia extremamente arriscada que estava realizando. A mensagem era uma intrusão. Contudo, mesmo antes de a enfermeira entrar com aquele pedaço de papel, ele já estava mentalmente viajando no tempo de volta para aquele desentendimento. Por quê? Por causa de uma necessidade muito comum que todos temos, algo chamado de necessidade *de fechamento cognitivo*.[6] É aquele esforço para resolver algo que é confuso, inquietante ou até mesmo ambíguo. Enquanto a cirurgia estava propriamente no primeiro plano de sua atenção, sempre que sua mente vagueava, ela o fazia tentando achar uma solução para o desentendimento com a esposa.

Bem longe de qualquer sala de cirurgia, Garrett, um engenheiro do sistema de balsas do estado de Washington, começou a ver o treinamento de atenção plena como uma ferramenta potencial para lidar com longos turnos, quando sua atenção focada é necessária, mas difícil de manter. Como engenheiro-chefe, ele trabalha em turnos de doze horas noturnas dentro de uma balsa da classe Olympic. A embarcação pode atingir aproximadamente 37 km/h, transporta até 1.500 passageiros e um máximo de 144 veículos e pesa mais de 4 mil toneladas. Operá-la exige precisão e planejamento avançado — virar ou desacelerar uma dessas grandes embarcações brancas e verdes envolve muito tempo de espera. Grande parte do trabalho de Garrett requer ficar na frente de manômetros e outros medidores, verificando cada mostrador para garantir que tudo esteja funcionando corretamente, e ficar de prontidão para receber ordens do comandante para mudar a rota ou a velocidade. Às três horas, na última de muitas travessias, isso pode ser desafiador, e as consequências de um lapso mental são extremamente perigosas. Não perceber um problema pode significar um prejuízo de milhões de dólares, ou até mesmo um acidente fatal. Garrett disse-me: "Estou fazendo pequenas tarefas repetitivas que têm enormes consequências se eu errar".

Garrett estava preocupado de não conseguir manter foco suficiente para realizar com segurança seu importante trabalho. Ele, então, criou seu próprio sistema — ele programa o alarme do celular para despertar a cada dez minutos. Quando ele toca, Garrett começa no primeiro mostrador e segue verificando tudo. Sem isso, ele poderia facilmente se perder em seus pensamentos, e os minutos passariam como a água correndo sob o casco.

Ao chefe da neurocirurgia, eu disse: "Bem, antes de tudo, peça para a sua equipe parar de lhe entregar mensagens durante as cirurgias! Mas podemos fazer mais".

E para o engenheiro-chefe da balsa: "É bom que você tenha consciência dos limites da sua atenção e tenha montado um sistema para ajudar. Mas podemos fazer mais".

Não é realista esperar que alguém mantenha o foco o tempo todo durante uma cirurgia de oito horas ou um turno de doze horas noturnas em águas escuras. Não é realista nem mesmo esperar que o faça para uma única travessia de meia hora de balsa. Nosso foco — nossa *lanterna* — é muito facilmente afetado. Se você não conseguiu fazer as cinco respirações do exercício acima — se nem sequer conseguiu fazer *uma* —, não se sinta mal. Sua atenção é projetada para se comportar assim. *Por quê?* A resposta para isso reside em algumas das formas mais básicas segundo as quais o sistema de atenção do cérebro humano funciona e nos conduzirá pelos principais conceitos da neurociência que vou tratar neste capítulo — *teoria da carga*,[7] *divagação da mente* e *decréscimo da vigilância*[8] —, juntamente com as implicações para cada um deles quando se trata de treinar sua atenção. Aprender sobre eles permitirá a você compreender como sua lanterna está funcionando agora, reconhecer os desafios que ela enfrenta e aprender a controlá-la com maior facilidade. A primeira coisa a esclarecer é o que acontece quando você começa a ficar "mentalmente cansado" e sente que está perdendo a capacidade de focar. Pode parecer que seus recursos atencionais estejam "vazando", como se seu tanque de combustível cognitivo estivesse se esvaziando. Faz sentido intuitivamente — essa noção de que você queimou combustível cognitivo durante o dia, ou durante uma tarefa, e agora está ficando sem nenhum. Mas, na verdade, não é assim que as coisas funcionam.

Teoria da carga: a atenção não é um tanque de combustível

A atenção nunca desaparece, mesmo que você tenha essa sensação quando está lutando para se concentrar e, simplesmente, não consegue. Quando a atenção começa a ficar cansada ou degradada, é mais difícil direcioná-la para onde você quer. Mas ela simplesmente não se extingue. Na neurociência cognitiva, isso é explicado pela *teoria da carga*. Essa teoria se resume ao seguinte: a quantidade de atenção que você tem permanece constante, apenas é usada de modo diferente e talvez não como você gostaria de usá-la.

Veja o exemplo da minha viagem na Highway 17 pelas montanhas de Santa Cruz. As demandas (ou a "carga", na linguagem da neurociência) foram baixas na parte calma do percurso, enquanto na parte perigosa minha atenção foi distribuída de forma diferente. Durante a parte de baixa carga do percurso, eu tive recursos atencionais disponíveis para me envolver em outros tipos de pensamento — planejar, devanear, desfrutar a paisagem, ouvir música. Quando a carga ficou alta, eu não tinha a largura de banda para isso — todos os meus recursos atencionais estavam focados na tarefa em questão: dirigir com segurança até o meu destino. No entanto, a *quantidade* total de atenção não mudou. Você pode pensar assim: você sempre usa 100% da sua atenção. A atenção sempre vai para algum lugar. Então, a pergunta se torna: *para onde?*

Decréscimo da vigilância: você vai piorar no que está fazendo

Pegue qualquer tarefa que você possa pedir a alguém para fazer durante um tempo e trace um gráfico: você encontrará declínios de desempenho. Os erros aumentam, as respostas tornam-se mais lentas e mais variáveis. No laboratório, mapeamos esse *decréscimo da vigilância* com um teste que requer precisão durante uma tarefa longa e repetitiva. Os participantes sentam-se em frente a uma tela de computador que mostra um rosto diferente a cada meio segundo.⁹ Eles recebem estas instruções: quando você vir um rosto, pressione a barra de espaço. Mas se você vir um rosto de cabeça para baixo, não pressione.

Os resultados?

Nossa, as pessoas são péssimas nisso! Durante os primeiros cinco minutos do experimento, elas se seguram e não pressionam com muita frequência quando o rosto está de cabeça para baixo. Depois disso, começam a pressionar quando não deveriam. Ao longo dos quarenta minutos do estudo, seu desempenho piora cada vez mais.

Você pode dizer: "Bem, mas esse experimento é muito entediante — foi por isso que elas deixaram de prestar atenção".

Em primeiro lugar: observamos esse padrão de declínio no desempenho ao longo do tempo em muitas tarefas, as quais apresentam graus variados de complexidade e demanda. Sim, acontece mais rápido nas tarefas mais simples, mas, nas atividades mais complexas ou variadas, o decréscimo da vigilância entra em ação e o desempenho começa a cair constantemente, mesmo durante uma tarefa curta de vinte minutos. Se você pensar na quantidade de tempo que, em geral, precisamos para realizar tarefas que se estendem por períodos muito maiores (pense na difícil cirurgia cerebral de oito horas ou no turno de doze horas noturnas da balsa), vinte minutos é um período *curtíssimo* para se alcançarem precisão e bom desempenho. E segundo: a palavra *entediante* é subjetiva – uma cirurgia cerebral é, em si, entediante?

E por fim: você tem razão. O experimento *era* entediante. Ou, em termos mais precisos, ele foi projetado para produzir tédio o mais rápido possível no laboratório a fim de que pudéssemos investigar o que realmente acontecia com a nossa atenção ao longo do tempo. Pensávamos que o decréscimo da vigilância se devesse a uma espécie de fadiga mental — o cérebro se cansaria, tal como um músculo quando solicitado a trabalhar por um longo período. Se lhe pedissem para fazer cem exercícios de bíceps seguidos, seu desempenho definitivamente cairia. Mas isso não condizia com o que sabíamos acerca do funcionamento do cérebro. Ele não "se cansa" como um músculo sobrecarregado — não funciona assim. Pense nisso nos seguintes termos: seus olhos não param de ver se você os deixa abertos por um tempo;

seus ouvidos não param de escutar após vinte minutos. A ideia geral de o cérebro ficar cansado não fazia muito sentido. E o que descobrimos foi que, à medida que o desempenho caía, a divagação mental aumentava.

Divagação da mente: a matéria escura do processamento da informação

Chamo a *divagação da mente* de "matéria escura" da cognição porque é invisível e está sempre presente — e tem consequências. Vivemos num estado constante de divagação mental, embora muitas vezes nem percebamos. É uma categoria de atividade cerebral inserida no conceito geral de *pensamento espontâneo*, que é exatamente o que sugere: pensar sem restrições, levando a pensamentos ou ideias que surgem sem sua escolha consciente e voluntária.

O pensamento espontâneo pode ser *ótimo*. Quando você não tem nada para fazer e pode ir em frente e deixar os pensamentos vaguearem, ele pode ser criativo, energizante e produtivo. Pense em fazer uma caminhada e deixar sua mente vaguear, como um cachorro em uma coleira comprida, explorando flores ou sebes. Algumas das melhores e mais inovadoras ideias surgem desse tipo de pensamento espontâneo, que nós cientistas chamamos de *reflexão interna consciente* ou, simplesmente, de devaneio. E pode não só levar a ideias e soluções às quais você não chegaria de outra forma; pode também ser benéfico para a atenção, recarregando sua capacidade atencional, melhorando seu humor e aliviando o estresse.

A divagação da mente está na mesma categoria do devaneio, embora seja bem diferente. É o *outro* tipo de pensamento espontâneo — o tipo que acontece quando há algo que você quer ou precisa fazer, e mesmo assim seus pensamentos se afastam dessa tarefa. No laboratório, a classificamos como qualquer tipo de *pensamento não relacionado à tarefa*, conhecido pela sigla em inglês TUT (*task-unrelated thought*). Pense no exemplo "dar uma volta com o cachorro". Num passeio sem pressa, deixar o filhote perambular e explorar é relaxante e inofensivo. Mas, se você quer chegar a algum lugar e tiver que ficar parando para controlá-lo, repetidas vezes, a situação se complicará muito rápido. Será mais difícil ver aonde você está indo; levará mais tempo para chegar lá; você começará a ficar irritado e estressado.

Há um grande custo envolvido no pensamento não relacionado à tarefa. Quando nossa mente divaga, temos um problema que se reflete de três maneiras principais:

1. **Você vivencia uma "desconexão perceptiva"**.[10] Isso significa que você se desconecta de seu ambiente imediato. Você se lembra do estudo rosto/casa? Pedimos que se concentrasse no rosto, e, em resposta, seu sistema de atenção amplificou o sinal do rosto e escureceu todo o resto. Bem, isso é o que acontece aqui — exceto se o que é amplificado é o que você estiver pensando (quando está divagando, você, em geral, avança rapidamente para o futuro ou volta para o passado), enquanto o que é escurecido é o seu ambiente real. É como se você não pudesse ver ou ouvir tão claramente.
O que nos leva ao problema seguinte...

2. **Você comete erros**. A desconexão perceptiva vem acompanhada de erros — uma mente que divaga é uma mente propensa a erros. Faz sentido: se sua capacidade de perceber e processar o entorno for prejudicada, você terá lapsos e enganos. Se isso não parece um problema tão grande, lembre-se do número que deu início a este livro: 50%, que é a quantidade de tempo que passamos divagando e não estamos totalmente presentes no que fazemos. Há 50% de chance de você estar realmente presente em tudo o que faz durante seu tempo diário acordado; sempre que você está falando com alguém, mesmo que faça contato visual direto, há apenas 50% de chance de que essa pessoa o esteja escutando. E você se lembra de todos os estudos que mostraram que não havia quaisquer incentivos nem consequências que pudessem persuadir as pessoas a divagar menos? Elas não conseguiam parar, mesmo que as consequências fossem potencialmente altas. A divagação da mente, na verdade, pode acontecer, na mesma proporção, quando alguém está sentado no sofá lendo uma revista ou quando está operando um cérebro.[11]

E por fim...

3. ***Você aumenta seu estresse***.¹² Ter pensamentos alheios à tarefa enquanto estamos tentando fazer algo pode ter implicações em nossa saúde psicológica e no nosso humor. Sabemos que, independentemente do objeto da divagação — umas férias incríveis pelas quais você anseia ou uma memória feliz que está revivendo —, o momento seguinte será permeado de um pouco de negatividade.¹³ Chamamos isso de custo de "reingresso", voltar ao presente e ter que se orientar. Há uma imersão negativa, que — quanto mais nossa mente divaga — pode começar a afetar os níveis de estresse e humor. E nós sabemos como a kriptonita afeta nossa atenção: maior nível de estresse torna você vulnerável a *mais* divagação mental, o que, por sua vez, leva a mais mau humor… Você consegue perceber a espiral descendente de más notícias em que ficamos presos?

Resumindo: quando você precisa de sua atenção para realizar uma tarefa, seja uma demanda de trabalho, uma conversa com uma criança ou parceiro, ou um tempo sozinho para ler um livro, ter uma mente que divaga sem coleira não é um passeiozinho inofensivo. Você perde coisas, comete erros, seu humor azeda. É como se você não estivesse presente para o que precisa fazer, para os outros e, até mesmo, para si próprio.

Tudo isso levanta a questão: por que diabos a mente ainda *divaga*? Quando consideramos que o cérebro é a história bem-sucedida de dezenas de milhares de anos de evolução, temos de nos perguntar: que razão possível pode existir para que tenhamos herdado essa tendência problemática e prejudicial? *Por que criar uma mente que divaga?*

Por que divagamos

Vamos voltar cerca de 12 mil anos. Imagine-se na floresta. Você está caçando um animal, talvez, ou procurando frutos silvestres comestíveis — você precisa do seu foco para encontrar algo para se alimentar hoje. Já sabemos o que acontece com seu sistema de atenção quando você está examinando algo específico: seu cérebro agora tende (seletivamente atento) para um conjunto específico de cores, sons e cheiros. Quando você identifica o movimento atrás dos arbustos ou a forma e a tonalidade específica de uma fruta deliciosa, seu foco se estreita, e todo o resto desaparece. Você se aproxima. E então... é comido pelo tigre que sequer notou que estava ali.

Se sua mente divagasse, você teria se salvado? É possível! Talvez os primeiros humanos que alternavam entre estar ou não focados, aqueles que *se distraíam* e olhavam para cima de vez em quando — tirados de sua tarefa por uma mente que divagava —, tenham sido os primeiros a perceber que corriam perigo de se tornarem presas e começaram a agir adequadamente, sobrevivendo para transmitir seus genes (distraídos).

No laboratório, observamos em vários estudos como o cérebro humano *resiste ativamente* a se manter concentrado em uma tarefa. Ao que parece, estava determinado que a mente iria vaguear. Para descobrir a razão, precisávamos considerar que, por mais destrutiva e problemática que a divagação da mente seja, ela também pode ser vista, paradoxalmente, como um ativo.

Para mostrar como foi feita essa investigação, primeiro tenho de assinalar a diferença entre *atenção voluntária* e *atenção automática*. A atenção voluntária, como é possível imaginar, é quando você escolhe para onde apontar sua lanterna; a atenção automática é quando sua atenção é captada e atraída para algo sem que você tenha voz ativa nessa escolha. *Chamar a atenção*: é uma figura de linguagem, mas bastante precisa. Pense em usar uma lanterna no escuro. Você escolhe apontá-la para a frente para iluminar o caminho: *atenção voluntária*. Agora, pense no que aconteceria se você ouvisse um barulho repentino ao lado — o estalo de um galho, por exemplo. Você viraria instintivamente a lanterna naquela direção. Você o faria sem nem sequer pensar: *atenção automática*.

Veja como testamos isso no laboratório:

O computador mostra uma tela grande em branco com um sinal de mais (+) no meio; pedimos a você para manter os olhos fixos nesse sinal. O motivo: seus olhos e sua atenção, em geral, estão ligados, mas é possível dissociá-los em determinadas situações (pense em se concentrar em alguém com quem esteja conversando numa festa enquanto sua atenção se desloca para a conversa atrás de você — olhos e atenção se dissociam). Para esse experimento, queremos ter certeza de que a *única* coisa que se move é sua atenção.

Sua tarefa: pressionar a barra de espaço ao detectar um x grande no lado direito ou esquerdo da tela. Quando você o vir, aperte a tecla o mais rápido possível. Detalhe: às vezes uma luz pisca *imediatamente* antes de o x aparecer. E, às vezes, essa luz piscará no mesmo local onde o x aparecerá; outras vezes, não. Você é instruído a não se preocupar com ela. Apenas pressione quando vir o x, não importa o que aconteça. Só isso.

Bem simples, certo? É. Mas queríamos saber quanto tempo os participantes levam para responder quando são alertados pela luz piscando em relação a quando não o são. E, como você deve supor, quando a luz precede o lugar onde o alvo aparecerá, as respostas são muito mais rápidas e precisas.

Parece não haver nada de extraordinário nisso — óbvio, a luz piscando chamou a atenção deles. *Exatamente*. A luz piscando "chamou" a atenção deles. Isso nos mostra que a atenção pode ser atraída sem nossa escolha consciente ou ativa. Se alguém gritar seu nome em uma rua movimentada, sua atenção se voltará para essa voz. Você não escolheu colocá-la ali. E (crucial, para esta discussão) não há nada que você possa fazer para *impedi-la*. É provável que você já soubesse disso intuitivamente — você não precisa de mim para lhe dizer o que acontece quando ouve um toque específico e seu foco logo sai do que você está fazendo e vai para a tela iluminada do celular. A importância desse estudo é comprovar que a atenção funciona dessa maneira. Não é só *a sensação* de que você não consegue, com facilidade, fazer seu cérebro parar de atender a essas distrações — na realidade, literalmente, você não consegue.

Isso nos ajuda a compreender por que sua mente pode se afastar de uma tarefa: surge uma distração, do ambiente (externa) ou de sua própria mente (interna), e sua atenção automática vai rápido para ela. Isso explica algumas das divagações que fazemos. Mas existe algo mais. Voltemos para a tela com a luz piscando e o alvo "x". Quero lhe mostrar como damos um passo adiante — investigar um fenômeno realmente fascinante no cérebro — fazendo um ajuste pequeninino, minúsculo, a esse experimento.

Tal como antes, mostramos a luz piscando. E, tal como antes, ela surge exatamente onde o x está prestes a aparecer (alerta) ou não. Mas, em vez de apresentar o alvo logo após a luz, fazemos uma *ligeira* pausa — na ordem de algumas centenas de milésimos de segundo — e só depois lhe mostramos o alvo. E você é muito mais lento. Aquela vantagem que você tinha do aviso da luz piscando, aquele benefício de velocidade? Desapareceu.

Mas espere — *por quê*? Se a luz piscando atraiu sua atenção automática para o local específico onde o alvo estava prestes a aparecer, por que diabos você falhou agora? Qual é a diferença de algumas centenas de milésimos de segundo?

Vamos apertar o botão de câmera lenta e ver o que acontece, trecho a trecho:

1. A luz piscando aparece no quadrante superior esquerdo da tela.
2. Sua atenção é atraída pela luz.
3. O x *não* aparece ali.
4. Sua atenção agora descarta ("prejudica", na linguagem da neurociência) esse lado da tela como área de interesse.
5. Sua atenção se desloca para o outro lado da tela...
6. ...e, quando o alvo aparece, atrasado, no local original, você é mais lento para detectá-lo. Você é mais rápido, no entanto, para detectar o x do outro lado.

Chamamos esse fenômeno de *inibição de retorno*:[14] sua atenção é, literalmente, inibida de retornar ao local original. Se sua lanterna da atenção for atraída para um determinado ponto, e nada acontecer ou aparecer ali, você automaticamente prejudicará esse espaço. Em outras palavras, você o elimina como uma área de interesse. E quero enfatizar: isso acontece *rápido*. Leva apenas quinhentos milésimos de segundo, no total, para que todas essas etapas ocorram em uma sucessão rápida, sem você nem sequer estar ciente delas! Isso acontece em todos os tipos de informação sensorial. No primeiro estudo que publiquei sobre esse assunto, utilizamos sons, e o resultado foi o mesmo.

Por que seu cérebro faz isso? Bem, é provável que seja uma estratégia de exploração. Pense em você, mais uma vez, na pele daquele antepassado imaginário na mata. Você está caçando ou coletando alimento enquanto procura também ficar atento para não *ser* caçado. Você ouve algo à esquerda. Um estrondo. Sua atenção automaticamente vai para lá e explora a área. Se você não vê, nem ouve, nem cheira nada, sua atenção logo prossegue para examinar as outras áreas ao seu redor — porque o que fez aquele barulho ainda deve estar por perto e provavelmente se deslocou.

Claro, não somos mais caçadores e coletores. Você não está lá fora, no seu dia a dia, caçando comida ou sendo perseguido por um tigre. Mas é importante reconhecer que, embora as *origens* dessa atividade cerebral possam estar em nossos antepassados distantes, esse padrão não está ultrapassado — ele ainda nos serve em todos os tipos de situações. E, embora criemos situações no laboratório nas quais estudamos a atenção automática ou a atenção voluntária, em nossa vida cotidiana usamos ambas e existe uma interação dinâmica constante entre elas.

O cérebro humano é eficiente e estratégico. Está sempre tentando maximizar sua atividade para obter o maior ganho possível. A divagação da mente pode, em última instância, ter sido selecionada ao longo da evolução humana para maximizar os *custos de oportunidade*[15] — o cérebro prevê que aquilo de que ele está abrindo mão (foco e acompanhamento da tarefa em questão) vale a pena em longo prazo para um ganho potencial maior (seja sobrevivência, proteção ou descobrir o que mais há por aí que possa ser melhor). O tédio, como eu disse, é subjetivo — qualquer coisa pode ficar enfadonha. O tédio pode muito bem ter evoluído para simplesmente nos obrigar a ir procurar outra coisa para fazer. Acreditávamos que o decréscimo da vigilância era impelido exclusivamente pela fadiga mental à medida que gastamos nossos recursos cognitivos. Mas acho (e outros também) que, na realidade, é mais do que apenas isso. É provável que esteja ligado a esse mecanismo de sobrevivência essencial. O que isso tudo significa para você — ser humano moderno do século XXI — é que, se você tentar manter o foco por muito tempo, começará a sentir sua atenção resistindo e, até mesmo, se dispersando de alguma forma.

Conduzi você por toda essa ciência cognitiva básica porque penso nisso como uma oportunidade — perceber que é biologicamente predisposto a divagar e encarar esse fato (até um certo grau) como uma "capacidade" necessária que você tem. Se você tivesse um cérebro que não fosse suscetível a isso, poderia seguir na direção errada ou em nenhuma direção. Algumas pessoas diagnosticadas com transtorno do déficit de atenção com hiperatividade (TDAH) relatam, com frequência, que o problema não é não conseguir focar — é que elas focam a *coisa errada*. Quando focamos demais, podemos perder o contato com nossos objetivos do momento. Deixamos de notar se nosso comportamento corrente se *alinha* com esses objetivos. E não percebemos quando precisamos corrigir nosso rumo ou encarar dificuldades (*tigres!*) que aparecem no caminho. Pode existir um benefício real para um aumento e uma diminuição do foco, e isso é algo que veremos. Mas só porque esse comportamento mental tem benefícios potenciais não significa que seja sempre o caminho certo a seguir. E só porque somos neurologicamente predispostos a isso não significa que tenhamos simplesmente de aceitá-lo.

Vamos recapitular!

Acabamos de percorrer uma boa quantidade de informação. E, como já sabemos, você pode ter perdido uma parte dela. Não é culpa sua. Agradeça aos instintos de sobrevivência de seus perspicazes antepassados! Vamos fazer uma rápida revisão.

Como você sempre usa 100% de sua atenção (*teoria da carga*), ela sempre vai para algum lugar, então, se não estiver focado em suas demandas correntes, isso poderá muito bem significar que você está divagando (experimentando um *pensamento não relacionado à tarefa*) e não está mentalmente presente em seu ambiente do momento (*desconexão perceptiva*). Divagar é algo que seu cérebro está predisposto a fazer, por várias razões, entre elas, ágeis tigres-dentes-de-sabre (*inibição de retorno*), levando provavelmente ao *decréscimo da vigilância*, responsável por garantir que, por quanto mais tempo você fizer algo, pior será seu desempenho. Embora a divagação da mente possa ter raízes em algo útil (*custos de oportunidade, ciclo atencional*[16]), ela é prejudicial à nossa capacidade de ter um bom desempenho no que estamos tentando fazer (nossa "tarefa em questão") e ao nosso humor.

Agora que já sabemos *por que* divagamos, precisamos falar sobre o que podemos fazer a respeito disso. O primeiro passo é simples:

APRENDA A RECONHECER QUE SUA MENTE
ESTÁ DIVAGANDO

Alguns anos após minha crise de atenção, meu marido também mergulhou em uma. Desde que ele havia começado uma pós-graduação difícil, nós dois estávamos fazendo o nosso melhor para equilibrar as demandas de trabalho com a criação de uma criança pequena, depois, de duas, após o nascimento de nossa filha Sophie. Após o início das aulas de matemática finita do curso, Michael estava tendo tanta dificuldade em se concentrar, que ele participou de um programa-piloto que conduzíamos para adultos com TDAH, no qual testávamos se o treinamento de atenção plena poderia ajudar. Não pedíamos aos participantes para deixar de tomar qualquer medicação que lhes tivesse sido prescrita — ao contrário, queríamos observar se o treinamento de atenção plena poderia fortalecer a atenção de onde quer que estivessem começando, com ou sem remédio, para que pudéssemos medir quaisquer melhoras posteriores ao ponto de partida.

Eles, *de fato*, melhoraram.[17] O retorno comum que tivemos dos participantes foi de que não alteraram a medicação devido ao treinamento, mas conseguiram *utilizá-la de forma mais eficaz*. Os participantes relataram a capacidade de perceber melhor o local para onde suas lanternas apontavam e de poder redirecioná-las quando necessário. Um dos comentários: "Eu não fico sentado o dia todo na frente do computador pulando de site em site. Em vez disso, tenho consciência do que estou tentando fazer e estou *decidido* a usar a minha atenção para fazê-lo".

Uma das atividades que realizamos foi ter a gravação de uma campainha tocando a cada cinco minutos. A ideia era que as pessoas a usassem durante um exercício formal de atenção plena para se lembrarem de trazer seu foco de volta para a tarefa em questão. Mas, depois das primeiras semanas, meu marido trouxe a gravação da campainha para casa para usar enquanto fazia sua lição de casa à noite. Ajudou-o tanto, que ele começou a usá-la o dia todo no trabalho. Ele percebera que, com frequência, estava alheio à tarefa e passou a utilizar esse lembrete, a cada cinco minutos, para voltar ao que estava tentando fazer.

Para mim, foi um verdadeiro alerta saber como esse problema é corriqueiro e como é necessário bastante ajuda. Apenas alguns anos antes, eu estava fazendo um "estudo de caso" personalizado de atenção plena sobre mim mesma e uma das primeiras coisas que percebi em minhas sessões iniciais foi como minha mente saltava, como um gafanhoto, por todo lado. Então, notei que não acontecia apenas durante aqueles poucos minutos, mas todas as manhãs, quando eu parava para fazer aquela prática ainda desconhecida. Acontecia *constantemente*. Fiquei chocada com o quanto minha mente divagava durante o dia. Comecei a verificar comigo mesma para ver com que frequência eu estava realmente presente na tarefa.

A resposta? Não muito frequentemente.

Tanto para Michael como para mim, o passo essencial foi perceber como, na maior parte do tempo, nossa lanterna estava apontada para algum lugar que não queríamos. Tente o seguinte: pelo resto do dia, observe a si mesmo, de vez em quando, e verifique quando você está presente na tarefa e quando não está. Você pode até programar o celular para avisá-lo. Se não quiser uma campainha tocando a cada cinco minutos durante todo o dia, como meu marido, você pode programá-la para tocar a cada hora. Quando o alerta soar no telefone, faça uma verificação rápida e seja honesto consigo mesmo: o que você estava fazendo? No que você estava pensando? *Onde* você estava, de verdade?

Se funcionar para você, use a tabela abaixo para acompanhar o que acontece ao longo de um dia. (Ou faça uma num caderno que possa carregar ou mesmo no aplicativo de notas do celular. Ela precisa estar sempre à mão para ser cumprida de modo fácil e rápido.) Anote o tempo, a tarefa e onde está sua lanterna. Quando consultar a tabela, no final do dia ou da semana, você deverá ter uma imagem bastante clara não apenas da frequência com que você fica alheio à tarefa, mas também para onde você costuma ir.

Horário	Tarefa	Lanterna
10 h	Terminar a proposta de auxílio à pesquisa.	Pensando na competição de dança da Sophie neste fim de semana e em tudo o que preciso aprontar.
12 h	Ligar para a minha irmã.	Ouvi-la descrever sua recente viagem a Berkeley. Totalmente presente. Animada com seu sucesso e suas aventuras.
14 h	Fazer uma visita ao laboratório.	Eu estava muito envolvida no início, mas comecei a me sentir distraída e preocupada em voltar para a nossa proposta de auxílio à pesquisa.

Uma vez que tendemos a realizar viagens no tempo mental sempre que divagamos, você pode se ver no futuro, planejando e se preocupando — ou pode ser levado para o passado, para ciclos ruminativos. (Fique tranquilo, que abordarei esse assunto em breve.) De qualquer forma, reunir dados sobre *o que tira você do momento presente* e *com que frequência* isso acontece será útil para avançar. Vai lhe dar uma vantagem para identificar e encarar quaisquer desafios que possa estar enfrentando.

Talvez você perceba que é frequentemente desviado da tarefa por distrações digitais, como e-mail, mensagens de texto e telefonemas, mídias sociais, entre outros. É tentador pensar que se pudéssemos eliminar essas distrações tudo estaria resolvido.

Nossa crise de atenção é digital?

Somos bombardeados pela ideia de que na raiz de nossos problemas de atenção reside um único e poderoso culpado: a tecnologia moderna. Se realmente quisermos focar, parece que precisamos desligar todos os nossos dispositivos, sair das mídias sociais e nos refugiar no mato para fazer uma desintoxicação digital.

Sou resistente a essa ideia. Em um nível elementar, nossa era não é diferente de qualquer outra — sempre houve uma "crise de atenção". Historicamente, as pessoas recorrem à meditação (e a outras formas de prática contemplativa) para lidar com a sensação de estarem oprimidas e com o foco disperso, para recuperar o foco e refletir sobre prioridades — valores internos, intenções, propósitos. Esse, com certeza, pode ser um processo espiritual se você o definir assim. Mas estamos descobrindo que a prática da atenção plena afeta o sistema de atenção e o modo como ele lida com as distrações que nos cercam — e com aquelas que são geradas internamente. Em parte, isso é o que os praticantes de meditação sempre perseguiram. Pense na vida muito tempo atrás: as pessoas na Índia Antiga ou na Europa medieval não tinham celular nem Facebook, mas mesmo assim sofriam em suas próprias mentes. Também recorriam a qualquer prática em busca de alívio. Também descreviam o mesmo desafio: *não estou totalmente presente na minha vida*.

Uma crise de atenção pode acontecer sempre que você não se permite uma pausa — quando você não permite que sua mente "descanse" sem estar envolvida em nenhuma tarefa. Você se lembra da distinção entre *divagação da mente* (ter pensamentos alheios à tarefa durante a tarefa) e *devaneio* (pensamento espontâneo livre da tarefa e oportunidade para reflexão consciente, criatividade e afins)? Bem, um dos problemas hoje é que estamos *sempre* envolvidos em algo. Com tantas ferramentas digitais ao nosso alcance, temos acesso constante a uma variedade de formas de comunicação, conteúdo e interação, e não costumamos deixar nossos pensamentos vaguear, sem restrições. Dos dois tipos de pensamento espontâneo que discutimos anteriormente, o tipo benéfico — o devaneio — é o que mal conseguimos atingir. Quando foi a última vez que você ficou na fila de uma loja e apenas... olhou ao redor? Pensou sobre o que veio à tona em sua mente? Ou será que você pegou o celular, verificou as mensagens, leu os e-mails?

Todos nós fazemos isso. Eu me pego, o tempo todo, indo de um tipo de envolvimento mental para outro. Chamo isso de *hipertarefa*. Como navegando por hiperlinks on-line (clicando de link em link à medida que chamam nossa atenção), vamos de uma tarefa para outra sucessivamente. É provável que você esteja fazendo isso agora. Somos "todos tarefa e nenhuma inatividade". E estamos exigindo muito — demasiado — de nosso sistema de atenção. Sua capacidade de atenção não é *menor* do que a de alguém de centenas de anos atrás. Só que, agora, sua atenção está focada de um modo específico, o tempo todo. Estamos cobrando o máximo de nossa atenção focada. Hipertarefa é hipercobrança! Mesmo algo que você possa considerar relaxante (navegar no Instagram, por exemplo, ou ler um artigo que alguém compartilhou) significa mais envolvimento. É *outra tarefa*. Verificar suas notificações pode parecer "divertido", mas é trabalho para a sua atenção. Tarefa: verificar quem postou o que em resposta à minha publicação. Tarefa: verificar quantas curtidas eu recebi. Tarefa: verificar quem compartilhou meu meme engraçado. Sua atenção focou uma tarefa após a outra, sem tempo de inatividade, sem nenhum momento para a mente vaguear livremente.

Nem sempre é realista se desconectar. Não podemos simplesmente desligar o telefone e pausar o e-mail. Não podemos criar um mundo livre de distrações. A questão não é a existência dessa tecnologia; ao contrário, é o modo como a usamos: não estamos permitindo às nossas mentes prestarem atenção de forma *diferente*. É aí que entra a prática da atenção plena, como uma maneira de fixar sua lanterna, para que você não acabe balançando-a por aí, para toda e qualquer distração possível — digital ou não.

Encontrando sua lanterna

Para encontrar seu foco, a primeira habilidade que você precisa desenvolver é *perceber* quando sua lanterna da atenção se desviou da tarefa em questão. Neste primeiro "exercício central", seu objetivo é encontrar repetidamente sua lanterna. *O treino é o seguinte*: direcione a atenção para um objeto-alvo, observe quando ela vagueia para fora desse alvo e, então, redirecione-a de volta para o alvo.

Pense nisso como se fosse o treinamento de um cachorrinho. Vaguear por aí é o que os filhotes mais fazem. Não precisa ser duro nem malvado, mas você deve ser coerente e claro em suas instruções e repeti-las várias vezes. Se o cachorrinho não seguir um comando, não aceite a desculpa de que ele é mau, antipático, imperfeito ou não pode ser treinado. Em vez disso, recomece o exercício de treinamento. Adote a mesma postura *solidária, porém firme*, ao se envolver nesse treino — e observe quando antigos hábitos mentais, como justificar, castigar ou ruminar, aparecerem logo que você perceber sua mente divagar. Agora, reformule a própria ideia de "divagação da mente": não é uma falha nem um erro, mas um sinal para começar de novo e redirecionar a atenção de volta para o objeto-alvo. Quanto mais você orientar sua atenção de volta de um jeito amável, mais facilmente ela acompanhará — assim como o filhote aprenderá. Sua mente começará a ficar mais sintonizada para perceber quando você vagueou também: com mais prática, você perceberá melhor o puxão *inicial* em sua lanterna para longe do objeto-alvo, em vez de ficar completamente perdido ou refém dessa situação. Tudo isso também fará com que seja mais fácil trazê-la de volta para o alvo. Quando conseguimos encontrar nosso foco com mais facilidade, perdemos menos tempo, vivenciamos menos quedas de humor, menos picos de estresse, e nos preocupamos menos quando temos algo importante para fazer — no trabalho, com os outros ou para nós mesmos.

Curiosamente, logo que você começa a perceber melhor quando sua mente está divagando, você também passa a notar quando pode ter que deixá-la realmente vaguear livre. Quando pegamos nosso cachorro, Tashi, eu adorava levá-lo ao parque para cães por essa razão. Uma vez removida a guia, ele se desligava, explorando, brincando, correndo livremente. Era como se eu estivesse vendo uma parte nova dele, seu lado curioso, exuberante, amigável e alegre. E, durante aqueles poucos minutos, eu decidia não pegar o celular. Eu me reaproximava da minha mente sem uma programação — sem pensar em problemas, sem responder a e-mails. Esse pequeno ato foi como um presente que me dei. Percebi ideias criativas brotando, um sentimento de bondade ressurgindo e uma energia alegre retornando para mim. Eu e Tashi voltávamos para casa com um pouco mais de vivacidade em nossos passos. Mas eu não teria conseguido realmente liberar minha lanterna se eu não soubesse onde ela estava ou como segurá-la.

Para encontrar sua lanterna, você recorrerá a uma prática de atenção plena fundamental geralmente chamada de *consciência da respiração*. Essa prática existe há milênios. As tradições contemplativas nos dizem que ela cultiva o foco concentrativo. Agora sabemos, após muitos estudos, que ela também faz parte de um conjunto de práticas que podem servir como treinamento cognitivo para a atenção. A consciência da respiração pode, à primeira vista, parecer simples: *foque sua atenção em sua respiração e, quando a mente divagar, traga-a de volta*. As instruções são bem básicas, porém o que o exercício faz com o sistema de atenção do seu cérebro é tudo menos isso. O exercício de consciência da respiração atinge os *três* sistemas da atenção, pois permite que você pratique *focar* — ao *orientar* a atenção para a *respiração*; *perceber* — ao ficar *alerta* e monitorar a atividade mental em curso para detectar a divagação; e *redirecionar* — ao realizar o gerenciamento *executivo* do processo cognitivo para garantir que retornemos e permaneçamos na tarefa.

Por que usamos a respiração? Poderíamos colocar nosso foco em inúmeras coisas. Treinar a lanterna da sua atenção em qualquer coisa e, em seguida, trazê-la de volta quando ela oscila pode, certamente, ajudá-lo, e, na verdade, eu o encorajo a tentar isso no dia em que houver algo no qual você deseje concentrar toda a atenção: ouvir uma palestra, um *briefing* ou podcast; ler ou redigir um relatório; praticar um instrumento musical. Mas, para essa prática diária, usamos a respiração por algumas razões importantes: ela nos ancora no corpo. Permite-nos experimentar as sensações corporais que se desenrolam em tempo real enquanto respiramos, no aqui e agora. Isso nos ajuda mais facilmente a perceber quando nossas mentes se afastam dessas sensações para pensamentos sobre o passado ou o futuro. Por fim, nossa respiração está sempre conosco. É o alvo constitutivo mais natural para nossa atenção, ao qual sempre podemos voltar.

A respiração é um alvo dinâmico e mutável, e, nesse exercício, sua atenção se limitará a uma única e proeminente sensação relacionada à respiração em uma parte específica do corpo (como peito, nariz, abdome). O fundamental é selecionar um objeto-alvo específico e mantê-lo durante todo o exercício formal. Lembre-se de que essa é uma prática concentrativa — o feixe da lanterna é estreito e está fixo no alvo. Uma das próximas práticas solicitará que você pegue esse feixe da sua atenção e o desloque pelo corpo; mais tarde, veremos uma prática em que você não terá um alvo para focar, mas terá que monitorar os conteúdos mutáveis de sua experiência consciente a cada momento — suas lembranças, emoções, pensamentos e sensações — *sem* ser pego e arrastado por eles. Para ter sucesso em qualquer uma dessas práticas posteriores, você precisará fortalecer sua lanterna primeiro. E tudo isso junto irá ajudá-lo a aprender como *prestar atenção na sua atenção*.

PRÁTICA CENTRAL: ENCONTRE SUA LANTERNA

1. *Tome seu lugar...* **Sente-se com uma postura ereta, estável e alerta.** Você deve estar confortável, mas não relaxado demais. Pense "reto", não "rígido". Sente-se ereto, com os ombros para trás, o peito aberto, em uma postura que pareça natural e corporifique uma sensação de presença altiva. Deixe suas mãos repousando no braço da cadeira, no assento ao lado ou em cima das pernas. Feche os olhos ou abaixe as pálpebras para ficar com um olhar tranquilo se isso for mais confortável. Respire e siga sua respiração. Você está *seguindo* a respiração se movimentando em seu ritmo natural — não a controlando.

2. ***Prepare-se...* Entre em sintonia com as sensações relacionadas à respiração.** Elas podem ser o frescor do ar entrando e saindo de suas narinas, a sensação de seus pulmões enchendo o peito, sua barriga se movendo para dentro e para fora. *Escolha uma área do corpo — ligada a qualquer sensação relacionada à respiração que seja mais proeminente — na qual se concentrar durante o resto deste exercício.* Direcione e mantenha seu foco atencional aqui, como uma lanterna com um feixe de luz forte e claro.

3. ***Vá!* Observe quando sua lanterna se move... e depois traga-a de volta.** A verdadeira tarefa deste exercício, após você escolher o alvo para sua lanterna e se comprometer a manter sua atenção ali, é prestar atenção ao que acontece a seguir. *Observe* quando surgirem pensamentos ou sensações que desviem sua lanterna do alvo. Pode ser uma lembrança repentina de que você precisa fazer algo logo depois disto. Pode ser uma memória, flutuando. Pode ser uma coceira! Quando você perceber que sua lanterna foi afastada, redirecione-a para a respiração. Não há nada em especial a ser feito além desse "empurrãozinho" simples e suave que atua como apoio para trazer a *lanterna de volta.*

É isso! Essa é sua primeira prática. É bem simples. Mas em sua simplicidade residem sua beleza *e* sua utilidade: nesse exercício básico, descobrimos como fazer duas coisas difíceis que provavelmente nos desafiavam bastante e das quais não estávamos cientes antes: perceber a divagação de nossa mente e, então, redirecionar nossa atenção. Como você já deve saber, a divagação mental é onipresente, é comum e não há razão para lutar contra ela — é apenas a natureza da mente. Se você estiver consciente, a divagação acontecerá. Mas em relação ao tempo "formal" que você dedica à prática central da consciência da respiração, durante a qual você se senta para praticar e apontar sua lanterna intencionalmente para sua respiração, fazemos algo diferente quando a divagação mental ocorre: nós a percebemos, e, então, redirecionamos nossa atenção de volta.

Os eventos nesta sequência são:

• foque sua lanterna;
• mantenha-a fixa;
• observe quando ela se desvia;
• redirecione-a de volta para a respiração.

Isso é o que podemos chamar de "flexão" de um exercício de respiração de atenção plena. Espero que você perceba que fazê-lo repetidamente durante um período pode não apenas envolver a atenção, como também fortalecê-la, exercitando-a repetidas vezes.

Uma pergunta importante: *por quanto tempo devo praticar?*

Já mencionei antes que doze minutos é o "número mágico", e, no último capítulo deste livro, "Sinta a queimação", falaremos mais sobre essa "dose mínima" necessária para realmente transformar seu sistema de atenção. Entretanto, assim como você não começaria um treinamento físico tentando fazer um supino com o peso equivalente ao do seu próprio corpo, você não começará um treinamento mental fazendo uma longa sessão de prática de atenção plena.

Recomendo começar devagar. Tente três minutos — programe o cronômetro do celular. *Três minutos*: é menos tempo do que o necessário para ferver uma água ou fazer uma torrada. Menos tempo até do que um banho bem rápido. Já esperei por elevadores que demoraram mais de três minutos para chegar.

Um alerta: três minutos pode ser pouco tempo, mas, quando você é novo na prática da meditação da atenção plena, mesmo um minuto ou dois podem parecer uma eternidade. Você provavelmente terá que apontar sua lanterna de volta para a respiração tantas vezes, que vai se perguntar como conseguirá terminar alguma coisa! Saiba disto: *vai melhorar*. Se você se comprometer com a prática diária — começando com apenas *três minutos por dia* —, estará preparando o terreno para um regime de treino mental potencialmente transformador. Então, comece devagar, mas o faça de forma constante. Será mais fácil expandir seu treino uma vez que você já tenha um lugar para ele no seu dia. Se achar que gostaria de ir além dos três minutos, claro, fique à vontade para continuar praticando, mas não sinta que você "tem" de extrapolar o tempo que definiu como seu objetivo.

Agora que você já tem uma noção do trabalho envolvido no uso de sua lanterna, eis uma diretriz final, porém muito importante, que você deve manter na sua mente:

NÃO SEJA MULTITAREFA!

Quando Leo estava na quinta série, ele começou a ficar incomodado quando via alguém falando ao celular enquanto dirigia ao lado do nosso carro. Como um garoto curioso e esperto, interessado em muitas coisas, inclusive no que eu estava trabalhando no laboratório, ele com certeza sabia mais sobre atenção e ciência do cérebro do que o comum para uma criança de dez anos. Ele percebeu que tentar fazer duas coisas ao mesmo tempo quando cada uma exigia um determinado nível de foco (falar, dirigir) cobraria um preço. Assim, foi descobrir qual era.

Para um projeto de ciências da escola, ele montou um experimento: chamou alguns amigos para disputar corrida de carro no videogame na nossa sala de estar. Do quarto ao lado, ele ligava para eles, que estavam no viva-voz, e começava a conversar, fazendo todo tipo de pergunta. Nenhuma surpresa: as crianças que conversaram ao telefone tiveram um desempenho pior no jogo do que aquelas que não o fizeram.

Eu admito — esse é um projeto para a feira de ciências da quinta série. Mas, no final das contas, a ciência confirmou a suposição do garoto! Ser multitarefa — ou, mais especificamente, *trocar de tarefas*[18] — é algo terrível para nosso desempenho, nossa precisão e nosso humor. Leo ficou satisfeito, mas indignado: *por que era legal falar ao celular e dirigir ao mesmo tempo?* A seu favor, observe-se que agora muitos estados norte-americanos possuem leis rigorosas proibindo o condutor de falar ao celular segurando-o com as mãos e de enviar ou receber mensagens de texto enquanto dirige — mas a realidade é que, dado o que sabemos sobre a atenção, leis não são suficientes. Quando tentamos fazer duas coisas ao mesmo tempo que exigem nossa atenção, é muito difícil fazer qualquer uma delas bem. Não importa se você está segurando o telefone ou não. Mãos livres ou mensagens de texto ditadas ainda requerem envolvimento da atenção.

Veja desta forma: você só tem uma lanterna. Não duas. Nem três. E sua única lanterna só pode iluminar uma coisa de cada vez. (Que fique claro: estou falando de tarefas que exigem sua atenção ativa e focada — não tarefas "procedimentais", como, digamos, *andar*, que não exige atenção da mesma maneira.) Quando você tenta realizar, ao mesmo tempo, múltiplas tarefas que exigem sua atenção focada, o que, na realidade, você está fazendo é mover sua lanterna de uma coisa para a seguinte, depois de volta para a primeira e... você já entendeu. Por que isso é um problema? Isso nos leva de volta à conversa sobre ser *tendencioso*.

Quando você seleciona uma tarefa e se envolve nela — seja redigir uma petição, planejar um orçamento, observar seu filho andando de bicicleta na rua, quebrar a cabeça com o desenvolvimento de um aplicativo que você está criando, *qualquer coisa* —, sua atenção *calibra o processamento da informação* para essa tarefa específica. O que isso significa: tudo o que seu cérebro faz, a partir desse momento, fica a serviço desse trabalho, e alinha toda a sua atividade com esse objetivo. No laboratório, eu poderia lhe demonstrar isso colocando-o para identificar pontos (pressione a barra de espaço quando vir um vermelho) ou letras (pressione a tecla *Shift* quando vir a letra "T") o mais rápido possível. Se aparecerem apenas pontos repetidamente, você será muito rápido e preciso na identificação dos vermelhos. O mesmo ocorrerá com a letra "T". Mas se eu intercalar as duas tarefas, de modo que você tenha que fazer a tarefa dos pontos em menos de um minuto, e, em seguida, mudar para a tarefa de letras e depois voltar para a tarefa dos pontos, indo e vindo sem parar, sua velocidade e precisão sofrerão um grande impacto. Isso acontece porque sua atenção tem de se recalibrar após cada troca.

Na vida real, é claro, não lidamos exatamente com pontos e letras. Pulamos da escrita de um e-mail para uma ligação telefônica; de uma ligação telefônica para a conversa com alguém que entrou na sala e começou a falar; do encerramento daquela reunião para a inclusão de coisas na agenda, e assim por diante. E a recalibração para uma nova tarefa leva tempo e energia. Sempre haverá um atraso.

Para se ter uma noção do que isso significa para a sua cognição, imagine uma quitinete. Há apenas um cômodo. Toda vez que quiser usá-lo, você terá de trocar todos os móveis. Quer dormir? Coloque uma cama e uma mesinha de cabeceira. Quer dar uma festa? Desmonte o quarto e coloque sofás e mesas de centro. Precisa cozinhar? Tire tudo e coloque um fogão, um balcão e arranje material de cozinha. Parece cansativo? *E é*! Acontece o mesmo com sua cognição quando você fica mudando de uma tarefa para outra.

Nos dias em que você trocar muito de tarefas, começará a observar uma menor integridade em *qualquer um* dos estados em que sua atenção estiver. Aquela sala de estar ficará... desorganizada. O fogão não será ligado. Você ficará mais lento, mais propenso a erros e emocionalmente desgastado. Para você, isso parecerá fadiga mental. Se o trouxéssemos para o laboratório, veríamos não apenas que você está mais lento, mas, pior, sua divagação mental está indo lá para cima. E, para complicar tudo, a própria divagação da mente exigiria mais alternância de tarefas, repetidas vezes, *de volta* à tarefa em questão. O que significa que tudo ficaria ainda mais lento. Os erros aumentariam. E o humor diminuiria.

A solução? Bem, uma delas é começar os exercícios do treinamento de atenção plena, que irão ajudá-lo em qualquer situação em que a divagação da mente se tornar um problema. Mas também: *seja monotarefa o máximo possível*.[19] Livre-se da ideia problemática de que ser "multitarefa" é admirável, desejável ou superior. Quando a troca de tarefas parecer inevitável — como, às vezes, é na vida real —, perceba que você ficará mais lento, que precisará de um tempo para se envolver novamente. Se você não tiver pressa, aceitando e facilitando o "atraso de recalibração" na troca de tarefas, haverá uma grande possibilidade de que você seja mais rápido e eficiente no longo prazo. Você perderá menos coisas, cometerá menos erros e (segundo a ciência) ficará mais feliz.[20]

Quando a dra. Donna Shalala era presidente da Universidade de Miami, lembro-me de entrar em sua sala para uma reunião — tenho certeza de que era uma das muitas que ela teria naquele dia. Quando cheguei, ela estava bastante concentrada redigindo um e-mail. Nem olhou para cima. Enquanto fiquei esperando, ela continuou a digitar, seu foco aparentemente intacto. É provável que apenas um minuto, no máximo, tenha se passado, mas pareceu muito mais tempo. Então, ela fechou o laptop, fez uma breve pausa antes de olhar para cima e me deu o que parecia ser sua atenção *total*. Devo dizer que a diferença foi visível. Isso deu o tom para toda a reunião — e acho que ela não perdeu nenhuma palavra do que eu disse.

Vários anos depois, tive a honra de conversar com um general três estrelas reformado que não apenas trabalhou com muitos outros líderes militares seniores, mas também serviu como consultor deles após se reformar. Perguntei-lhe qual era a característica comum a esses indivíduos extremamente bem-sucedidos. Ele respondeu que uma coisa se destacava. Ele a chamou de "liderança pivô". Pelo que observou, nenhum resíduo do último evento, reunião ou encontro passava para o seguinte. O líder poderia mudar completamente, com 100% de sua atenção total.

Moral da história: seja monotarefa quando puder, aceite o atraso na troca de tarefas quando necessário e faça o seu melhor para reduzir seus efeitos. *Dê a si mesmo tempo para que você não continue tentando processar a tarefa antiga e, então, desloque totalmente sua atenção para a nova tarefa.* Claro, ser capaz de fazer isso requer tornar-se mais *consciente* acerca do que está acontecendo no momento, incluindo o local para onde sua lanterna está focada.

Por fim, perceba que, mesmo que você faça tudo isso, inclusive sua prática diária de consciência da respiração de forma aplicada...

VOCÊ AINDA NÃO CONSEGUIRÁ ALCANÇAR
O FOCO PERFEITO E INABALÁVEL.

Na introdução deste livro, fiz uma comparação entre manter sua atenção constante por um longo período e ser solicitado a segurar um peso. Não seria razoável esperar que você tivesse resistência e massa muscular para aguentar esse peso sem treinamento físico. No entanto, de alguma forma, parece que esperamos ser capazes de ganhar resistência mental sem um treinamento *mental* igualmente rigoroso. Mantenho meu ponto de vista, embora, na realidade, estivesse incompleto.

A *atenção automática* nos ensina que nosso foco *será* desviado da tarefa em questão — não há muito o que possamos fazer para mudar essa situação. Por observar a *divagação da mente*, sabemos que, mesmo não havendo nenhuma distração externa nos puxando, nossa mente periodicamente irá procurar uma. Quando você se pega alheio à tarefa, não é uma falha ou uma razão para desistir do treinamento da atenção — *seu cérebro foi projetado para fazer isso*! Mesmo com treinamento, não conseguiríamos segurar nosso foco do modo como seguraríamos um peso por um longo período. Em vez disso, quero que você se imagine quicando uma bola de basquete:

A bola cai da sua mão e quica de volta.
Seu foco se desloca da tarefa em questão e depois volta.

Cada vez que a bola cai da sua mão é uma oportunidade (se envolver novamente em sua tarefa, sabendo que você ainda está onde quer) ou uma vulnerabilidade (perder a bola, depois se esforçar e gastar energia cognitiva para recuperá-la). Quanto mais você pratica os exercícios de atenção plena, melhor você "quica". Cada vez mais, essa bola vai quicar de volta para sua mão em vez de rolar para longe. Mas você tem que continuar quicando! Assim como no basquete, não há outra maneira que funcione melhor. Se você quer ser, digamos, o Stephen Curry da atenção, você não pode carregar a bola pela quadra. Você tem que driblá-la sem esforço enquanto alguns dos melhores atletas do planeta tentam roubá-la de você — enquanto você tenta chegar exatamente aonde quer.

Pratico exercícios de atenção plena quase todos os dias, há muito tempo. Neste ponto, entendo e aceito que, em alguns dias, estarei mais distraída do que em outros, e tudo bem. Mas no início, quando estava começando, lembro-me de ter enfrentado uma sessão especialmente malsucedida e ter me sentindo derrotada. Meus pensamentos foram atraídos para tantas direções diferentes, que senti como se estivesse retrocedendo, piorando. Então, fui investigar com um colega que administrava a clínica de atenção plena de um importante centro médico. Ele meditava havia mais de trinta anos. Por muitas razões, era um meditador *especialista*. Perguntei-lhe por quanto tempo ele conseguia manter o foco para que eu tivesse um parâmetro que me ajudasse a estabelecer meu objetivo. Achei que, depois de trinta anos, teria de ser algo incrível — dez minutos? Mais?

— Hum… — disse ele. — O máximo que eu consigo manter minha atenção sem ela se desviar para outra coisa? Eu acho que uns sete segundos.

Sete segundos? Fiquei chocada. Mas, então, logo me lembrei de um dos princípios mais importantes do treinamento de atenção plena: a questão *não* é que você nunca irá se distrair. Isso não é possível. O objetivo, em vez disso, é ser capaz de reconhecer onde sua atenção está a cada momento para que, quando você *de fato* ficar distraído, possa trazer, de modo fácil e hábil, sua lanterna de volta para onde ela precisa ser apontada.

Existe outra razão fundamental pela qual treinar nosso foco é tão importante. Ele determina o que vai para a *memória de trabalho*, a área de trabalho mental dinâmica que permite a você manter, temporariamente, a informação que precisa usar no que estiver fazendo. Imagine desta forma: sempre que você estiver pensando em *algo* — lembrando-se de alguma coisa, resolvendo um problema, refletindo sobre uma ideia, elaborando um ponto de vista enquanto outra pessoa fala, visualizando algo —, você estará usando sua memória de trabalho. Precisamos dela para quase tudo o que queremos fazer. Enquanto isso, essa memória é degradada pelas mesmas forças que corroem a atenção — estresse, ameaça e mau humor. E na raiz da maioria das falhas da memória de trabalho está um dos hábitos mais prejudiciais da mente: a *viagem no tempo mental*.

5
Permaneça no *play*

Estou aguardando um telefonema de um jornalista vencedor do Prêmio Pulitzer. Ele escreveu artigos e livros sobre distração e atenção e solicitou uma entrevista. Na hora marcada, meu telefone vibra com uma mensagem de texto dele: "Podemos conversar em dez minutos?".

Respondo "Claro" e espero.

Dez minutos depois, ele liga e começa a se desculpar.

— Está sendo um dia daqueles — diz ele. — Eu…

E, então, nada. Silêncio. Estava claro que ele não conseguia falar. Posso dizer que seu cérebro tinha acabado de — para usar um termo técnico — falhar. Como quando o computador congela e aquela bolinha giratória dos infernos aparece. Estou falando com um homem que ganhou um Pulitzer pelo uso das palavras, e ele não consegue proferir uma única.

Ele respira fundo e me pergunta se podemos tirar trinta segundos para respirar. Novamente, eu concordo. Os trinta segundos se passam. Mas agora ele tem outro pedido.

— Posso anotar alguns pensamentos? — pergunta ele.

Quando finalmente começamos a entrevista, estou me sentindo irritada com todo esse preâmbulo que ele poderia ter feito sozinho, antes de me ligar. Logo que iniciamos, agora com pouco tempo restando, vou direto para o tópico *memória de trabalho*,¹ porque é fundamental para compreender a atenção e a forma de treiná-la para que funcione melhor.

A memória de trabalho, como discutimos, é uma área de trabalho cognitiva dinâmica que você usa a cada momento em que está acordado, todos os dias. Não se deixe enganar pela palavra *memória*: não se trata apenas de armazenamento de informação. É um "espaço de rascunho" *temporário* que, por necessidade e projeto evolutivo, é impermanente e transitório.

— Sempre penso na memória de trabalho como o quadro branco da mente — explico ao escritor quando ele consegue falar de novo. — Mas é um quadro branco com tinta desaparecendo. E essa tinta desaparece muito rápido. Assim que você "escreve" algo ali, a tinta basicamente começa a se apagar.

Descrevo como a atenção alimenta a memória de trabalho: a lanterna da sua atenção seleciona informações-chave do seu entorno, ou do ambiente interno, e isso vai para a memória de trabalho. Tal como acontece com o quadro branco real, você pode rabiscar ideias, refletir sobre conceitos, ponderar decisões, observar padrões, anotar algo que você quer dizer, entre outras coisas. Ao contrário de um quadro branco real, no entanto, esse é peculiar: a tinta fica no quadro por apenas alguns segundos.

Alguns segundos é pouquíssimo tempo. Tudo bem, isso pode até ser útil se você estiver se movimentando rapidamente de uma coisa para outra. Mas como manter o conteúdo importante em seu quadro branco por mais segundos se você precisa de mais tempo? Simples: *continue prestando atenção no que está ali*.

Direcionar a lanterna da sua atenção para o conteúdo de sua memória de trabalho basicamente "atualiza" esse conteúdo.² É como se você estivesse traçando por cima da tinta enquanto ela se apaga, repetidas vezes. Pare de prestar atenção — isto é, aponte sua lanterna para outro alvo —, e a tinta irá se dissipar e começar a "escrever" outra coisa.

Como a memória de trabalho está tão profundamente interligada com a atenção, ela é vulnerável às mesmas forças que degradam a atenção — ameaça, mau humor e estresse. Além desses, existem outros fatores corrosivos, como a privação do sono e transtornos psicológicos, como depressão, ansiedade, TDAH e TEPT. Diante dessas pressões, essa capacidade essencial não funciona tão bem. O seu quadro branco fica rapidamente desorganizado enquanto sua mente vagueia, atraindo conteúdo distraidor que preenche o espaço, não deixando lugar para o que você de fato quer fazer. Enquanto explico tudo isso para o jornalista, ele, de repente, interrompe.

— Era *exatamente* isso que estava acontecendo quando eu liguei para você! — disse ele. — Eu tinha acabado de sair de outra ligação. Eu estava passando de um projeto para o outro. Não queria deixar você esperando. Mas meu "quadro branco" estava completamente cheio, não havia espaço para processar nada.

Ele disse que precisava "limpar a mente", uma expressão comum que todos nós provavelmente já usamos em algum momento. Mas, na verdade, não há como "limpar" a mente — você não pode limpar seu quadro branco e mantê-lo assim. É impossível. Logo que a tinta se apaga para uma coisa, outra entra em seu lugar.

A questão é... o quê?

O QUE HÁ EM SEU QUADRO BRANCO?

Vamos fazer uma rápida avaliação do quadro branco. Você só precisa de uma caneta, papel e deste livro.

Aqui está sua tarefa. Pense em um lugar que você visite com frequência — um supermercado, seu local de trabalho, a escola do seu filho —, algo que fique a cerca de quinze minutos de sua casa. Imagine-o em sua mente. Agora, quero que você reviva o caminho desde sua porta de entrada até esse destino e conte o número de vezes que você tem de dobrar. Não importa se você vai a pé, de carro, ônibus, metrô — apenas tente contar com precisão quantas vezes você dobrou. Se você se perder, não tem problema, apenas recomece.

Se, e quando, você se distrair, tire um minuto para anotar o que o distraiu. Se o celular vibrou porque você recebeu uma mensagem de texto, um e-mail ou um alerta do Twitter, escreva *celular*. Caso surja um pensamento ansioso relativo à reunião que você terá mais tarde, escreva *reunião*. Se você se vir pensando na mesma distração mais de uma vez, anote a repetição. Você pode ter tido pensamentos acerca do lugar para onde está viajando (na sua mente). Tente ser o mais exato possível na contagem do número de vezes que você dobrou e o mais preciso possível ao anotar o que interferiu nessa contagem. Não economize nem passe por cima de nada — o ideal aqui é conseguir muitos dados.

Lembre-se de que a distração pode ser algo *bom*. Não precisa ser negativa para ser considerada divagação mental. Seus pensamentos podem se voltar para algo agradável que tenha acontecido esta manhã ("o estranho à minha frente na fila pagou meu café; que gentileza!") ou para algo que você anseie ("fim de semana de três dias chegando!"). Não importa a categoria — positivo ou negativo, tarefas produtivas ou ruminação improdutiva —, simplesmente anote.

Essa atividade é semelhante a uma atividade mental apresentada na Introdução, quando lhe solicitei que anotasse o número de vezes que sua lanterna se desviava da página. Nesse caso, você não estava observando apenas a *frequência* de sua distração, mas também *o que* o estava distraindo.

Agora vamos avaliar. Em que você se viu pensando repetidas vezes? Lendo sua lista, você pode perceber que determinados tópicos são "pegajosos", que aparecem repetidamente. Você pode ter sonhado com o delicioso almoço que estava prestes a degustar ou ruminado um comentário estranho que fez num encontro, no fim de semana passado, e sobre o qual ainda se sente envergonhado. Sei lá. Mas aposto que, se *não todas*, a grande maioria das coisas em sua lista não é uma distração externa, como um telefonema ou uma batida na porta. Se você é como a maior parte de nós, a grande culpada da distração é, na realidade, *sua própria mente*.

Tendemos a pensar nas distrações como algo externo — a vibração de um celular, o aviso de um e-mail, o toque de uma campainha, a voz de um colega interrompendo seu processo de pensamento. Na maioria das vezes, as distrações mais irresistíveis são geradas *internamente*. No capítulo anterior, falamos sobre como encontrar seu foco em um mundo de distrações, o que significa perceber quando sua lanterna se desvia e como levá-la de volta, de forma rápida e suave, para onde você quer. Esse é um primeiro passo essencial para treinar sua atenção. Mas algo que você notará quando começar a prestar atenção na sua atenção é que, mesmo eliminando potenciais distratores externos (silenciando o telefone, pausando sua caixa de entrada, trancando-se em um quarto silencioso — custe o que custar!), sempre surgirá *algo*: uma preocupação, um arrependimento, um desejo, um plano.

De onde diabos vêm esses pensamentos? E por que eles aparecem, espontaneamente, em nossa memória de trabalho quando queremos usá-la para outra coisa?

DE ONDE VÊM OS PENSAMENTOS DISTRAIDORES?

Cerca de duas décadas atrás, nós que trabalhávamos no campo da neurociência nos vimos diante de um mistério: uma nova e poderosa tecnologia — a ressonância magnética funcional (IRMF) — acabara de ser inventada, e um novo e estranho padrão de atividade cerebral foi visualizado pela primeira vez. Não correspondia a nenhuma das redes cerebrais que já conhecíamos — então, o que era aquilo? A dúvida perdurou por anos.

A nova tecnologia foi emocionante para os neurocientistas. Conseguíamos ver sinais ligados à atividade cerebral enquanto um voluntário de pesquisa fazia coisas ativamente no scanner da ressonância e conseguíamos mapear o *lugar* exato em que a ação acontecia. Queríamos, com a maior urgência, reunir informações sobre as regiões do cérebro que eram ativadas durante tarefas que exigiam bastante atenção. Em outras palavras: que partes do cérebro "se iluminam" quando você presta atenção de determinada forma e o que isso nos diz acerca de como funciona o seu sistema de atenção? Para fazer isso, precisávamos poder comparar o cérebro "em atividade" com o cérebro "em repouso".

Primeiro, observamos o cérebro fazendo algo que exigisse bastante da atenção e da memória de trabalho, como a tarefa "3-back": posicionado no scanner, você observa uma tela enquanto números vão passando um a um e, para cada número, você responde à pergunta: "É igual ao número que você viu três slides atrás? Ou não?". Essa é difícil! Ela nos dá um ótimo instantâneo da memória de trabalho *em atividade*.

Depois, precisávamos de uma imagem do cérebro *em repouso* para comparar. "Apenas descanse", dizíamos aos participantes do estudo. Nada de teste, nada de tarefa, nada para decifrar que exigisse bastante atenção.

Como esperado, determinadas regiões pré-frontais do cérebro ficaram muito mais ativas quando os participantes estavam fazendo a tarefa 3-back.[3] Estudo após estudo, no entanto, algo estranho continuava acontecendo quando os participantes estavam "em repouso". Uma rede diferente apareceu — uma nova combinação de regiões se ativou ao mesmo tempo. Regiões relacionadas à memória, ao planejamento e à emoção apareceram juntas. Não tínhamos visto isso antes e não conseguimos identificar logo o que era. *Por que essas regiões se ativavam juntas durante o repouso?* Elas até pareciam estar ligadas, de modo que sua atividade aumentava e diminuía junto.

Tentamos fornecer aos participantes instruções diferentes e mais específicas, mas não importava o que fizessem — quando eram instruídos a repousar, observávamos um perfil de ativação muito específico no meio do cérebro (chamado linha média — pense na parte do cérebro que estaria sob o crânio se você dividisse o cabelo bem no meio do couro cabeludo). Toda vez que dizíamos "repouse", essa rede misteriosa se iniciava.

Então, começamos a perguntar aos participantes quando saíam do scanner: "No que você pensou durante o período de repouso?".

As respostas:

— Pensei no almoço.

— Pensei em como estava desconfortável.

— Pensei numa briga que tive com meu colega de quarto esta manhã.

— Pensei que preciso cortar o cabelo.

Quanto mais participantes entrevistávamos, mais observávamos um padrão em suas respostas: todas eram tópicos autorreferentes. As pessoas não ficavam no scanner pensando na paz mundial ou em política — em vez disso, elas se voltavam para dentro, refletindo sobre eventos recentes em sua vida, fazendo planos, analisando os próprios sentimentos, pensamentos e sensações.

Isso levou algumas equipes de pesquisadores a tentarem uma mudança. Eles mostraram aos participantes uma série de adjetivos enquanto estavam no scanner:[4] *alto. Engraçado. Inteligente. Atraente. Interessante. Amigável. Triste. Corajoso. Simpático.* A instrução: avaliar o quanto cada palavra descrevia Bill Clinton em uma escala de "nada" a "muito" (ele era presidente dos

Estados Unidos na época). Depois: "Avalie o quanto essa palavra descreve *você*". E, de novo, lá estava ela: a mesma rede não identificada que tínhamos visto durante o repouso. Assim que os participantes foram questionados sobre si mesmos, e não sobre o presidente, aquele mesmo padrão da região cerebral da linha média apareceu.

Os pesquisadores perceberam: talvez o repouso nunca tenha sido de fato *repousante*. Solicitados a "repousar", os participantes estavam, em vez disso, estabelecendo um padrão de pensar em si mesmos. Um acrônimo novo e um tanto divertido surgiu e foi usado de brincadeira entre os pesquisadores do cérebro: pensamento autorreferente rápido e sempre presente, também conhecido em inglês como R.E.S.T.*

Os neurocientistas agora chamam essa rede, antes misteriosa, de "rede de modo padrão"[5], porque acredita-se que o cérebro entre nesse modo padrão sempre que não está ocupado com tarefas que exigem bastante atenção (e, como veremos em breve, muitas vezes até mesmo quando *está* ocupado). Assim que conseguimos isolar e identificar a rede, começamos a ver sua marca em todos os tipos de situações. Quando sua mente está divagando, o modo padrão está ativo. Quando você está realizando uma tarefa e comete erros — de novo, você está no modo padrão. Muitos laboratórios testaram e viram isso de forma constante: quando as pessoas entendiam as perguntas, a rede de atenção ficava "on-line";[6] quando não entendiam algo, era a rede de modo padrão que ficava ativa.

Tudo isso nos mostra que, quando a divagação mental direciona sua atenção e sua memória de trabalho para o *interior*, seu modo padrão é ativado. Mesmo na ausência de distrações externas, seu cérebro produzirá seu próprio conteúdo saliente e autorreferente. E essas distrações internas são tão "barulhentas" quanto as distrações externas — pensamentos carregados emocionalmente podem captar a atenção de forma tão poderosa quanto alguém gritando seu nome.[7]

Isso pode não ser um problema tão grande quando você não precisa de sua memória de trabalho para outra coisa — como discutimos no capítulo anterior, dar espaço para pensamentos espontâneos pode ser ótimo.

---

* R.E.S.T. (*Rapid Ever Present Self-related Thinking*) significa "repouso" em inglês. (N. T.)

O problema é que isso está acontecendo o tempo todo. E, no geral, você *realmente* precisa de sua memória de trabalho para outra coisa. Você precisa dela para quase *tudo*.

Você não funciona sem a memória de trabalho

É usando sua memória de trabalho que você aprende e lembra. Ela é um "portal" para o armazenamento mais permanente: você precisa dela para *codificar* informação — uma experiência, novas informações e muito mais — em sua memória de longo prazo. E, quando você quer *tirar* algo da memória de longo prazo (recuperação), essa informação é "baixada" na sua memória de trabalho para acesso rápido a fim de que você possa usá-la.

A memória de trabalho é fundamental para a comunicação e a conexão social.[8] É onde você mapeia e analisa as intenções e ações de outras pessoas e mantém essas observações em mente para que possa transitar pelas dinâmicas sociais, como esperar sua vez em uma conversa ou ouvir mesmo quando tem algo a dizer.

E é onde você vivencia a emoção.[9] Quando você se recorda de uma lembrança feliz ou de algo triste ou desagradável, você usa sua memória de trabalho. Você essencialmente "preenche" seu quadro branco com os pensamentos, sentimentos e sensações associados a essa lembrança à medida que constrói uma experiência emocional rica e plena. A memória de trabalho está profundamente ligada à sua capacidade de sentir.

Também acontece o contrário: você precisa da memória de trabalho para *regular* as emoções à medida que surgem. Por exemplo: você é tomado por um sentimento e precisa se manter estável. O que você faz? Fica debruçado sobre o problema, se distrai concentrando-se em algum outro assunto ou reformula a situação ("talvez não seja tão ruim como eu acho..."). Todas essas táticas exigem o uso da memória de trabalho.

Em um estudo, os participantes entravam e assistiam a um filme perturbador.[10] O único detalhe era que eles eram instruídos a limitar qualquer demonstração de emoção. Gritos, choro e expressões faciais não eram permitidos. Separadamente, os pesquisadores testaram a capacidade da memória de trabalho de cada participante pedindo-lhes que se lembrassem de letras entre a resolução de problemas matemáticos simples. Os pesquisadores, então, procuraram uma relação: havia alguma correspondência entre as pessoas conseguirem suprimir sua expressão de emoção e a capacidade de sua memória de trabalho?

Sim. As pessoas que tinham uma capacidade de memória de trabalho *baixa* se expressaram por toda parte. Elas realmente não conseguiram se controlar, mesmo sendo essa a única tarefa que lhes foi conferida. Enquanto isso, aqueles que tinham uma capacidade de memória de trabalho *maior* foram muito melhores em ajustar suas respostas. Eles podem ter usado a memória de trabalho para manter o objetivo em mente ("Minha tarefa agora é *não* reagir") de forma mais intensa do que aqueles com baixa memória de trabalho, ou, talvez, eles tenham *reavaliado* a situação para mudar sua resposta ("É apenas um filme; não é real") — qualquer que tenha sido a tática específica, o principal é que eles tinham *capacidade cognitiva* para fazê-lo.

Por fim, e de suma importância, a memória de trabalho desempenha um papel fundamental em tudo o que você *quer* fazer, todos os dias, desde a preparação do seu almoço até a reflexão sobre um assunto. Na linguagem da neurociência, é onde você "mantém um objetivo".

A *memória de trabalho é o portal para o seu objetivo*

A memória de trabalho é onde você *mantém um objetivo em mente* para que possa ir em direção a ele. Por *objetivo*, refiro-me às microintenções e ao intuito deliberado de ter um resultado desejado para cada tarefa em que você se envolve — todas as suas decisões, planejamentos, pensamentos, ações e comportamentos ao longo de um dia: qualquer coisa que você se dispõe a fazer. Decidir ler um livro, comprar comida para o jantar, pensar sobre seus memes favoritos, fazer os slides de uma apresentação, aprender a usar um novo aparelho, esperar o trânsito parar antes de atravessar a rua. Você se apoia na memória de trabalho para manter seus objetivos e subobjetivos, atualizá-los e trocá-los por outros, em uma base contínua, a cada momento, a cada tarefa.

Durante a quarentena da pandemia da covid-19, eu e meu marido decidimos que deveríamos realmente agitar as coisas e fazer algo animado.

Por "animado" quero dizer que decidimos passar a noite jogando cartas com nossos dois filhos.

Sophie, nossa filha, pediu que jogássemos um jogo de cartas chamado *"Egyptian Slap"*.* As regras são as seguintes: os participantes se revezam rapidamente jogando uma carta de sua mão, e, quando sequências específicas de cartas aparecem, você bate na pilha e ganha a rodada. As sequências que você procura são algo como: um *sanduíche* (8–2–8), um trio igual (8–8–8), uma sequência numérica (7–8–9), e assim por diante. As crianças adoram esse jogo — eu e Michael odiamos. *São tantas regras*. E você tem de acessá-las constantemente para ganhar. Você tem de manter todas essas regras ativas na memória de trabalho e agir rápido a cada momento.

Surpresa, surpresa, as crianças nos deram uma surra. Pais de quarenta e poucos anos não eram páreo para os reflexos físicos e mentais extremamente rápidos de nossos filhos adolescentes. Eles, perplexos por estarmos indo tão mal, tentavam nos corrigir. "Não, não", eles diziam, "você tem de bater o mais *rápido* que puder." Encantadoramente, eles não percebiam que não se tratava de não entendermos as regras, mas que, enquanto seus jovens lobos frontais davam saltos para a frente,[11] a caminho de realizar todo o seu potencial, os nossos recuavam, infelizmente rumo ao declínio. Mas foi interessante — enquanto eu jogava (e perdia), ocorreu-me que o jogo era o exemplo perfeito de uma *tarefa de memória de trabalho pura*: tínhamos de manter um objetivo em mente e agir com base nele. É assim que a memória de trabalho funciona, e também a razão pela qual ela afeta você tão profundamente.

A memória de trabalho é o parceiro essencial da atenção: é ela que permite a você realmente *fazer* algo com as informações que sua lanterna foca. Mas, se a atenção continuar enviando conteúdo saliente e distraidor, isso será um grande problema para a manutenção dos objetivos, mais ainda para alcançá-los. Por quê? Porque você não tem tanto espaço para usar. Assim como um quadro branco real, sua memória de trabalho tem limites.

---

* "Palmada egípcia", em tradução livre. (N. T.)

A MEMÓRIA DE TRABALHO É LIMITADA

No laboratório, estamos sempre realizando experimentos que tentam expandir os limites máximos da memória de trabalho. Queríamos saber: se a memória de trabalho é tão fundamental para cada faceta de nossa vida, de quanto "espaço" dispomos exatamente para fazer todo esse trabalho importante?

Pedimos a um grupo de participantes que viessem ao laboratório e olhassem para a imagem de um rosto. Escolhemos um banal — sem características incomuns ou marcantes que o tornassem fácil de lembrar. Em seguida, o rosto desaparecia por três segundos antes de ser substituído por outro. A tarefa deles era comparar mentalmente os dois rostos e nos dizer se eram iguais ou diferentes. Fácil! Então, aumentávamos o número de rostos que as pessoas tinham de ter em mente para dois, depois três, depois quatro, cinco, até nove. É uma maneira básica de se testar a capacidade da memória de trabalho para manter a informação: durante aqueles três segundos em que os primeiros rostos não estão mais disponíveis, os participantes têm de guardar essas imagens na memória de trabalho — isto é, "desenhá-las" repetidamente naquele quadro branco. E, quando eles começam a responder errado, sabemos que estão atingindo o limite máximo que seu quadro branco consegue aguentar.

Então, de quantos rostos as pessoas conseguem se lembrar antes de "atingir o limite" de sua memória de trabalho? Adivinhe. Cinco? Dez? Mais?

A resposta é *três*.

Sempre que fazíamos esse experimento no laboratório, as pessoas pioravam à medida que viam mais rostos. Depois de três, seu desempenho era o mesmo que se tivessem feito um mero palpite. Elas se saíam tão mal como se nunca tivessem visto os rostos.

"Bem", você pode argumentar, "rostos são complicados — eles têm tantos detalhes!" Contudo, três ou quatro itens são o limite que pode ser retido na memória de trabalho, mesmo com estímulos bem simples, como formas coloridas. Por quê? Uma possibilidade é que cada item que você retém na memória de trabalho tenha uma assinatura de frequência cerebral única — como um canal de rádio. E você pode "abrir" três ou quatro desses canais de uma só vez e ainda mantê-los separados uns dos outros.[12]

Mas, se você tenta ir além dos quatro, eles começam a se misturar ou se tornam "desambiguizados".

A razão pela qual os números de telefone locais, nos Estados Unidos, têm sete dígitos está, na verdade, diretamente relacionada ao "tamanho" da memória de trabalho: em 1956, um psicólogo chamado George Miller publicou um artigo sobre a memória de trabalho intitulado "The Magical Number Seven, Plus or Minus Two"[13] [O mágico número sete, mais ou menos dois]. Ele descobriu que sete (mais ou menos dois) era o ponto ideal para se memorizar uma sequência de números — era o limite máximo que a maioria das pessoas conseguia reter brevemente ou memorizar com facilidade, porque o tempo necessário para dizer sete números em inglês é aproximadamente o "*buffer* de tempo" de nossa memória de trabalho auditiva.[14] Mesmo alguns segundos a mais significam que esses números já estão se apagando rápido demais para você discar. (E, se você se lembrar dos telefones de disco, sabe como isso era importante na época!)

Você pode usar diversas estratégias para auxiliá-lo agora que já sabe que sua memória de trabalho é limitada. Por exemplo, lembre-se do jornalista que ligou para me entrevistar. "Descarregamento cognitivo"[15] foi o que ele utilizou quando me perguntou se poderia anotar seus pensamentos no início de nossa entrevista. O descarregamento cognitivo é uma excelente tática — é benéfico para o desempenho da tarefa. Contudo, não trata de um de nossos problemas centrais: *nem sempre percebemos que estamos sobrecarregados*. Não temos consciência, a cada instante, de tudo o que está em nosso quadro branco, e não temos indícios até experimentarmos uma falha.

Quando a memória de trabalho falha

A primeira história deste capítulo é o exemplo perfeito de um tipo comum de falha da memória de trabalho: a *sobrecarga*. Você tenta guardar coisas demais e acaba forçando a memória de trabalho para além de seus limites. Você também pode experimentar o oposto: o *esvaziamento*.[16]

"Eu sabia o que era", você pensa quando entra em um quarto e não faz ideia por que está ali. Ou você é chamado para falar, após se sentar na aula ou em uma reunião com a mão levantada, recorre à sua própria mente, que momentos antes tinha um discurso brilhante totalmente escrito, e descobre uma página em branco. Por que isso acontece? O campo da neurociência sugere algumas ideias. Uma delas é a de que divagamos sem ter consciência... a lanterna é afastada, o que estávamos mantendo desaparece e voltamos a um quadro branco "vazio". Outra hipótese é que há uma "morte súbita" da atividade neural[17] relativa à informação que estávamos tentando guardar: toda uma sinfonia de atividade cerebral estava acontecendo, e, de repente, tudo para ao mesmo tempo. Você pode ter a sensação de que havia algo ali, mas que agora se foi.

E por fim: a *distração*.

Agora você já sabe como os distratores salientes podem ser poderosos. Qualquer coisa especialmente saliente, ou "barulhenta" (literal ou metaforicamente), irá captar sua atenção, no ambiente externo (produzindo imagens, sons ou outras sensações) ou em sua paisagem mental (pensamentos, lembranças, emoções). Uma das ramificações disso é que, quando a coisa "barulhenta" chega à sua memória de trabalho, ela pode escrever por cima do que você estava tentando guardar. Resultado: qualquer conteúdo anterior que estava em processo de *manutenção* (manter os traços ativos para uso) ou *codificação* ("escrever" mais permanentemente na memória de longo prazo) é interrompido. Essa forma de interrupção evidencia mais uma vez quanto a memória de trabalho e a atenção estão profundamente entrelaçadas.

A memória de trabalho e os três subsistemas da atenção

A memória de trabalho e a atenção são como parceiros de dança: têm de trabalhar juntas, com tranquilidade, para atingir qualquer um de seus objetivos, grandes ou pequenos. Seja a serviço de um jogo de cartas em uma quarentena ou de uma grave crise pessoal, o mecanismo é o mesmo, e também as vulnerabilidades-chave:

- **A *lanterna*** codifica a informação e a mantém na memória de trabalho, "retraçando-a" no quadro branco para guardá-la ali por mais tempo.
    - **Vulnerabilidade-chave: fisgar e trocar**
        Quando sua atenção é automaticamente "captada" ou puxada por algo, esse conteúdo mais entusiasmante (para sua atenção) é escrito

por cima do que estava sendo mantido. A atenção voluntária começa, então, a retraçar esse novo conteúdo. A informação anterior se perde para sempre, desaparece sem deixar rastro.

- **O holofote** ganha acesso ao quadro branco para atingir um objetivo urgente. Sob ameaça ou estresse intensos, seu sistema de alerta *bloqueia o acesso* temporariamente à memória de trabalho para garantir que os sistemas de ação do cérebro priorizem comportamentos básicos de sobrevivência (luta, fuga, congelamento) em relação a quaisquer outros objetivos ou planos.
  — **Vulnerabilidade-chave: bloqueio da estrada**
  O sistema de alerta pode ser acionado por *sentimentos* de ameaça, mesmo quando não há perigo real. Isso interrompe temporariamente o acesso à memória de trabalho e prejudica todas as funções que dependem dela (como memória de longo prazo, conexão social e regulação emocional).[18]

- **O *malabarista*** mantém seus objetivos correntes ativos no quadro branco e os atualiza conforme as circunstâncias se alteram.
  — **Vulnerabilidade-chave: queda da bola**
  Sobrecarga, esvaziamento e distração da memória de trabalho atrapalham o malabarista do executivo central, levando a objetivos perdidos e comportamentos equivocados. O malabarista deixa cair a bola.

Cada um desses pontos representa uma oportunidade para aquela "dança" colada entre a memória de trabalho e a atenção a fim de que ambas funcionem com tranquilidade e fluidez a serviço de nossos objetivos ou para nos passar uma rasteira: colocar a coisa errada no quadro branco. Bloquear conteúdo importante. Atrapalhar a realização de objetivos.

Quando experimentamos falhas na memória de trabalho — grandes ou pequenas —, elas podem ir se acumulando ao longo de um dia, de uma semana e até mesmo de uma *vida*, e podem nos afastar muito de *onde* queremos estar e de *quem* queremos ser.

"Então", você pergunta, "o que podemos fazer em relação a isso?"

Organizando o quadro branco (mental)

Em 2013, nosso laboratório colaborou em um estudo em larga escala[19] com professores dos Estados Unidos e do Canadá para verificar se o treinamento de atenção plena teria algum impacto em relação ao desempenho cognitivo e à síndrome do esgotamento profissional (*burnout*), uma preocupação particular dos educadores. O treinamento foi um curso de atenção plena de oito semanas ministrado por um instrutor qualificado. Além de assistirem às aulas, em casa eles tinham de fazer exercícios de atenção plena. Todos os professores foram submetidos a um experimento clássico para medir a capacidade de sua memória de trabalho: lembrar-se de uma pequena sequência de letras, por exemplo, M Z B. Em seguida, eram solicitados a resolver um problema de matemática simples. Adicionávamos outra letra à sequência, depois lhes dávamos outro cálculo; em seguida, adicionávamos outra letra e atribuíamos outro problema. Queríamos saber o seguinte: quanto de uma sequência de letras eles conseguiam lembrar com precisão antes que sua memória de trabalho começasse a se apagar e, por fim, falhasse, mantendo, ao mesmo tempo, a capacidade de responder corretamente aos problemas matemáticos?

Metade do grupo, então, participou de um curso de atenção plena de oito semanas, enquanto a outra metade esperou sua vez de fazer o curso. (Essa é uma maneira importante de controlar um elemento que pode contaminar o estudo: a diferença de motivação. Em vez de ter um grupo de controle que não recebe nada ou não tem interesse em receber treinamento, um grupo de controle em lista de espera, pelo menos em teoria, apresenta um nível semelhante de motivação e investimento durante as sessões de teste, porque no fim também receberá o treinamento.) Quando testamos de novo, os dois grupos após o primeiro terminar o treinamento, descobrimos que aqueles que já haviam feito o curso de atenção plena de oito semanas apresentavam uma memória de trabalho melhor do que o grupo que ainda estava esperando.

Esses resultados intrigantes nos levaram a uma pergunta crucial: *como* o treinamento de atenção plena estava melhorando a memória de trabalho? Meu palpite: ele ajudou a organizar o quadro branco mental.

Colegas da Universidade da Califórnia, em Santa Bárbara, tiveram a mesma suspeita e a testaram em um experimento inteligente.[20] Eles deram a 48 estudantes de graduação a mesma tarefa de memória de trabalho que tínhamos aplicado aos professores e aos fuzileiros navais que estudamos em West Palm Beach anos antes, mas acrescentaram um detalhe importante. Após o término do experimento, pediram aos participantes que relatassem com que intensidade sua mente divagou — os pensamentos alheios à tarefa foram frequentes ou apareceram com menos frequência durante o experimento?

Após participarem do estudo da memória de trabalho, metade deles foi convidada a receber treinamento de atenção plena por duas semanas, e a outra metade recebeu educação nutricional como "treinamento comparativo". Os pesquisadores descobriram que apenas o treinamento de atenção plena melhorou a memória de trabalho desses estudantes e foi mais útil para aqueles que divagavam muito antes do treinamento. Esse estudo também fez uma pergunta prática: melhorar a memória de trabalho e reduzir a divagação mental ajudam os estudantes nas tarefas acadêmicas? A resposta: sim! Alunos que receberam o treinamento de atenção plena melhoraram, em média, dezesseis pontos percentuais na seção de compreensão de leitura do *Graduate Record Exam* (GRE), um importante teste para ingresso em programas de pós-graduação.

Vamos resumir e ligar os pontos: em grupos com níveis altos de estresse, como professores vivenciando *burnout*, o estresse é kriptonita para a atenção — a viagem no tempo mental é um dos principais culpados. Em vez de conseguir manter sua lanterna apontada para onde precisa, você fica retrocedendo (ruminando, lamentando) ou avançando rápido (catastrofizando ou se preocupando... muitas vezes com algo imaginário que talvez nunca venha a acontecer). A memória de trabalho (seu quadro branco mental) depende dessa mesma lanterna da atenção para codificar e atualizar seu conteúdo. Mas, se uma viagem no tempo mental ligada ao estresse sequestrar a atenção, a memória de trabalho ficará cheia de dados irrelevantes. Qualquer processo que dependa da memória de trabalho também sofrerá. Isso significa que compreensão, planejamento, pensamento, tomada de decisão, experimentação e regulação de emoções, todos ficam comprometidos.

Em suma:

A VIAGEM NO TEMPO MENTAL LIGADA AO ESTRESSE
ARRANCA A LANTERNA DA ATENÇÃO PARA LONGE DE NOSSA
EXPERIÊNCIA NO MOMENTO PRESENTE E AUMENTA A
DESORGANIZAÇÃO EM NOSSO QUADRO BRANCO MENTAL.

Quando está focada no presente, a atenção pode codificar e atualizar o conteúdo da memória de trabalho com informações relevantes para a tarefa. E a memória de trabalho, por seu turno, é capaz de atender com sucesso às demandas da tarefa no momento presente. Em outras palavras:

O TREINAMENTO DE ATENÇÃO PLENA AJUDA A
ORGANIZAR O QUADRO BRANCO MENTAL PARA QUE
A MEMÓRIA DE TRABALHO FUNCIONE MELHOR.

O CICLO DA FATALIDADE

Numa sexta-feira à noite, após uma semana muito longa de aulas, reuniões e prazos, disse a meu marido, Michael, que eu tinha realmente chegado ao limite de meus poderes de tomada de decisão. Perguntei se eu poderia transferir para ele todas as decisões sobre nossos planos noturnos, mas eu tinha um pedido e uma condição. O pedido: fazer algo divertido que fosse "imersivo" e interessante. A condição: "Eu não vou sair deste sofá".
Ele anunciou que iríamos assistir a um programa chamado *Lúcifer*. É uma série sobre o diabo, o qual, entediado de estar no Inferno, muda-se para Los Angeles (para onde mais?) a fim de se tornar dono de uma casa noturna. (Revirei os olhos em protesto, mas ele apertou o *play*. "Você me pediu para eu tomar as decisões!", ele me lembrou. Muito justo!) Lúcifer faz parceria com uma policial e se dedica a punir as pessoas quando elas optam por usar seu livre-arbítrio para fazer maldades. E quando elas morrem? Você adivinhou — são enviadas para o Inferno. E, então, a série começa a aprofundar sua versão de Inferno: basicamente, Lúcifer coloca as pessoas em circunstâncias

nas quais têm de viver até o fim seu maior arrependimento — o mesmo laço temporal, repetidas vezes. Pensei: "Ah! Isso é ruminação!".

A ruminação é uma das formas mais potentes de viagem no tempo mental.[21] Envolve ficar preso pensando na mesma coisa repetidamente. Quando ruminamos algo, ficamos presos em um ciclo: revemos eventos desejando que tivessem sido diferentes; às vezes, imaginamos formas alternativas de como as coisas poderiam ter acontecido ou nos lembramos de como elas *de fato* aconteceram e acabamos revendo esses eventos. Também podemos ruminar catastrofizando: imaginando como eventos podem se desenrolar no futuro, preocupando-nos com várias possibilidades que podem nunca acontecer. Esses tipos de ciclos mentais têm magnetismo — eles se tornam estados de conflito, e é muito difícil afastar nossas lanternas deles. Quando conseguimos, tendemos a retornar logo ao assunto, o mais rápido possível, como uma língua procurando um dente dolorido.

Foi meio engraçado, para mim, descobrir que a ruminação é tão terrível, que alguém fez uma série inteira sobre como ela é *literalmente um inferno*.

A viagem no tempo mental diminui a capacidade da memória de trabalho de fazer o que é necessário para atender às demandas de nosso momento presente. E, porque quando estamos escrevendo e reescrevendo coisas na mente sem parar, independentemente de no que estejamos envolvidos, não há espaço para nada mais. Não temos capacidade disponível para cognição nem para regulação emocional. Nessa situação, você pode tomar uma decisão precipitada ou gritar com seus filhos. Os níveis de estresse aumentam, o humor diminui. Esse estresse autoassistido desgasta nossa atenção, fazendo com que seja ainda mais difícil resistir ao que chamo de "ciclo da fatalidade".

Qualquer que seja o conteúdo de nossa memória de trabalho, evidenciado e acompanhado até lá por nossa atenção, ele é o conteúdo real de nossa *experiência consciente a cada momento*. Digamos que sua memória de trabalho seja focada em objetivos, ocupada e envolvida com conteúdo alinhado tanto com o que você quer fazer como com o que você realmente está fazendo, como em alguma tarefa externa. Você está focado, envolvido, responsivo. Observa tudo, desde detalhes sensoriais até o contexto maior de sua experiência — todas as "informações" sobre seu entorno e o ambiente imediato necessárias à realização da tarefa estão disponíveis para você.

Por outro lado, se houver algo mais em seu quadro branco, *isso* se tornará a sua experiência naquele momento. É provável que você perca a intenção e o propósito da atividade em que inicialmente embarcou. Para dar um exemplo próximo a mim e que me é caro: se você está sentado com seu filho, lendo um livro juntos, mas mentalmente está pensando em um problema de trabalho, então, em essência, você está no escritório, e não no sofá com seu filho. Você pode até experimentar a *desconexão perceptiva* quando sua lanterna está tão focada no conteúdo do seu quadro branco, que você nem consegue processar informação sensorial do seu entorno. (Isso, só para constar, é como nos envolvemos em situações nas quais lemos um livro uma centena de vezes e ainda não sabemos o que é um "wump".)

Veja como esse efeito é forte: se você estiver retendo algo na memória de trabalho, *os recursos computacionais do seu cérebro se deslocarão para servir a esse conteúdo*. Isso é o que chamamos de efeito de *viés* da memória de trabalho. Em um experimento, queríamos descobrir o poder desse efeito sobre a percepção. Com que "intensidade" ele influencia *o que você percebe*?

Fizemos um experimento semelhante ao que descrevi anteriormente sobre os limites máximos da memória de trabalho, mas, desta vez, colocamos a "touca cerebral" em nossos participantes enquanto faziam o experimento e lhes demos apenas um rosto para lembrar.[22] O que descobrimos: quando você está mantendo um rosto na memória de trabalho, durante aqueles três segundos em que não há rosto na tela, os neurônios responsáveis pelo processamento facial *permanecem ativos*. Como sabemos disso? Durante esses três segundos, apresentamos uma pequena imagem cinza de "investigação" — uma espécie de borrão disforme — que fizemos pegando todos os pixels da imagem do rosto e os movendo de forma aleatória. Ficamos intrigados ao ver um N170 mais forte (a reação das ondas cerebrais ao ver um rosto) para essas imagens de "investigação" quando os participantes estavam se lembrando de rostos do que quando estavam se lembrando de qualquer outra coisa (como paisagens).

Vamos tentar entender. Por que essa foi uma descoberta intrigante para nós? Bem, ela nos revelou que a memória de trabalho desempenha o mesmo tipo de viés "de cima para baixo" que seu sistema de atenção: tudo o que seu cérebro faz agora fica calibrado para o que está em seu quadro branco.

Não é que *pareça* que você está vivenciando o que está pensando em vez do que está bem à sua frente. É que, em termos neurais, é exatamente isso o que está acontecendo. Seu cérebro percebe um rosto *internamente*, mesmo quando seus olhos estão olhando para um borrão cinza.

Assim, se você está lendo sobre "wumps" no sofá, dirigindo por uma extensa ponte na Flórida, sentado na cadeira do juiz enquanto um advogado de defesa faz os argumentos finais, e seus pensamentos estão em outro lugar, então — até onde seu cérebro sabe — você *está* em outro lugar.

Quero parar um minuto aqui para tratar de um ponto importante. Tudo o que falamos até agora relacionado à memória de trabalho — sua natureza temporária, sua suscetibilidade à ameaça e ao estresse e a forma como pode ser sequestrada pela divagação da mente — pode soar como uma ladainha de aspectos negativos, como se a memória de trabalho estivesse programada exclusivamente para o fracasso. Ao mesmo tempo, venho afirmando como ela é importante para tudo o que você quer realizar. Então, onde ficamos? Se essa capacidade cerebral é tão indispensável, por que diabos a mãe natureza nos deixaria com uma ferramenta tão defeituosa e propensa a erros? Por que há tantos "bugs" nesse software?

É uma *característica*, não um bug

Minha resposta a isso: não é um bug. É uma característica. Cada uma dessas falhas aparentes tem um propósito. Vejamos.

Tinta desaparecendo
Se essa tinta que se apaga rápido de nosso quadro branco é um problema tão grande, por que não evoluímos para uma que fique mais tempo, algo mais permanente?

Imagine como seria se seu quadro branco não se apagasse a cada poucos segundos. Todo pensamento passageiro, tudo o que atrai sua atenção, cada pequena intrusão ou distração ficariam por ali. Até mesmo coisas úteis se tornariam um fardo. Esqueça a manutenção de objetivos ou a resolução de problemas — você ficaria sobrecarregado com o peso e a estagnação de qualquer conteúdo mental que surgisse. Seria difícil diferenciar o que é do que não é importante, pois, independentemente de tudo, o conteúdo permaneceria em sua mente consciente por mais tempo do que você talvez precisasse. Sua memória de trabalho *teve* de evoluir para ser transitória. Seu cérebro precisa descartar conteúdo automaticamente em um ritmo rápido e constante para que você tenha flexibilidade e possa escolher o que quer continuar focando e, logo, mantendo.

Fragilidade
Mas por que minha memória de trabalho é *tão* vulnerável a distrações?

Vamos trazer de volta nosso prestativo assistente, seu antepassado remoto, para nos ajudar aqui. Imagine-o na floresta. Ele tem um objetivo e o mantém na memória de trabalho: *encontrar comida*. Ele está procurando um fruto silvestre vermelho que cresce nessa região — todas as funções de seu cérebro estão agora calibradas para atingir esse objetivo. Enquanto ele procura o *vermelho*, os neurônios responsáveis pelo processamento de cores estão fervilhando, ativos e prontos. Então, ele avista algo: movimento nas árvores. Tigre. A memória de trabalho descarta o objetivo anterior num estalar de dedos, e uma nova diretiva aparece: *congelar*.

Ainda precisamos dessa característica, embora possa nos causar problemas quando compreendemos algo errado ou imaginamos uma *ameaça*. Precisamos ser capazes de agir *rapidamente* sem demora. E essa característica nos permite realizar esse movimento fundamental e que, às vezes, pode salvar vidas.

Capacidade
Mas por que somos tão limitados? Por que só conseguimos nos lembrar de três coisas em vez de trezentas?

Na verdade, ainda estamos investigando essa questão, e a dinâmica cerebral baseada em frequência provavelmente nos dará uma resposta. Uma explicação possível: um grande motivo para termos memória de trabalho, assim como atenção, é *poder agir*; porém, mesmo que *conseguíssemos* nos lembrar de um milhão de coisas, ainda assim só teríamos duas mãos e dois pés.

Essas características da memória de trabalho evoluíram para que não tivéssemos de nos lembrar de tudo e, assim, pudéssemos ficar indiferentes às demandas em constante mutação. Elas foram muito úteis para nossos antepassados, milhares de anos atrás, e continuam a nos servir bem hoje, mesmo em nosso mundo, na maior parte, livre de tigres. Contudo, essas características selecionadas evolutivamente vêm com suas desvantagens. O lado bom, porém, é que estamos aprendendo rápido, com cada vez mais estudos sugerindo que o treinamento de atenção plena pode ajudar. Com ele ainda podemos ter uma mente no auge — mesmo com essas tendências.

Para recuperar seu quadro branco, aperte *play*
Eu achava que a prática da atenção plena era como apertar o botão "pausar", o que sempre me pareceu artificial ou idealista. A vida não tem um botão *pausar* — para que fingir que tem? Mas, quando estamos falando sobre estabilizar a atenção e desenvolver uma mente no auge, o que de fato estamos procurando é um botão *play*. Precisamos parar de apertar os botões voltar ou avançar e *permanecer no play* para que possamos experimentar cada nota na música da nossa vida, *ouvir* e absorver o que acontece ao nosso redor.

No capítulo anterior, você fez a primeira prática central, *Encontre sua lanterna*. Agora vamos tentar uma variação dessa prática que nos ajuda a sair do ciclo da fatalidade. Ela funciona porque você tem de parar de dar incontáveis voltas naqueles ciclos ruminativos da fatalidade para fazer um julgamento de categoria acerca do conteúdo de sua divagação mental. E então, depois de rotular o conteúdo dessa divagação, você retorna ao momento presente. Quando você é sugado pela divagação ruminativa da mente (que pode acontecer com os melhores de nós), começa a reconhecer o que está acontecendo — e, quanto mais você pratica, mais *cedo* reconhece. Você não repetirá uma discussão com um amigo, pela décima vez, antes de perceber que está usando seu quadro branco para outra coisa enquanto tenta ouvir seu colega falar. À medida que você se treina para monitorar o que está acontecendo no momento presente, terá cada vez menos períodos de viagem no tempo mental, longos, improdutivos e alheios à tarefa. Você ficará melhor para perceber a divagação mental e perguntar: qual é o conteúdo da minha memória de trabalho agora e ele está me apoiando no que é necessário? Ou seria melhor voltar para o momento presente? Se sim, redirecione sua atenção de volta para as imagens, os sons e as demandas do momento presente.

Esta é outra "variação" das práticas clássicas que visam cultivar o foco concentrativo. Baseia-se no exercício *Encontre sua lanterna* e será uma ótima preparação para uma das práticas mais avançadas que aparecerão mais adiante neste livro, em que você precisará desenvolver a habilidade de observar e monitorar sua mente, que começa por "ver" seus próprios pensamentos.

REFORÇO DA PRÁTICA CENTRAL: OBSERVE SEU QUADRO BRANCO

1. **Repita as etapas anteriores.** Comece da mesma forma como na atividade básica *Encontre sua lanterna*, na página 116, sentando-se numa cadeira confortável, mas com postura ereta, com as mãos repousando no colo e os olhos fechados ou abaixados (para limitar a distração visual). Novamente, escolha sensações proeminentes relacionadas à respiração. Lembre-se da metáfora de sua atenção como uma lanterna, o feixe de luz apontando para a sensação corporal que você escolheu relacionada à respiração. Quando sua lanterna se desviar para outra coisa...

2. **Observe para onde ela vai.** Este é um novo passo! No primeiro exercício, pedi-lhe que notasse se a atenção vagueou e, em caso afirmativo, que trouxesse imediatamente sua lanterna de volta para a respiração. Desta vez, quero que você pare um momento e observe para onde a lanterna está apontada agora.

3. **Dê-lhe um rótulo.** Identifique que *tipo* de distração apareceu em seu quadro branco. Foi um pensamento, uma emoção ou uma sensação? Um *pensamento* pode ser uma preocupação, um lembrete, uma memória, uma ideia, um item da sua lista de tarefas. Uma *emoção* pode ser um sentimento de frustração, um anseio de parar a prática e fazer outra coisa, uma pontada de felicidade, um aumento de estresse. Uma *sensação* é algo em seu corpo físico: uma coceira, um músculo dolorido; notar que suas costas doem por se sentar ali, ou perceber algo que você ouviu, cheirou, tocou ou viu (como uma porta batendo, comida cozinhando, o gato pulando no seu colo, luzes piscando).

4. **Faça disso um processo rápido.** Observe se você começa a cair na armadilha de refletir sobre a distração, perguntar por que está pensando sobre esse tópico específico ou normalizar hábitos desincentivadores, como se punir por ter se distraído. Não cabe a você agora responder a essas perguntas ou se repreender. Agora, na verdade, é hora de observar o que está em seu quadro branco, mas não de se envolver *com ele*. Apenas dê rótulos ao conteúdo da melhor forma que puder de acordo com estas três categorias: *pensamento, emoção, sensação*. E depois...

5. **Siga em frente.** Volte para o momento presente, para sua respiração, após cada episódio de rotulação. Se for uma experiência forte, poderá aparecer repetidamente — então, basta rotulá-la de novo.

6. **Repita.** Cada vez que perceber que está divagando, identifique o conteúdo dessa divagação (como pensamento, emoção ou sensação) e depois volte para sua respiração.

Um ponto importante: não estou, de modo algum, sugerindo que o conteúdo do seu quadro branco deva *sempre* corresponder ao conteúdo de sua tarefa em questão. Da mesma forma que a existência de um "foco perfeito e intacto" é uma falácia, visto que não é possível nem desejável, não há nada inerentemente negativo em ter outras coisas em seu quadro branco além do que está bem na frente do seu nariz. Não é bom nem mau — é apenas *como o cérebro funciona*. Acontece. O pensamento espontâneo surge. Usamos a memória de trabalho para resolver questões que não estão relacionadas ao momento presente — solucionar um problema logístico, descobrir como nos sentimos sobre algo, fazer planos ou tomar uma decisão. Existem diversas situações em que é muito melhor que o conteúdo do quadro branco seja informação relativa ao passado ou ao futuro — e, nesses momentos, o presente se enriquece com o conteúdo a que a viagem no tempo nos dá acesso.

Se o pensamento espontâneo não está afetando seu desempenho, então talvez não seja um problema. Esse pode ser um bom momento para você se dar algum "espaço em branco" e deixar sua mente arrastar o que ela quiser para seu quadro branco. (Na verdade, o que seu cérebro sem coleira busca para você pode ser bastante informativo — falaremos disso um pouco mais tarde.) No entanto, esse pode muito bem ser um momento em que você precise *sim* de sua memória de trabalho para uma demanda corrente. E não se trata apenas de algum tipo de desempenho no trabalho presente — existe uma variedade de razões pelas quais você não quer se desconectar de seu ambiente, como a conexão com outras pessoas, a aprendizagem, a segurança pessoal, entre outros. Então, pergunte a si mesmo:

>Se estou distraído, há um custo?
>Se eu perder este momento, isso é importante para mim?

Administrar sua memória de trabalho, assim como administrar sua atenção, não é estar 100% presente em 100% do tempo. A questão não é que você fique *apenas* no momento presente — você não consegue, e eu não recomendo! O que você *pode* fazer é tomar consciência do que está acontecendo. Esse é o superpoder que lhe permite intervir.

O PODER DE SABER O QUE ESTÁ EM SEU QUADRO BRANCO

Na série *Lúcifer* (que afinal continuei assistindo), foi mais tarde revelado que Lúcifer tinha uma última carta na manga. As pessoas que estavam "presas" no Inferno, na realidade, não estavam. Todas as portas estavam destrancadas. Elas poderiam ter saído a qualquer momento. Mas simplesmente não o fizeram, porque presumiram que não podiam.

Em última análise, ter uma memória de trabalho forte não significa usá-la sempre para seus objetivos e planos a cada minuto, nem estar sempre no momento presente — isso não é realista nem desejável. Em vez disso, trata-se de tomar consciência do que sua memória de trabalho realmente contém. É reconhecer e impedir qualquer interferência (como a viagem no tempo mental) quando há uma tarefa a ser feita. Pode ser até desfrutar do "agora" de um refrescante banho matinal. No laboratório, descobrimos que as pessoas que apresentam melhor desempenho são mais capazes de *abandonar as distrações*. Elas conseguem permitir que a tinta se apague quando for apropriado, tomando a decisão de forma seletiva:[23] "Eu não vou reescrever isso".

É aqui que a *nova* ciência da atenção nos fez avançar em nosso entendimento de como recuperar essa área de trabalho cognitiva fundamental. Há muito conhecemos as conexões entre memória de trabalho e atenção e entre memória de trabalho e memória de longo prazo. Agora estamos compreendendo que a memória de trabalho é muito mais do que apenas uma "célula de detenção temporária" para a informação.

O que está em sua memória de trabalho — como veremos nos próximos capítulos — restringe sua percepção, seu pensamento e suas ações. Portanto, a primeira coisa fundamental que precisamos fazer é apontar a lanterna de nossa atenção *para* aquele quadro branco mental a fim de ver o que há nele. Essa é uma maneira inteiramente nova de usar o "feixe da lanterna" de nossa atenção, a qual começamos a perceber como essencial para alcançar as capacidades cognitivas de que precisamos para realmente prosperar no mundo em que vivemos.

No entanto, você não pode simplesmente "decidir" que terá consciência do que está em seu quadro branco a cada momento — como em qualquer tipo de treinamento, você tem de desenvolver essa capacidade. E é por isso que, a certa altura em minha pesquisa, tive de avançar na investigação da prática da atenção plena, mesmo encontrando resistências a todo momento.

"Suicídio profissional"

Aquele estudo com os fuzileiros navais em West Palm Beach nos mostrou que com o treinamento de atenção plena, adicionado a um compromisso com a prática diária, pessoas vivendo em condições de estresse intenso por um período longo podem de fato manter a atenção e a memória de trabalho intactas e ter resiliência cognitiva. Elas poderiam ser treinadas para proteger sua atenção e sua memória de trabalho contra os estressores prejudiciais que as rodeiam. Era um estudo promissor, porém pequeno — muito pequeno. Precisávamos de um grupo de amostra maior e de um experimento mais aprimorado. Em especial, eu queria saber mais sobre o tipo de treinamento mental que funcionava melhor e o nível de "dosagem" necessário para fazer a diferença real na vida de quem atua sob condições de estresse intenso.

Em termos profissionais, fui avisada em relação a seguir essa linha de pesquisa. A *atenção plena* era um beco sem saída, alguns colegas me diziam. Era muito sem graça. Não era rigorosa o suficiente. Se eu continuasse nessa trajetória, alertavam eles, estaria "cometendo suicídio profissional".

De qualquer forma, continuávamos a escrever propostas de auxílio à pesquisa. E conseguimos financiamento: 2 milhões de dólares para realizar o primeiro estudo de treinamento de atenção plena em larga escala com o Exército dos Estados Unidos. Fiquei em *êxtase*. Talvez eu estivesse "cometendo suicídio profissional", mas pelo menos estava indo com tudo.

Só havia um problema: ninguém nas Forças Armadas aceitaria o estudo. Tentei em todos os lugares, mas cada porta em que bati permaneceu fechada. Parecia que estávamos pedindo demais: pedíamos *tempo*, e muito. Esse estudo envolvia ondas cerebrais, e só a preparação da touca de eletrodos levava uma hora! E estávamos pedindo o tempo deles no pior período possível: no pré-destacamento, quando os soldados treinam para algumas das mais intensas e arriscadas situações que algum dia irão enfrentar. Mas era nesse momento que eu precisava deles — durante esse intervalo de alto estresse quando seu desempenho teria de estar no auge, e, em seguida, continuaria a pesquisá-los à medida que fossem destacados. "Não", todos disseram. "Não, não, não."

E, então, depois de um ano inteiro pedindo, veio um *sim*.

Esse "sim" veio de Walt Piatt, o tenente-general que conhecemos na Introdução. Na época (há mais de uma década), ele era coronel e comandava uma brigada do Exército dos Estados Unidos baseada no Havaí que estava entre um destacamento e outro para o Iraque. Quando eu e minha equipe viajamos para encontrar o coronel Piatt, seu oficial executivo solicitou que nossa apresentação do estudo fosse curta e direta, pois o tempo do coronel era extremamente limitado. Entrei preparada para encontrar o estereótipo do "militar" — profissional, rígido e impassível, com um ar pragmático.

Em vez disso, a primeira coisa que ele fez foi nos levar à "sala de lembranças" da base, na qual os militares que não conseguiram voltar vivos eram homenageados. Caminhamos lentamente pelo lugar, olhando para os nomes e as botas dos mortos. Ele falou sobre os desafios da vida nas Forças Armadas, antes, durante e depois do destacamento. Mostrou-nos fotos de amigos que perdera, incluindo amigos iraquianos. E me disse que, quando examinou nosso material descrevendo o estudo, pensou em algo que sua esposa, Cynthia, sempre lhe dizia: "Não saia em destacamento antes de sair em destacamento". Por meio dos diversos destacamentos do marido, ela percebera que, antes de ir fisicamente para uma zona de guerra do outro lado do mundo, ele já tinha ido mentalmente. Logo pensei nas inúmeras maneiras que tantos de nós "saímos em destacamento antes de sairmos em destacamento", gastando tanto tempo em nossas cabeças planejando e imaginando o próximo passo e deixando completamente de viver o presente. Pensei em mim no início daquela semana: parada na lateral do campo de futebol, no jogo do meu filho, eu já estava mentalmente na reunião do corpo docente do dia seguinte. Não me lembro de quase nada daquele jogo. (Isso ainda me aborrece.)

Dirigindo de volta para o hotel, revi a experiência em minha mente — não foi nada do que eu esperava. A decisão do coronel de me levar primeiro para a sala de lembranças foi reveladora. Ocorreu-me que, em sânscrito, *atenção plena* é *smriti*, que se traduz como "aquilo que é lembrado".

Quando *permanecemos no play* — quando preenchemos nosso quadro branco com o momento presente —, temos uma chance muito maior de *codificar* esse momento na memória de longo prazo. Todos nós queremos "lembrar melhor". A prática da atenção plena pode nos ajudar também a apertar o botão *gravar*?

Sim. Mas apertar *gravar* não é tão simples como pode parecer.

6
APERTE *GRAVAR*

No MINUTO EM QUE Richard entrou em nossa sessão de treinamento, vi que ele era um cético. Antigo soldado, gentil, porém durão, que agora trabalhava para um centro de pesquisa militar, ele ficou no fundo, quieto e reservado. Era educadíssimo. Mas eu conseguia ver em seus olhos — ele não estava envolvido, de jeito nenhum.

Aquele era um programa de "treinamento para aprendizes" que eu e meu colega Scott Rogers estávamos liderando. Richard havia sido enviado por seus chefes para aprender como ministrar treinamentos de atenção plena para coortes militares. Seu trabalho no Escritório de Transição de Pesquisa no Instituto de Pesquisa do Exército Walter Reed era ajudar a transformar novos conhecimentos (como o nosso, sobre os benefícios atencionais da prática da atenção plena) em treinamento que o Exército dos Estados Unidos pudesse oferecer aos soldados. Mas ele tinha sérias dúvidas. Estava profundamente preocupado que a prática da atenção plena pudesse ir de encontro a suas crenças religiosas. O cristianismo era a base de sua vida e de seus valores, e ele estava preocupado com a ordem de seu empregador para treinar outros soldados em práticas de atenção plena e aprendê-las para si mesmo primeiro. Será que ele conseguiria cumprir essa tarefa?

Quando ele entrou na sessão, naquela primeira manhã, disse que estava nervoso. "A minha ideia era: *eu vou encontrar uma maneira de sair disso.*"

Mas, à medida que avançávamos no material, sua resistência começou a se desfazer. Não havia nada de natureza religiosa. A missão do treinamento de atenção plena e as razões pelas quais funcionava para fortalecer a atenção, a memória de trabalho e o humor fizeram muito sentido para ele. A mensagem de que os soldados muitas vezes não conseguiam responder às demandas do momento devido a outras preocupações que carregavam ecoou fundo nele. Richard começou a pensar: "Isso poderia realmente ser útil". E começou a se questionar: quando rezava — para ele, uma prática muito importante —, ele estava ali mentalmente? Estava atento à oração? Quando estava com os filhos, que cresciam rápido, ele estava de fato *com* eles? Os filhos adolescentes estavam sempre tentando compartilhar memórias com ele: "Foi tão engraçado quando…", "Pai, lembra daquela vez em que…?". Ele pensava: "Nossa, eu não me lembro de nada disso".

Richard sempre minimizava a situação: "Eu tenho uma memória terrível". Agora ele se perguntava — tinha realmente uma memória terrível, ou era outra coisa? Toda vez que os filhos tentavam se conectar com ele por meio de uma experiência em comum, ele sentia uma angústia.

— Percebi que eu não podia fazer parte daquelas lembranças com eles, porque eu não fazia parte daqueles momentos. Eu estava o tempo todo em outro lugar.

Embora estivesse fisicamente naqueles eventos (ele tinha fotos para provar), Richard não os tinha de fato vivenciado. Ocupado, pressionado e direcionado, ele sentia que sua atenção estava sempre em outro lugar, não importava o que estivesse fazendo nem de quem estivesse acompanhado.

— Eu não estava lá — diz ele agora —, por isso não me lembro.

A *memória* pode ser traiçoeira. Presumimos que vamos nos lembrar de muito mais do que nos lembramos. Então nos deparamos com um momento como o de Richard com seus filhos e nos questionamos quanto de nossas vidas estamos absorvendo completamente. O que deixamos de registrar? Momentos importantes com entes queridos, conhecimento essencial — ou mais? Você pode errar porque algo que você sabe não vem à tona no momento em que precisa; você fica frustrado e confuso com a sensação de que *eu deveria saber isso*.

Você quer ouvir e lembrar o conteúdo de uma reunião importante ou um momento encantador com sua família, entretanto você está revendo um incidente lamentável de seu passado, algo que *já está* em sua memória de longo prazo e que você preferiria esquecer.

É fácil se perguntar se há algo errado com sua memória — por que experiências e o aprendizado parecem escorregar em vez de ficarem enterrados em seu armazenamento de longo prazo. No entanto, para cada um desses exemplos — por que algumas lembranças permanecem e outras não, por que, quando você precisa, o conhecimento umas vezes vem à tona e outras, não — há uma explicação. E provavelmente não está muito relacionada com sua memória real. O que pensamos ser um problema de memória é, com frequência, um problema de *atenção*.

Você está gravando?

Pegue o celular por um momento. Agora abra o rolo da câmera e volte até o último evento que você fotografou. Pode ser qualquer coisa — talvez seja algo grande (um show com os amigos) ou algo pequeno (uma foto do seu gato no sofá). Olhando para as fotos que você tirou, pergunte-se:

- Do que você se lembra? Tente se recordar de detalhes sensoriais que você se lembra de ter experimentado, como o sabor da comida, o cheiro do ar — qualquer coisa que não esteja retratada nesse pequeno retângulo na sua mão.
- O que foi dito? Sobre o que você falou?
- Como se sentiu?
- E por fim: o que você perdeu? Se pudesse voltar no tempo até aquele momento, para o que você voltaria sua atenção primeiro a fim de preencher os espaços em branco?

Quando abri o rolo da minha câmera agora e rolei as fotos, o primeiro evento que chamou minha atenção foi o último jantar em família que tivemos antes de Leo ir para a faculdade — ele estava crescido e saindo para o mundo, e eu queria que nós quatro nos reuníssemos à mesa para uma última refeição especial. Olhando a foto, lembro-me muito bem de tentar acertar o ângulo para que todos estivessem sorrindo e olhando para a câmera. Mas não me lembro do que falamos, muito menos do que comemos.

Se você não costuma tirar fotos, veja em suas mensagens de texto — você enviou uma captura de tela ou um artigo para alguém recentemente? Você lembra por quê? Você se lembra do que se tratava? Ou o contexto e o conteúdo desapareceram por completo?

É tentador pensar na memória como o botão *gravar* do cérebro. E, na verdade, eu tenho usado aqui o conceito de "aperte gravar" como uma metáfora para o modo como nos lembramos. Mas nós realmente não "gravamos"... não exatamente.

A memória não é uma gravação

Lembrar é um processo complexo, cheio de nuances. As lembranças são mutáveis, não estáticas. Ao contrário de uma foto no rolo da câmera, elas não permanecem iguais toda vez que você as resgata. As lembranças se transformam e mudam. E algumas coisas ficam em nossa memória enquanto outras desaparecem. Fique tranquilo: provavelmente não há nada errado com sua memória. *É assim que ela funciona*. Nossa memória privilegia certos tipos de informação, e esquecemos outros completamente, por projeto evolutivo. Talvez o que você ache que esteja "errado" com sua memória tenha um propósito evolutivo específico.

Sua memória não é um gravador literal de eventos. Sua mente pode ser uma fantástica viajante do tempo, mas você não pode "apertar o botão voltar" e reviver eventos exatamente como aconteceram — porque não existe "exatamente como aconteceram". O que você lembra é filtrado por sua *experiência* do que aconteceu, bem como pelas experiências que você teve antes e depois. A "memória episódica", que é sua memória para experiências, envolve *a codificação seletiva apenas dos aspectos da experiência que foram mais acessados e mantidos na memória de trabalho*.[1] Tradução: você só se lembrará do que focou e "escreveu" em seu quadro branco — não de tudo o que aconteceu. Além disso, sua memória episódica não envolve somente os aspectos externos dos eventos (quem, o que, onde, e assim por diante), mas está profundamente relacionada à sua perspectiva autobiográfica do que você experimentou. Então, a experiência foi feliz? Triste? Interessante? Tensa? Sua experiência emocional terá influência sobre o que você foca e, portanto, sobre o que você lembra.

A "memória semântica" — seu conhecimento geral de mundo para fatos, ideias, conceitos — é, de igual modo, seletiva. O que você lembra é baseado no que aprendeu anteriormente.

Esses dois tipos de memória não apenas estão ligados de modo inexorável à atenção, como também formam um círculo fechado: no que prestamos atenção é o que lembramos e o que lembramos influenciará em que prestamos atenção — e, portanto, em tudo *o mais* que lembramos.

Por que temos memória

Uma amiga que tem filhos pequenos comentou sua preocupação com os tipos de lembranças que seus filhos estão guardando — em particular, as lembranças que estão guardando *dela*.

Ela disse que havia gritado com o filho, mais cedo naquele dia, por algo sem grande importância. Isso foi alguns meses após o início da quarentena da covid-19, e os nervos de todos estavam ficando um pouco em frangalhos.

— Eu pensei: "Oh! De todas as coisas boas que fizemos hoje, espero que não seja disso que ele vá se lembrar" — observou ela. — E então comecei a pensar no assunto e percebi que a maioria das lembranças muito específicas que tenho da minha mãe quando eu era criança são negativas. Eu lembro nitidamente as vezes em que ela ficou frustrada, ou gritou, ou quando me meti em alguma confusão. São poucas, mas eu me lembro especificamente de cada uma delas, cada detalhe. Ao mesmo tempo, é difícil lembrar qualquer coisa boa com muitos pormenores. E a maioria foram coisas boas! Ela passava o dia todo, todos os dias, cuidando de nós, montando projetos de arte, sendo paciente, ouvindo nossas histórias, e tudo do que me lembro são coisas negativas? É assim que os meus filhos vão se lembrar de mim, só das coisas ruins?

Ao responder, comecei pela má notícia: sim, lembramos melhor a informação negativa do que a positiva.[2] (Apesar de a *boa notícia* ser que essa tendência *começa a enfraquecer* a partir dos sessenta anos.) Nosso "botão gravar", da forma como é, não registra eventos de modo abrangente e com veracidade — porque o propósito da memória não é nos permitir saborear o passado, mas sim nos ajudar a *agir* no mundo *agora*. A memória, como a própria atenção, é um sistema completamente tendencioso que evoluiu para privilegiar a sobrevivência. Estamos sempre fazendo uma "subamostragem" de experiências que são importantes para nossa sobrevivência — é por isso que experiências assustadoras ou estressantes são mais proeminentes.

A memória nos permite aprender. Ela nos fornece estabilidade e continuidade. Aquilo que vivenciamos de forma constante ou "normal" tende a ficar em segundo plano, ao passo que o que é atípico é privilegiado — torna-se mais saliente em nossa memória.[3] Essa característica da memória está, mais uma vez, ligada à atenção, que privilegia eventos novos e incomuns.

Eis o que eu disse à minha amiga: as lembranças negativas de sua infância se destacarem era, na realidade, um ótimo sinal. Significava que ela teve uma infância feliz e estável. E era provável que o mesmo ocorresse com seus filhos. Sim, eles podem se lembrar mais de determinados acontecimentos do que de outros. Mas, se o cenário de suas vidas é amoroso e positivo, isso também faz parte de sua memória — em especial da memória semântica. Não conseguimos nos lembrar de cada acontecimento — essa função não nos serviria de nada.

É por isso que esquecemos.

"Esqueça isso"

Esquecer é uma característica cerebral altamente evoluída sem a qual não poderíamos viver. Da mesma forma que ficaríamos sobrecarregados sem um sistema de atenção para filtrar e selecionar, o mesmo acontece com a memória.

A memória de longo prazo, na maioria dos indivíduos saudáveis, possui uma grande capacidade, mas isso também significa que ela é propensa a interferências: as informações de que você se lembrava *antes* atrapalham sua capacidade de aprender novos conteúdos, enquanto as informações que você está aprendendo *agora* podem atrapalhar o que você aprendeu anteriormente.

No início da pandemia do coronavírus, por um breve período, fomos informados de que as máscaras faciais eram desnecessárias e que era irresponsável usá-las; na época, acreditava-se que o vírus não passava facilmente de uma pessoa para outra, a menos que houvesse contato direto, e que as máscaras serviam melhor aos profissionais de saúde que estavam expostos a casos graves. "Máscaras não ajudarão você, então deixe-as para médicos e enfermeiros", era a diretriz. Mas, logo depois, as orientações dos Centros de Controle e Prevenção de Doenças do Estados Unidos (CDC) mudaram rapidamente. De repente, fomos obrigados a usar máscara o tempo todo e era irresponsável *não* usá-la. A antiga regra, "Não use máscara", precisou ser esquecida para que a nova regra, "Use sempre máscara", pudesse ser lembrada.

Até mesmo lembrar cada momento feliz de sua vida seria opressivo — precisamos filtrar e selecionar com a memória, assim como com a atenção.

Esquecer é uma coisa boa.[4] É uma característica, não uma falha em nossa constituição biológica. Precisamos dela — dependemos dela, assim como dependemos de outras "características" da memória, como as experiências negativas sendo mais salientes, para a sobrevivência, a aprendizagem e a tomada de decisão. Outra razão pela qual *temos* memória é para aprender — para nos guiar em como agir no momento presente e no futuro. Para que isso funcione, é tão importante esquecer como lembrar. A forma como a mente opera tem um bom motivo — na essência, não gostaríamos de alterar nenhuma dessas "características" da memória. No entanto, o sistema apresenta vulnerabilidades, e, devido a elas, nos deparamos com determinados problemas.

Uma imagem vale muito poucas palavras...
Memória e atenção

Voltemos ao rolo de sua câmera. Quando você o abriu no início deste capítulo, por acaso viu quantas fotos havia ali? Acabei de olhar o meu: são *milhares*.

Como sabemos que a memória pode ser vacilante, fotografamos e registramos informações importantes para nós porque queremos nos lembrar delas. Ironicamente, muitas vezes é esse mesmo ato de preservação que nos impede de fazer isso.

Um estudo sobre mídias sociais de 2018 se propôs a investigar uma questão importante:[5] documentar um evento influencia na forma como você o vivencia? No estudo, os pesquisadores elaboraram uma série de situações em que seriam avaliados a satisfação e o envolvimento das pessoas no momento da experiência, bem como sua lembrança dela mais tarde. Os participantes foram divididos em três grupos: alguns foram solicitados a documentar a experiência para compartilhamento em mídias sociais, outros foram solicitados a documentá-la apenas para si próprios e ao grupo final foi pedido que não fizesse qualquer tipo de documentação. Uma das experiências era assistir a uma palestra TED Talk e a outra era uma visita autoguiada à Igreja Memorial da Universidade Stanford, em Palo Alto.

Para o tópico satisfação e envolvimento, os resultados foram mistos. Em algumas situações, os participantes pareceram gostar muito da experiência de selecionar conteúdo para outros consumirem, encarando-a como uma fonte de conexão e comunhão, o que contribuiu para a satisfação da experiência. Enquanto isso, outros se preocuparam com a forma como sua publicação seria recebida ou se compararam a outros nas mídias sociais, prejudicando sua satisfação. Em relação ao tópico *memória*, os resultados foram consistentes e claros: quem foi solicitado a fotografar um evento — para outros nas mídias sociais ou apenas para si mesmo — teve muito mais dificuldade para lembrar detalhes desse evento mais tarde.

Por quê? Primeiro, documentar algo requer ser multitarefa — o que, como sabemos, na verdade significa *trocar de tarefas*. Você não tira uma foto *e* experimenta o que está fotografando. Você tira a foto *ou* faz outra coisa. É sempre uma escolha. Quando você está envolvido na tarefa de tirar a foto, não consegue, ao mesmo tempo, se concentrar na atividade que está documentando. Isso acontece tanto se você estiver de férias num lugar lindo tirando uma foto (você se lembrará daquele pôr do sol?) como se estiver numa sala de aula ou num auditório de conferências: estudos descobriram que o uso de mídia em sala de aula[6] (como usar apenas um laptop para fazer anotações) está ligado a uma diminuição do sucesso acadêmico. Isso ocorre, em parte, porque os alunos ficam tentados a entrar na internet (seus *feeds* de mensagens e carrinhos de compras terminam cheios, enquanto suas mentes ficam vazias de grande parte do conteúdo ensinado em aula), mas também pela segunda razão: mesmo quando, de fato, *estamos* "prestando atenção" ao que estamos documentando, a maneira como usamos esses dispositivos afeta o modo como processamos e, portanto, como lembramos essas experiências.

No caso do laptop em sala de aula, mesmo quando os alunos digitaram as anotações de forma responsável, eles se tornaram uma espécie de robô de digitação, transcrevendo como a Siri. O problema é que eles não estavam *sintetizando* essa informação. Uma das coisas que fazemos naturalmente quando escrevemos à mão é sintetizar — prestamos atenção enquanto ouvimos e, em seguida, analisamos o que foi dito para retirar ou resumir os pontos mais importantes. O que acontece: não conseguimos escrever rápido o suficiente para transcrever cada palavra que ouvimos, então temos de ser estratégicos. E, quando fazemos esse tipo de síntese, conseguimos codificar melhor essa informação, de forma mais rica, completa, integrada e, consequentemente, duradoura. Fazer anotações no laptop é uma ótima maneira de se ter uma boa transcrição de uma aula no computador, mas é uma péssima forma de guardar qualquer conteúdo dessa aula em nossa memória de longo prazo.

Usar dispositivos digitais como celulares e laptops para registrar o que mais queremos lembrar acaba tendo o efeito *oposto*. Os autores do estudo sobre mídias sociais concluíram que o uso de mídia nos impede de, mais tarde, relembrar os próprios eventos que estamos tentando preservar — porque atrapalha a experiência real do evento. Acabamos com uma foto de algo que, na realidade, não conseguimos lembrar ou com a transcrição de uma aula à qual realmente não "assistimos".

Ninguém quer ouvir "largue o celular". Contudo, os resultados do estudo foram claros: quem documentou sua experiência se lembrou muito menos. É simples, e não há nenhuma magia para evitar isso: se uma experiência não entra em seu quadro branco mental — onde pode ser organizada e sintetizada, onde seus elementos podem ser integrados —, não vai para a memória de longo prazo. Não há nenhuma chance de isso acontecer.

O PORTAL PARA A MEMÓRIA DE LONGO PRAZO

Quando estava na graduação, estudei o caso de um paciente famoso na história da neurociência, conhecido nos livros didáticos pelas iniciais "H. M.". Em 1953, H. M. foi submetido a uma cirurgia cerebral experimental para tratar sua epilepsia.[7] Ele tinha convulsões desde os dez anos e, aos 27, elas eram tão constantes e debilitantes, que ele não conseguia trabalhar. Os médicos haviam tentado doses cada vez mais altas de anticonvulsivos, mas nada funcionava, então eles tomaram uma decisão drástica: removeram a maior parte dos lobos temporais de H. M., onde as "tempestades" epilépticas ocorriam, em um procedimento experimental chamado *lobectomia temporal medial bilateral*. A cirurgia foi um sucesso — os episódios epilépticos de H. M. diminuíram drasticamente. Mas os lobos temporais contêm múltiplas estruturas cerebrais envolvidas na memória de longo prazo. O quanto a cirurgia teria afetado a memória de H. M.?

Como se verificou, H. M. manteve todas as suas memórias de longo prazo até alguns anos antes da cirurgia. Sua memória de trabalho também parecia ilesa — em testes de laboratório, ele conseguia manter sequências numéricas em mente desde que estivesse focado nelas, como qualquer um de nós. No entanto, quando os pesquisadores o distraíam para desviar, por alguns instantes, sua atenção do que ele estava retendo na memória de trabalho, esse conteúdo desaparecia — para sempre.

Minha professora assistente trabalhara no mesmo laboratório que conduziu estudos sobre a função da memória de H. M. Uma noite, ela estava no laboratório trabalhando com ele e recebeu a missão de levá-lo para casa, de volta para seu apartamento em um centro de residência assistida. Eles estavam no carro, conversando, quando ela percebeu que não fazia ideia de onde ele morava. H. M. começou a guiá-la com confiança, e ela seguiu cada instrução conforme ele a direcionava para sua casa... seu lar de *infância*, do outro lado da cidade.

Até morrer em 2008, H. M. foi, por décadas, objeto de estudos sobre a memória e sua formação. Os pesquisadores descobriram que suas primeiras lembranças de antes da cirurgia eram extremamente vivas, talvez porque não houvesse novas lembranças sendo formadas para competir com elas. Mas estudos sucessivos confirmaram que ele *só* tinha acesso à memória de trabalho — novas memórias de longo prazo (para eventos ou novos fatos) não poderiam ser criadas. H. M. perdeu na lobectomia temporal medial bilateral, que curou sua epilepsia, a *conexão* entre a memória de trabalho e a memória de longo prazo. Ele conseguia reter *brevemente* o conteúdo em seu quadro branco, como todo mundo, mas não tinha capacidade de se lembrar dele de maneira mais duradoura.

A memória de trabalho não é apenas seu "espaço de rascunho" cognitivo, onde ocorrem o pensamento criativo, a ideação, o foco e a busca de objetivos. É também o portal para dentro (e para fora) da memória de longo prazo. O que você quer lembrar entra *em* sua memória de longo prazo por meio da memória de trabalho, e, quando você recupera informações *da* memória de longo prazo, é na memória de trabalho que elas aparecem. "Lembrar" é, na realidade, essas *duas* funções — *codificar* e *recuperar* — embaladas juntas: você codifica algo e, então, busca-o de volta mais tarde. Cada um desses processos requer o uso efetivo de sua atenção *e* de sua memória de trabalho. E, como sabemos, encontramos inúmeras oportunidades para que esses sistemas falhem, sejam captados por algo saliente, percam o caminho do objetivo, fiquem vazios ou se distraiam com informações concorrentes.

Problemas para entrar: falha de codificação

Minha sogra me ligou recentemente um pouco apavorada com sua memória. Como ela está envelhecendo, lapsos de atenção agora a incomodam mais — ela acha que podem ser indicadores de um problema maior e isso a deixa nervosa. Pedi-lhe que me contasse exatamente o que aconteceu.

Ela relatou sua ida às compras no dia anterior. Estava dirigindo até o supermercado. No meio do caminho, percebeu que tinha esquecido a lista, então começou a recapitular mentalmente tudo o que pretendia comprar. Estacionou no supermercado, saiu do carro e decorou o lugar onde parou. Entrou, fez as compras e empurrou o carrinho de volta até o carro. Mas, enquanto colocava as compras no porta-malas, notou um arranhão na pintura. Ela se irritou consigo mesma. Quando raios ela tinha raspado em algo? Nem sequer tinha percebido!

Devolveu o carrinho, preocupada com o arranhão, e sentou-se no banco do motorista — apenas para perceber que aquele carro tinha câmbio manual. O dela era automático.

Ela estava no carro errado.

Localizou o próprio carro — modelo e cor idênticos, sem o arranhão na pintura — apenas algumas vagas abaixo, na mesma fileira, e, encabulada, transferiu todas as compras. Rimos juntas enquanto ela me contava a história — fazer aquilo tudo e entrar no carro de outra pessoa! Expliquei-lhe que não achava que houvesse algum problema com sua memória — ou, na verdade, algo relacionado ao envelhecimento do cérebro. Sim, nosso cérebro *envelhece* junto com o restante de nós. Partes do cérebro ficam mais finas e menos densas, incluindo o hipocampo e outras estruturas do lobo temporal medial de que precisamos para formar memórias explícitas. E isso pode realmente causar problemas de memória. Mas, nesse caso, seu quadro branco estava sobrecarregado. Enquanto estacionava, ela relembrava a lista esquecida. Ela *achou* que tinha decorado onde havia parado o carro, mas, na verdade, estava retendo uma tonelada de coisas em seu quadro branco. Ela simplesmente não tinha espaço.

Muitos dos problemas que vemos em torno da memória e do envelhecimento são, na verdade, atribuídos a causas erradas. O problema não é "você está perdendo sua memória". Em vez disso, o problema é "você não estava prestando atenção e não conseguiu codificar".

Uma observação em relação a essa história: o local onde você estacionou seu carro não é algo de que você realmente gostaria de se lembrar a longo prazo. Na verdade, esse é um exemplo de um daqueles momentos que você quer ser capaz de esquecer — imagine se pudesse se lembrar de cada lugar em que já estacionou e tivesse de vasculhar todos os locais sempre que saísse de um supermercado. Tal como a atenção, a memória *tem* de ser um filtro, selecionando o que é ou não relevante, o que deve ser destacado e o que deve ser descartado. Conto essa história apenas para ilustrar como o armazenamento de muito conteúdo na memória de trabalho pode atrapalhar de forma efetiva *qualquer* coisa que esteja se dirigindo para a memória de longo prazo.

E mais: se sua memória de trabalho estiver sobrecarregada, o conhecimento da memória de longo prazo nem sempre conseguirá *sair* quando você precisar dele. Essa foi a causa de um dos incidentes de "fogo amigo" mais fatais da história recente dos Estados Unidos.

Problemas para sair: falha de recuperação

Era 2002, auge da guerra no Afeganistão, e um soldado norte-americano estava usando um sistema de GPS para guiar uma bomba de aproximadamente uma tonelada até o alvo pretendido, um posto avançado rebelde. Nesse sistema, um soldado no terreno insere as coordenadas no GPS portátil para o ataque aéreo, e então a bomba é lançada para acertar o local preciso. Antes de realizar o ataque, no entanto, o soldado percebeu que as pilhas do GPS portátil estavam fracas e trocou-as por novas. Em seguida, ele enviou as coordenadas exibidas para lançar a bomba — que caiu em seu próprio batalhão.

O que aconteceu? Nesse sistema de GPS, quando as pilhas são substituídas, o sistema reiniciado exibe, por padrão, as coordenadas de sua própria localização. O soldado que operava o sistema *sabia* disso — ele recebeu um amplo treinamento sobre os procedimentos. Após a troca das pilhas, as coordenadas de lançamento têm de ser reinseridas. Esse conhecimento estava em sua memória de longo prazo; ele o havia ensaiado muitas vezes. Mas, por alguma razão, ele não o "carregou" em seu quadro branco quando era necessário. Ele olhou as coordenadas erradas e as enviou. Muita gente morreu naquele dia. E foi devido a um problema entre a memória de longo prazo e a memória de trabalho de um soldado. Eu só posso conjecturar uma explicação, mas talvez ela seja tragicamente simples: se a memória de trabalho estiver sobrecarregada pela divagação mental induzida pelo estresse, então talvez o conhecimento possa não vir à tona quando mais é preciso.

Esse é um exemplo extremo, mas qualquer um de nós pode experimentar um colapso como esse durante os processos de codificação e recuperação da memória. Várias etapas são necessárias no processo de codificar e recuperar memórias, e todas elas requerem sua atenção *e* sua memória de trabalho.

Como fazer uma memória

Para *lembrar*, você faz três coisas fundamentais. A primeira: *ensaiar*. Você rastreia informação — o nome que acabou de ouvir de uma nova colega se apresentando; os fatos mais importantes do treinamento de trabalho de que está participando; os detalhes de uma boa experiência que acabou de ter. Na escola, quando você estudava com cartões de memorização, isso era ensaiar; quando você revê os detalhes de um momento alegre (no casamento de um filho, os brindes, o sabor do bolo), isso também é ensaiar; quando você se vê revivendo um momento doloroso ou constrangedor, mesmo isso (infelizmente) é ensaiar.

Depois: *elaborar*. Semelhante a ensaiar, envolve relacionar novas experiências ou fatos a conhecimentos ou lembranças que você já possui. Você pode armazenar uma lembrança muito mais forte para qualquer coisa quando já tem uma base de conhecimento. Por exemplo: imagine um polvo. Agora eu lhe digo: "Um polvo tem três corações". Se você ainda não sabia disso, você está — agora enquanto lê isto — *unindo* esse novo conhecimento à imagem que tem de um polvo. Da próxima vez em que você vir um deles em um aquário ou um programa de natureza na TV, poderá, de repente, lembrar, virar-se para quem estiver com você e dizer: "Você sabia que um polvo tem três corações?".

E por fim: *consolidar*. É o que acontece quando *você está desempenhando* as duas funções anteriores e, em última análise, leva ao *armazenamento* da memória. À medida que o cérebro reproduz informação, ele estabelece novos caminhos neurais e, então, os percorre, fortalecendo essas novas conexões. Isso é, essencialmente, como a informação passa da memória de trabalho para a memória de longo prazo: o cérebro *muda estruturalmente* para solidificar uma representação neural específica — e precisa de tempo para que o pensamento espontâneo e irrestrito o faça. Por isso pensamos que o tempo de inatividade mental e o sono são importantes: são oportunidades para a *consolidação da memória*. Também é parte da razão pela qual experimentamos a divagação mental — algo que pode alimentar essa perambulação mental é a atividade neural relacionada à repetição de experiências que tivemos. Com mais repetições, todo o ruído desaparece e o sinal claro permanece, que é o que compõe o traço da memória no cérebro. Se sua atenção está sempre ocupada, sem nenhum tempo de inatividade mental que lhe permita experimentar o surgimento do pensamento espontâneo consciente, você pode estar degradando a ligação entre a memória de trabalho e a memória de longo prazo. Você está desabilitando processos de consolidação vitais.

O processo de lembrar — já sujeito a nossos enquadramentos, tendências, experiência e conhecimento prévio — é frágil e pode ser facilmente perturbado. Sai dos trilhos quando nossa atenção é sequestrada. Quando algo diferente do que queremos lembrar toma conta de nossa memória de trabalho, o processo de criação de memórias é interrompido. E, ironicamente, esse "algo", em geral, é a própria memória de longo prazo.

A "MATÉRIA-PRIMA" PARA A DIVAGAÇÃO DA MENTE

A memória pode falhar se, durante o processo de codificação, a atenção fizer exatamente o que costuma fazer: *vaguear*. Quando é atraída por algo saliente. Quando se desvia para preocupações e assuntos acalorados que se tornaram *estados de conflito*. Esses pensamentos que chamam a atenção têm como matéria-prima traços de memória de longo prazo.[8] São conceitos e experiências que podem ser reconfigurados de novas formas para criar uma nova preocupação ou podem incluir memórias existentes que já estão totalmente formadas. Eles se tornam o conteúdo para a divagação da mente.

Quando falei sobre *viagem no tempo mental*, eu quis dizer que você foi sequestrado por conteúdo criado por sua própria mente usando as matérias-primas de sua memória de longo prazo. Esse conteúdo pode interferir em sua capacidade de prestar atenção ao que está acontecendo no momento, e isso dificulta a formação de novas memórias de sua experiência atual.

Você se lembra da *rede de modo padrão* — a rede cerebral observada em diversos estudos de divagação mental? Essa rede é constituída por sub-redes menores. Uma dessas sub-redes tem nodos que incluem o sistema de memória de longo prazo temporal medial do qual temos falado. Eu penso nessa sub-rede como uma *bomba do pensamento*. Ela bombeia conteúdo, como traços de memória e outras tagarelices mentais geradas por dados de memória bruta.[9] Ela faz isso mesmo sem termos consciência.

E, às vezes, essa bomba cospe informação saliente que atrai nossa lanterna de atenção. Não é diferente da atração sofrida por nossa lanterna quando estímulos ameaçadores, novos, brilhantes ou autorreferentes acontecem no ambiente externo. Na verdade, uma segunda sub-rede da rede de modo padrão funciona como uma lanterna para a paisagem interna — às vezes, isso é chamado de "rede de modo padrão central". Esse termo parece apropriado, uma vez que o autorreferenciamento está no *centro* do que chama nossa atenção por padrão.

- *Salientes* em sua paisagem interna são coisas:
- *Autorreferentes*
- *Emocionais*
- *Ameaçadoras*
- *Novas*

Essas coisas não apenas chamam sua atenção — elas também podem *mantê-la*, preenchendo sua memória de trabalho com esse conteúdo para aprofundá-lo. Ao contrário de alguns captadores de atenção que atraem você e o deixam ir rapidamente, o conteúdo saliente da "bomba do pensamento" tende a sugar você. Torna-se a porta de entrada para o ciclo da fatalidade. E também instrui outros tipos de divagação mental — são suas experiências passadas que você usa para decidir com o que deve se preocupar e o que deve planejar.

A grande ironia da memória de longo prazo é que ela fornece a matéria-prima para o que pode afastá-lo da formação de *novas* memórias.

Eric Schoomaker estava servindo como cirurgião geral do Exército dos Estados Unidos quando seu pai morreu de repente. Foi totalmente inesperado — ele era saudável e vibrante, então ninguém previu. Também aconteceu em um momento muito agitado na carreira de Eric.

Dois anos depois, no meio do jantar, ele olhou para a esposa e disse:

— Papai morreu.

Ela arregalou os olhos.

— Sim — disse ela. — *Há dois anos*.

E ele respondeu:

— Bem, acho que agora a ficha caiu.

Já sabemos que temos que *permanecer no play*. Uma das razões é que, na maioria das vezes, você só pode "gravar" no modo *play*. O processo de criação de memória começa no momento presente. Sim, seu cérebro também trabalha depois para transformar uma memória em memória — mas começa com os dados brutos (do ambiente ou de sua própria mente) que você obtém do *agora*. Você não pode fazê-lo depois ou adiar. *Agora* é o único tempo em que você pode gravar.

Temos tanto em que pensar: eventos passados para processar; eventos futuros para planejar e antecipar. Nosso tempo é tão precioso, tão valioso, tantas vezes escorregando por entre os dedos como areia. Podemos estar no meio de algo de que precisamos ou queremos lembrar e pensamos: "Volto a isso mais tarde. Vou pensar nisso mais tarde. Vou lembrar disso mais tarde...". Mas a atenção não pode ser guardada. *Você tem de usá-la agora*. E, quando você percebe isso, muda a maneira como se orienta para as experiências — e a maneira como as lembra.

Se você sente que não consegue participar de memórias compartilhadas (como Richard, do Instituto de Pesquisa do Exército), ou se não está em sintonia com os eventos de sua vida (como Eric Schoomaker, vivenciando o "atraso" de sua ficha), você pode ter um problema de atenção *corporificada*. Nossas memórias estão muito ligadas a nossos sentidos. Então, uma maneira de aumentar nossas oportunidades de lembrar as coisas com as quais nos importamos é usar treinamento de atenção plena para nos fixarmos *no corpo*.

Lembre-se melhor

Nossas memórias para experiências, ou memória episódica, envolvem detalhes contextuais vivos — detalhes sensoriais como sons e cheiros, como nos sentimos e quais pensamentos tivemos no momento. A memória episódica possui um estado de consciência altamente específico associado a ela, chamado de *consciência autonoética*.[10] Esse termo descreve a plenitude corporificada — a riqueza, o detalhe, a profundidade tridimensional — que temos quando relembramos um acontecimento de nossas vidas com autoconsciência. Experimente agora: pense em uma lembrança favorita de infância. Talvez seja tomando sorvete com sua avó em um dia quente de verão ou lavando o carro da família com seus irmãos. A consciência autonoética é aquela sensação de ter experimentado o evento de dentro. Você pode se lembrar dos gostos, sons, cheiros, expressões no rosto dos outros. Você pode se lembrar de sentir alegria ou felicidade. E relembrar isso pode produzir um pequeno sobressalto de alegria no presente.

O modo como nos lembramos da memória episódica também nos dá uma pista de *como codificar* essa memória. Para termos mais detalhes e riqueza, preenchemos nosso quadro branco com todos esses elementos granulares.

Sua memória de trabalho é uma ótima ferramenta para a memória e também um importante ponto de vulnerabilidade — se estiver ocupada com outro conteúdo além da experiência que você quer codificar ou da informação que você estiver tentando aprender, não haverá criação de memória efetiva. Estar presente fisicamente em algo não significa que você irá absorvê-lo. Você precisa colocar intencionalmente seu foco (lanterna) no que quer codificar. E mais: você precisa ter certeza de que sua mente *e seu corpo* estão presentes nas coisas que você quer lembrar.

Em nossa próxima prática central, você vai se ancorar em suas sensações físicas. Você pode começar a perceber desconforto ou até mesmo dor. Pode ser uma brisa na pele ou uma coceira na testa. Pode ser fome. Pode até ser a *ausência* completa de sensação. Independentemente do que seja, aponte sua lanterna para isso. Use-a como um farol e mova-a lentamente pelo corpo — ao fazer isso, você pratica *estar no corpo* no momento presente. Você pratica estar no momento presente de uma forma *corporificada*.

PRÁTICA CENTRAL: EXPLORAÇÃO DO CORPO

1. Assim como nas outras práticas, comece sentando-se confortavelmente, fechando os olhos e encontrando sua lanterna: traga a atenção para a sua respiração.

2. Mas, agora, não vamos mantê-la lá, na respiração. Vamos movê-la pelo corpo. Vamos manter esse foco — esse feixe de atenção — concentrado, embora ele vá se deslocar, varrendo lentamente, como um farol pelo corpo.

3. Comece direcionando a atenção para um dos dedos do pé. Anote qualquer sensação que perceber ali. Frio? Quente? Formigamento? Sapato apertado? Nada? Observe e, em seguida, passe para os outros dedos e para o outro pé.

4. Vá devagar! Se você vai tentar fazer isso por três minutos, como no último exercício, divida seu corpo em três partes e leve cerca de um minuto em cada uma delas. Aos poucos mova sua atenção da parte inferior do corpo — da parte inferior das pernas para a superior — até o seu centro: a área pélvica, o tronco inferior, o tronco superior. Depois siga para a parte superior do corpo: ombros, partes superior e inferior dos braços e das mãos. Por fim, desloque a atenção até o pescoço, o rosto, a parte de trás da cabeça e o topo.

5. Preste atenção em cada sensação — ou a falta dela — surgindo e desaparecendo, momento a momento, mas não se fixe nisso. Mova a lanterna junto.

6. Ao longo desta prática, enquanto você desloca sua atenção lentamente corpo acima, sempre que sua mente divagar leve-a de volta à área do corpo para onde sua atenção estava direcionada antes dessa divagação, e então continue.

Ao fazer essa "varredura de farol", você também começará a ver como o estresse, as preocupações e as emoções aparecem no corpo. Você pode começar a observar suas próprias emoções e como elas surgem ali. Se começar a sentir dificuldade, como ter problemas para manter o foco durante a prática, você sempre poderá usar a prática *Encontre sua lanterna*, da página 116, como uma âncora. Ela é a sua base. É uma boa plataforma de pouso se você sentir que está no caminho errado por ter um alvo em movimento enquanto conduz sua atenção pelo corpo. Mas, quando tiver estabilizado a lanterna novamente na respiração, retome a varredura do corpo se puder. Essa prática talvez seja melhor para a criação de memória, porque fixa você não apenas ao momento presente, mas também *ao corpo*.

Quando você treina sua mente para prestar atenção dessa maneira, está se preparando para adquirir e reter mais e melhores informações. Você consegue codificar experiências de forma mais rica. Consegue aprender novos conteúdos de modo mais completo. Você pode não conseguir se lembrar de *tudo*, mas certamente lembrará melhor.

Para uma memória melhor, viva de forma atenta

Minha filha é dançarina. Fiquei aborrecida na primeira vez em que fui a uma de suas apresentações e descobri a regra estrita: *proibido filmar ou fotografar*. Guardei o celular de volta na bolsa, um pouco incomodada por não poder gravar a apresentação de Sophie para a posteridade. Então, enquanto me sentava ali, olhando para ela no palco, iluminada pelos refletores, senti minha atenção começar a se concentrar e a se intensificar. Dei um close nela mentalmente. Lembro-me de tentar, o melhor possível, *senti-la* dançar. Para perceber a forma como ela se movia, os sons suaves dos pés batendo no palco ao ritmo da música, seu olhar tenso no início e satisfeito no final, sabendo que tinha ido bem. A riqueza da experiência foi muito boa para mim. Nesse caso, eu não tinha escolha a não ser prestar total atenção. E minha lembrança dessa apresentação permanece viva.

No início deste capítulo, vimos que usar dispositivos como celulares e laptops para preservar o que queremos lembrar pode dar totalmente errado, tornando *menos* provável que nos lembremos do que mais queríamos. Então, você precisa largar o celular?

Não necessariamente. Outro estudo com participantes que tiraram fotografias de obras de arte em um museu[11] descobriu, no início, o mesmo que o estudo que discutimos antes: fotografar a obra de arte levou as pessoas a se lembrarem menos. Como antes, quando os participantes se "transferiram" para a câmera, eles também esqueceram o conteúdo. Mas aqui houve um detalhe. Eles foram, então, solicitados a dar um close em um segmento específico de um quadro enquanto o fotografavam. Nesse caso, sua capacidade de recordar detalhes da experiência disparou. O simples ato de dar um close — decidir no que focar e depois fazê-lo — permitiu que as pessoas se lembrassem da experiência com mais profundidade e detalhes.

Não estou dizendo que não deva fotografar coisas que sejam importantes para você. Mas, da próxima vez em que pegar o telefone para registrar algo que deseja lembrar, pare um minuto. Absorva a cena fora do retângulo do celular. Retenha na mente o que você realmente quer lembrar. Observe os detalhes, as imagens, os cheiros e as cores; observe suas próprias emoções. O que você está fazendo é maximizar e integrar os elementos da experiência em sua memória de trabalho a fim de codificar a riqueza dessa experiência. Imagine ver uma paisagem em cores em vez de em preto e branco, ou em 3D em vez de 2D. Exercícios de atenção plena ajudam a treinar sua atenção para estar mais plenamente presente no instante do acontecimento — o que pode acrescentar essa riqueza às suas memórias episódicas.

Cada fotografia que você tira não precisa ser um grande exercício de atenção plena — às vezes uma foto pode ser apenas uma foto! Mas é muito fácil viver nossas vidas por trás desses dispositivos e criar um fluxo de lembranças digitais sem construir lembranças *reais*. Combater isso não precisa ser um processo demorado. Apenas tirar um momento para observar de forma atenta e experimentar de modo pleno os eventos ou o que nos cerca pode fazer uma grande diferença em nossa capacidade de lembrá-los. Quando houver algo de que você realmente queira se lembrar, dê um close nele.

E por fim: se você quiser se lembrar das coisas que vivencia e das coisas que aprende, você precisará permitir o livre fluxo de pensamento espontâneo. Se seus dias são todos ocupados, o tempo todo, você está pulando uma etapa fundamental que discutimos anteriormente: oportunidades de *consolidação*.

No supermercado, você enche o carrinho e vai para o caixa. Que chato — há uma longa fila em todos eles. Você entra na menor e pega o celular. Há um e-mail de trabalho e um pessoal — você lê os dois e começa a responder, com o polegar, o de trabalho. Entra uma notificação e você clica nela; o e-mail fica salvo no rascunho e você passa para o Twitter, onde alguém respondeu a algo que você postou mais cedo. Você quer mostrar apoio, então clica no coração e retuita, depois continua rolando — um artigo sobre mudança climática chama sua atenção e você toca nele. Você já passou os olhos por metade do artigo quando o caixa anuncia o total da sua compra, colocando sacolas plásticas em seu carrinho — as sacolas ecológicas de lona que você trouxe ainda estão debaixo do braço.

Parece familiar? Para mim, sim. Vivemos vidas ocupadas. A ânsia de guardar o máximo possível em cada bolso de tempo é enorme. Se eu não redigisse aquele e-mail de trabalho enquanto estava na fila, teria de fazê-lo mais tarde, no laboratório, quando poderia estar fazendo... outra coisa.

Muitas vezes parece necessário usar nosso tempo dessa maneira — pensamos nele como uma *commodity*; tem um preço e geralmente é bastante alto. Não queremos desperdiçá-lo. E não vemos a inatividade mental, quando propositalmente nos desobrigamos de encontrar, segurar e apontar firmemente nossa lanterna da atenção para alguma tarefa urgente e demandante, como algo valioso. Mas isso é apenas porque a maioria de nós não percebe como ela é de extrema necessidade. Você já teve uma grande ideia no chuveiro? Não é porque o cheiro do seu xampu é tão inspirador — o banho é um tempo de inatividade mental forçada. Você não pode levar o telefone para lá, nem o laptop, nem um livro. Você está preso num boxe pequeno e molhado sem nada específico exigindo sua atenção. Pode ser um momento criativo e produtivo em que você faz conexões, tem ideias ou se perde em devaneios que, na realidade, têm a função vital de auxiliar na formação da memória e na solidificação do conhecimento.

Precisamos de espaço em branco para refletir sobre o que ouvimos e vivenciamos. Para aqueles em cargos de liderança, isso pode parecer um desafio, mas também uma oportunidade de fazer algo inovador. Criação de memória e aprendizagem são benefícios do treinamento de atenção plena, sim, mas você precisa de ambos: estar *mentalmente presente no momento* e ter *espaço para deixar a mente vaguear livre, sem restrições impostas por qualquer tarefa ou demanda.*[12]

A resposta é tomar mais banhos? Bem, claro, se você puder economizar tempo e água! Mas, agora que você sabe, pode criar micromomentos e até "*nano*momentos" para ter pensamentos espontâneos irrestritos ao longo do dia. Tente isto: deixe o celular no bolso ou na bolsa. Se quiser, deixe-o escondido no carro. No trabalho, indo de uma reunião para outra, sinta seus pés andando e deixe o que vier à mente ir e vir. Lembre-se de que esses momentos mentais irrestritos são valiosos — mais valiosos do que preencher cada segundo com tarefas.

O QUE LEMBRAR SOBRE LEMBRAR...

Deixamos de lembrar quando deixamos de *perceber* para onde nossa atenção está voltada. Não trazemos nossa atenção para o momento presente. Esquecemos de apontar nossa lanterna. Não mantemos essa seleção na memória de trabalho por tempo suficiente — somos sequestrados pelas distrações dos ambientes externo e interno. Privilegiamos estar sempre envolvidos com algo, o tempo todo.

A prática da atenção plena como treinamento de atenção nos permite perceber quando não estamos mais *no* momento que queremos lembrar. Agora temos uma escolha e podemos escolher intervir. Perceber quando um conteúdo altamente saliente e "pegajoso" está circulando na memória de trabalho e intervir, voltando ao momento presente de uma forma corporificada. Isso pode ser especialmente importante quando encontramos um "ciclo da fatalidade" muito potente, com lembranças que são realmente prejudiciais ou perturbadoras — como o trauma.

Memórias traumáticas podem parecer escritas de modo indelével,[13] como se gravadas em metal. Elas são únicas? Como muitos tópicos importantes, esse é um debate constante. O que sabemos é que o trauma leva a reviver o evento estressante, a evitar tudo o que o lembre e à ativação excessiva do sistema de alerta. Esses sintomas diminuem e se resolvem com o passar do tempo. Mas, quando isso não acontece e as pessoas continuam a sofrer, torna-se um transtorno clínico — *transtorno de estresse pós-traumático* (TEPT). Há evidências cada vez maiores de que tratamentos clínicos envolvendo a atenção plena podem ajudar pacientes com TEPT.[14] E aqui quero fazer um aviso importante: *o treinamento de atenção plena autoguiado* NÃO *é um substituto do tratamento clínico*. O trauma pode ser extremamente complicado, e pessoas com níveis clínicos de TEPT devem procurar tratamento com um terapeuta competente.

Não sou médica — sou neurocientista e pesquisadora —, portanto não trato TEPT. Mas muitos de nós sofreram traumas, ou têm lembranças ou pensamentos perturbadores que podem se tornar intrusivos ou distraidores, mesmo sem um diagnóstico de TEPT. Em minha opinião, é bastante difícil passar pela vida sem acumular alguns desses. E todos precisamos de ferramentas para lidar com essas situações. Uma grande parte disso é saber quando, e *como*, tratar o que aparece repetidamente em seu quadro branco.

Já aprendemos a perceber os *tipos* de conteúdo mental que podem surgir (pensamentos, sentimentos, sensações) e como deixá-los desaparecer ao invés de nos envolvermos com eles. Essa habilidade pode certamente ajudá-lo com lembranças intrusivas e perturbadoras. Nos próximos capítulos, adicionaremos novas práticas à nossa caixa de ferramentas.

Determinadas coisas podem ficar "pegajosas" em nosso quadro branco devido à *generalização*. Podemos fazer generalizações sobre o comportamento e as intenções dos outros ("Ela nunca me apoia") ou em relação a nós mesmos ("Eu nunca serei nada"). Um incidente em que você cometeu um erro torna-se "Eu sempre erro essas coisas — sou um idiota!". Não é o incidente em si que ocupa o lugar central do seu quadro branco: é a generalização que você faz dele. A embalagem simplificada demais permite que ela permaneça na memória de trabalho com o mínimo esforço: é curta, é clara e, provavelmente, não é precisa.

As generalizações que fazemos podem ser úteis porque condensam, de modo eficiente, informações de que precisamos lembrar. No entanto, as generalizações podem ser prejudiciais quando estão erradas, e, sempre que você está lidando com estados emocionais complexos, elas, com frequência, *estão* erradas ou, pelo menos, formam apenas parte do cenário. Isso se torna crítico quando usamos as matérias-primas de nossa memória de longo prazo para *simulações*, as quais fazemos o dia todo, todos os dias, todos os minutos em que estamos acordados.

Sua mente é uma máquina incrível de realidade virtual — a melhor que existe. Ela consegue criar mundos inteiros usando sua memória e seu conhecimento, mundos cheios de imagens, sons e até de emoções vivenciadas e imaginadas. Você cria simulações o tempo todo — e precisa fazê-lo. É como você planeja, cria estratégias e inova: você imagina o futuro. Você desenvolve várias possibilidades. Nosso conhecimento e nossas experiências são o que nos permitem prever eventos futuros, estar preparados e ter alto desempenho.

O problema que enfrentamos é que essas simulações detalhadas que criamos são, por necessidade, como toda realidade virtual, histórias incrivelmente transportadoras desenvolvidas por nossa própria mente. Elas chamam nossa atenção e depois *nos mantêm lá*. Então, o que acontece quando nossas histórias estão... erradas?

7
Descarte a história

AFEGANISTÃO, 2004. WALT PIATT, então tenente-coronel, e sua unidade receberam informações de inteligência segundo as quais um grande grupo de combatentes do Talibã estava reunido em uma montanha próxima. Era um grupo que eles estavam rastreando havia meses. Tinham recebido imagens do local, visualizado o acampamento e tudo havia sido verificado. Era o acampamento insurgente. Piatt já havia recebido sinal verde para bombardear; os aviões estavam a postos. Todos os envolvidos tinham informações dos níveis superiores de que estava tudo *certo*. Era só ele dar a ordem, e o acampamento seria destruído.

Piatt e seus soldados, porém, já estavam na montanha. Estavam perto o suficiente para poder subir. Seria uma caminhada difícil — o acampamento estava a cerca de 3 mil metros e começava a nevar. Mas Piatt tinha uma forte sensação de que alguém na vizinhança deveria dar uma boa olhada no acampamento. Então, naquela manhã fria, com o ar carregado de neve, uma equipe de batedores se dirigiu mais para cima, procurando uma confirmação final de que aquela era de fato a célula do Talibã.

Enquanto a equipe de batedores subia, Piatt recebia mensagens de sua liderança lembrando repetidamente que ele tinha autoridade para agir, que os batedores não eram necessários. Mas ele esperou. Finalmente, o rádio transmissor fez um ruído e o batedor líder começou a relatar. Sua equipe chegara perto o suficiente para ver com os próprios olhos que tudo se confirmava: acampamento, barracas, um jovem barbudo circulando, obviamente de vigia. Depois, aparecera outro homem, caminhando com ele: dois fazendo patrulha.

— Então tudo certo, estava valendo — lembra Piatt. — Tínhamos um acampamento, um par de guardas, tudo confirmava o que já sabíamos.

Piatt estava prestes a lançar o ataque terrestre quando a voz do batedor surgiu no rádio novamente.

— Espere um minuto, espere um minuto — disse ele. — Eu não estou vendo nenhuma arma com o cara. Repito. *Sem armas!*

Houve um momento de silêncio congelante.

— Estamos tão perto — disse o soldado. — Nós podemos ir lá e enfrentar!

Os soldados saíram correndo do nevoeiro causado pela neve e derrubaram os homens no chão. O resto da patrulha veio atrás deles com suas armas em punho, prontos para uma enxurrada de combatentes talibãs que sairiam em massa das barracas. Em vez disso: uma mulher muito irritada, alta e imponente saiu com ímpeto de uma das barracas, gritando. Eles não conseguiam entendê-la, mas a essência era: "Solte os meus homens!".

A informação estava errada. O "acampamento insurgente" era, na realidade, o acampamento de inverno de uma tribo beduína. As barracas estavam cheias de famílias. Elas vinham para aquela terra havia séculos para seus animais pastarem. Não tinham absolutamente nenhuma relação com o Talibã.

Nessa situação, o que chamamos de "viés de confirmação" poderia ter matado uma tribo inteira de pessoas. O viés de confirmação é comum — acontece quando as pessoas essencialmente "veem o que esperam ver", descartando qualquer informação que não corresponda às suas expectativas.[1] A equipe de soldados enviada para a montanha esperava ver um acampamento talibã, então, no início, foi o que eles "viram". Bastou apenas uma pessoa conseguir ver as coisas de forma clara para evitar o desastre.

Walt Piatt pensou sobre aquele dia na montanha por anos após o ocorrido. Ele refletiu sobre como é valiosa a habilidade de conseguir abandonar as expectativas de forma rápida e flexível e, em vez disso, ver o que *realmente está acontecendo* bem na sua frente. Não era algo que o treinamento militar típico abordasse — e isso lhe parecia um grande problema. Ele se perguntava: o que deu *àquele* soldado a capacidade de ver a cena com tanta precisão quando todos ao seu redor estavam vendo através de uma lente tendenciosa? E havia alguma maneira de treinar outros militares para adquirirem essa habilidade?

O PODER DE UMA HISTÓRIA

Uma das motivações para trabalhar com os militares era exatamente esta: eu queria saber se poderíamos ajudá-los não apenas a *prestar atenção* melhor, mas também a serem mais perspicazes e *conscientes da situação*. A consciência situacional — o estado mental de saber constantemente o que está acontecendo ao redor — é fundamental para os que atuam em uma série de profissões, incluindo policiais e socorristas. Será que o treinamento de atenção plena, eu me perguntava, poderia ajudar os soldados (ou qualquer um) a enfrentarem as situações estando menos suscetíveis ao pensamento tendencioso para que, assim, pudessem ver mais claramente, ser menos reativos e responder de forma adequada e proporcional?

Nossa avaliação era que *sim* devido ao modo como a prática da atenção plena orienta você a usar sua atenção: no momento presente, sem julgamentos, elaborações ou reatividade. Em outras palavras: *sem inventar uma história sobre o que você está vivenciando.*

Às vezes, contam-nos uma história e logo a aceitamos — como os soldados e o campo insurgente esperado. Outras vezes, nós mesmos chegamos à história por meio de nossa simulação mental. Criamos, sem parar, narrativas[2] sobre o que pode acontecer em uma hora, ou amanhã, ou sobre o que os outros estão pensando ou sentindo, ou sobre suas motivações. Visualizamos opções e planos de ação. Imaginamos como os eventos podem acontecer para que estejamos mais preparados; ensaiamos várias possibilidades: "Se ela disser x, devo responder y ou z? Se aquela estrada estiver fechada, que desvio devo tomar? Se as escolas reabrirem enquanto os casos de covid ainda estiverem altos e novas variantes surgirem, vamos mandar nossos filhos?". Para visualizar as respostas possíveis a essas perguntas, criamos um mundo inteiro na mente, com detalhes sensoriais, personagens, enredo e, às vezes, até diálogos. Experimentamos emoções em resposta a esse mundo que inventamos — isso nos faz sentir tristes, ansiosos ou satisfeitos —, e esses sentimentos nos ajudam a tomar decisões sobre o que realmente queremos fazer.

Usamos simulações para chegar a *modelos mentais* que orientam nosso pensamento, a tomada de decisão e nossas ações.[3] Isso é realmente o que quero dizer quando falo em "história". Você cria esses modelos mentais, ou "histórias", de modo rápido e constante — você simula, chega a uma história, então a utiliza e segue em frente; ou você recebe novas informações que o fazem atualizar ou descartar essa história e simular uma diferente. Os ingredientes-chave para suas simulações? Lembranças de eventos que você experimentou em sua vida, fragmentos dessas lembranças, todo o resto que você aprendeu e lembra. Adicione à mistura sua capacidade de pensar, raciocinar e prever, e *voilà* — uma nova história recém-simulada!

O processo de simulação é vivo, rico em detalhes e cativante, e o modelo mental requer nossa atenção e nossa memória de trabalho para ganhar vida. Mas ele também coloca grandes demandas sobre esses sistemas de capacidade limitada. Essa é parte da razão pela qual as histórias são tão poderosas: elas podem se tornar uma espécie de "taquigrafia" para formular e manter com eficiência uma situação, um problema ou um plano em mente — e essa eficiência ajuda a liberar recursos cognitivos para fazer outras coisas. Mas (há sempre um *mas*) histórias também restringem o processamento da informação. Elas *captam e mantêm* nossa atenção presa em uma fração de dados. Agora nossas percepções, nossos pensamentos e até decisões ficam limitados. Desse modo, quando a história que você criar estiver *errada*, suas ações e decisões depois disso também poderão estar distorcidas — *devido à maneira como a história interage com a atenção*.

Você se lembra daquele famoso experimento com o gorila dançante que descrevi anteriormente neste livro? Para refrescar a memória: há dois times em uma quadra de basquete, um vestido com camisas pretas e o outro, com brancas, e os participantes do estudo têm que contar o número de passes entre os jogadores do time de camisa branca. No meio do "jogo", um homem vestido de gorila caminha pelo cenário, faz uma dancinha e depois sai. E as pessoas que estavam contando os passes *simplesmente não o veem*. Por quê?

Como lhes foi solicitado que observassem os jogadores de camisa branca, elas (de maneira muito apropriada e hábil!) abstraíram tudo o que fosse escuro — incluindo aquele gorila.

Eu lhe apresentei esse estudo como um exemplo do incrível *poder* da atenção, o que é totalmente verdade. Mas ele também evidencia um possível ponto fraco e catastrófico. Os participantes do estudo tinham uma missão clara e simples: *filtrar a cor preta, focar a cor branca*. Contudo, numa situação real, geralmente não sabemos de antemão o que devemos focar e o que devemos filtrar. E, numa situação real, os riscos de "não ver o gorila" podem ser muito mais elevados.

Por que é tão difícil descartar a história

O trabalho da mente quando está em "modo de simulação" é *transportar* você.

Pense em coisas que o transportam de modo que você fique completamente absorvido em outro mundo e perca a noção do tempo: filmes, livros, videogames. Quais são as qualidades dessas mídias? Elas o atraem devido à narrativa convincente, aos detalhes vivos, à riqueza de significado emocional. O resultado é que sua atenção fica presa e não oscila — é isso o que uma boa história faz. É arrebatadora. O mesmo acontece com uma simulação que você gera em sua mente. Sua mente é um *grande* simulador. É capaz desse tipo exato de criação de histórias intensivas, imersivas e *arrebatadoras*.

Nossa mente é um gerador de simulações extremamente versátil: podemos criar "filmes" na tela de nosso quadro branco, revivendo experiências passadas, prevendo futuras, e muito mais. Nossas simulações nos dão a capacidade de *reviver* e *"pré-viver"*. Acreditamos que seja algo único da mente humana — essa capacidade de "experimentar" diversas possibilidades e linhas de tempo para imaginar cenários antes de entrarmos neles. Você não precisa dirigir em cinco rotas diferentes para descobrir qual é a melhor: você as simula mentalmente, escolhe uma e a segue com base no engarrafamento esperado e talvez até na paisagem. A capacidade de produzir — com riqueza de detalhes — um futuro imaginário baseado em nossos conhecimentos e experiências passadas é incrivelmente útil e poderosa. Essa é uma *característica* desejável do cérebro — não uma falha. Você jamais gostaria de ficar sem ela.

As simulações nos permitem:
- experimentar várias opções;
- projetarmo-nos no passado, no futuro ou mesmo na mente de outras pessoas;
- criar versões vivas da realidade que orientam a tomada de decisão.

Vejamos este último aspecto. Na última semana, quantas vezes você imaginou um resultado potencial só para ver como se sente em relação a isso? Uma visão desatualizada (mas ainda comum) é a de que os sentimentos são um incômodo — uma distração que atrapalha a tomada de decisão lógica e eficiente. Na verdade, ter uma reação emocional *durante* o processo de tomada de decisão é indispensável. Sem emoção, estaríamos em apuros. A emoção é como o cérebro determina o valor de algo (digamos, um evento ou uma escolha).[4] Se você escolhe A, e não B, você se sente: zangado, feliz, indignado, triste, temeroso? Sua simulação — e os sentimentos que ela desperta — permite que você tome uma decisão.

No período que antecedeu as eleições presidenciais dos Estados Unidos em 2020, os eleitores de todo o país provavelmente simularam como seria se um determinado candidato vencesse. E nossas simulações continuaram à medida que os votos eram lentamente contados, as projeções mudavam, as pessoas nas mídias sociais opinavam e ações judiciais eram instauradas. Simulações podem ser poderosas não apenas para orientar a tomada de decisão, mas também para nos preparar emocionalmente para aceitar resultados específicos.

É possível que o cérebro seja a melhor e mais robusta máquina de "realidade virtual" que existe. Podemos criar mundos inteiros. Podemos nos projetar através do tempo e da geografia e nas mentes dos outros. Precisamos dessa capacidade para tudo o que somos capazes de fazer bem como humanos: para imaginar, para criar estratégias e planejar, para tomar decisões e resolver problemas, para inovar e criar, para nos conectar, e muito mais.

O problema? Nossa capacidade de realidade virtual é uma faca de dois gumes: nossas simulações podem ser *boas demais*.

Para que sua simulação instrua suas eventuais decisões, planos e ações, você precisa se sentir como se estivesse lá — para realmente ver, ouvir e sentir. Para tal, o cérebro mobiliza seus poderes de percepção, conceitualização, elaboração e narração, a fim de criar o mundo mais vivo, detalhado e realista que conseguir. E "vivo" na paisagem interna de sua mente é o mesmo que "saliente" na paisagem externa: pense nisso como *muito barulhento*. Chama sua atenção e a mantém. Sua lanterna move-se rapidamente para isso e sem nenhum esforço.

Você se lembra da *desconexão perceptiva*? Já falamos dela neste livro, quando introduzi a divagação mental. Quando sua mente divaga, é como se você "se desprendesse" de seu ambiente imediato real. Bem, é exatamente isso que acontece quando você tem uma simulação em curso. Ela é saliente e barulhenta; todo o resto fica escurecido. A informação sensorial torna-se degradada e inconsistente; esse efeito fica ainda pior quando estamos lidando com estresse, ameaça, mau humor ou fadiga. Quando você está envolvido profundamente em uma simulação ("absorto nos pensamentos"), alguém pode chamar seu nome, e você não ouvirá. Até a reação ao *toque* pode ficar entorpecida.

Nossas simulações são tão eficazes, que ficamos imersos e *fundidos nelas*, e somos *persuadidos por elas*. Estudos sobre o impacto da publicidade mostram que a *vivacidade* é o que chama a atenção das pessoas e as convence a comprar.[5] Com as simulações, criamos nosso próprio conteúdo persuasivo. Tão persuasivo, na realidade, que nosso corpo responde fisicamente: quando apresentados a uma imagem de uma fatia de bolo, a boca se encherá de água; mostre a um fumante uma foto de um cigarro, e ele sentirá uma vontade intensa de fumar. Com uma lembrança ou simulação estressante, experimentamos a liberação de cortisol, um hormônio do estresse. Nossa mente e nosso corpo começam a acreditar que estamos realmente vivenciando o evento simulado.

E por fim: *simulamos o tempo todo*.

Está sempre acontecendo uma simulação

Até agora, tenho falado de simulação como algo que fazemos de propósito para o planejamento e a tomada de decisão ativa. Na verdade, simulamos o tempo todo.

Você se lembra daqueles 50% do tempo em que está divagando? Como discutimos, quando sua mente vagueia, sua *rede de modo padrão* fica ativada. O modo padrão está maciçamente envolvido na simulação: sua atenção e sua memória de trabalho são mobilizadas no interior, e você começa a simular versões da realidade, projetando-se no passado ou no futuro, ou mesmo na mente e na vida de outras pessoas. Na maior parte do tempo em que sua mente está divagando, você está *simulando*.

Fiquei impressionada com uma citação recente que li do ator Jim Carrey: "Nossos olhos não são apenas espectadores,[6] mas projetores que estão executando uma segunda história sobre a imagem que vemos na nossa frente o tempo todo".

Não sei se ele já assistiu a uma aula básica de neurociência, mas digo o seguinte: ele acertou em cheio. E aí está o problema. Nossas simulações acontecem mesmo quando não escolhemos ativamente nos envolver nelas. Elas podem restringir nosso processamento de informação de maneiras confusas e inúteis, afetar nosso bem-estar, prejudicar nosso julgamento e dificultar nossa tomada de decisão.

Essa simulação incessante que fazemos (em grande medida por padrão) logo se torna um problema quando:

1. ***Você está simulando "kriptonita"***. Se você estiver se transportando para um cenário triste, negativo, ameaçador ou estressante (relembrado ou imaginado), ela vai reivindicar sua largura de banda da memória de trabalho e da atenção, torná-lo mais propenso a erros e derrubar seu humor. Simulações repetidas desse tipo, chamadas de *pensamento repetitivo mal-adaptativo*,[7] são consideradas uma "vulnerabilidade transdiagnóstica", o que significa que elas são um traço distintivo de muitos transtornos clínicos graves, incluindo depressão, ansiedade, e TEPT.

2. **Sua simulação faz com que você tome decisões que não se alinham com seus objetivos de longo prazo ou senso de civilidade.** Você come o pedaço de bolo mesmo tendo prometido mudar seus hábitos alimentares. Você fuma o cigarro quando quer desesperadamente parar. Você envia uma mensagem de texto desagradável acusando e difamando alguém sem conhecer todos os detalhes. Você estoca papel higiênico e fura fila durante uma pandemia global. Todos esses comportamentos podem advir de simulações de sua mente, obrigando-o a agir.

3. **Suas simulações levam você a um modelo mental totalmente errado... fazendo com que seu curso de ação seja distorcido.** Lembre-se: simulações *restringem a percepção*. Elas enfraquecem as informações que não se alinham. Elas, literalmente, tornam o que não é compatível com seu cenário imaginado mais *difícil de ver, ouvir e sentir*. Isso significa que, se sua simulação estiver equivocada, o mesmo acontecerá com seu pensamento, suas decisões e suas *ações*.

Quando a história está errada

Eu e minha família viajamos há pouco tempo para a casa da minha mãe para comemorar um aniversário marcante com ela. No dia da sua grande festa, a casa estava cheia de amigos de longa data da família, a maioria mulheres e homens indianos em torno dos sessenta e setenta anos. À medida que a festa avançava, eu e minha irmã corríamos para repor as travessas de comida e servir as bebidas. Quando chegou a hora de servir o bolo, fiquei perdida — minha filha desapareceu e minha irmã estava ocupada, cortando e empratando o bolo, enquanto eu corria como uma louca, para frente e para trás, com dois pratos, tentando servir todos os convidados. Finalmente, senti uma mão no braço. Meu marido, Michael, estava lá com nosso filho e meu sobrinho.

— Podemos ajudar? — perguntou ele, parecendo um pouco perplexo por eu ainda não ter pedido.

Fiquei assustada e logo me senti uma tola: *é claro* que eles poderiam ajudar! Eles estavam sentados bem ali, na minha frente, o tempo todo. Pedi a cada um que pegasse alguns pratos, e, em poucos minutos, todos na sala estavam com um pedaço de bolo na mão.

Por que não pensei em pedir a eles? Refleti sobre isso mais tarde, incomodada por minha incapacidade no momento de ver os homens na sala como ajudantes. Por que pensei apenas em minha filha e irmã como "garçonetes"?

Porque os homens não servem comida nas casas indianas!

Fiquei chocada com o sexismo em meu próprio modelo mental. Contudo, eu não poderia negar que minha atenção foi preconceituosa, inteiramente baseada no gênero. Minha lanterna estava apenas procurando mulheres que pudessem me ajudar. Foi como se os homens tivessem sido apagados do meu campo de visão. Minhas ações, então, também foram tendenciosas — sem mulheres à vista, senti-me obrigada a servir o bolo sozinha. Foi preciso a pergunta gentil de Michael para que eu saísse de minha própria história. Com aquilo que me cegava tendo desaparecido subitamente, minha atenção se ampliou para ver com mais facilidade opções adicionais de como lidar com a situação.

Como mulher nas ciências, estou bastante a par das maneiras casuais e constantes pelas quais preconceitos despercebidos podem se manifestar, todos os dias. Não é incomum para mim receber um e-mail endereçado ao "Senhor" ou atender ao telefone do meu escritório e me perguntarem "O dr. Jha está disponível? Quando ele estará aí?". Ainda ouço parentes mais velhos dizerem que "o médico era mulher" quando vão a uma consulta.

Ao refletir sobre meus preconceitos, quero gritar: "Mas eu não sou sexista!". No entanto, aqui está a realidade: nossos modelos mentais dependem de nossas lembranças e nosso conhecimento para serem abastecidos. Então, se o sexismo existe no mundo, ele existe na minha experiência vivida do mundo. E isso significa que também existe nos traços de memória dessa experiência vivida em meu cérebro. Aceitar isso me libera de uma maneira útil. Eu posso procurar influências sexistas em meus próprios modelos mentais. E quando as vir, sabendo que irão influenciar minha atenção *e* meu comportamento, poderei intervir. Posso construir um modelo novo e mais bem informado.

No entanto, quando não temos *consciência* dos modelos mentais que nos guiam, podemos não ser capazes de nos afastar deles. As decisões que tomamos e as ações que fazemos, embora talvez sensatas de acordo com nosso modelo, podem ser, na realidade, inapropriadas e ter consequências para nós mesmos, assim como para os outros. A ciência do preconceito e da atenção tem implicações claras para o treinamento de policiais e socorristas, médicos, professores, advogados e juízes... Bem, para todos nós. Todos temos uma esfera de influência no mundo. E todos temos preconceitos profundamente arraigados que podem aparecer em modelos mentais, o que significa que temos a responsabilidade de sermos mais conscientes acerca dos modelos mentais que cada um de nós possui.

Um modelo mental com falhas pode nos afetar de várias maneiras — *preconceito* é uma das principais, mas, sempre que simulamos um determinado resultado e não conseguimos descartá-lo, podemos sofrer por sua causa. Se você vai conversar com alguém esperando que seja conflituoso, esse modelo mental pode garantir que você se concentre seletivamente nos aspectos da interação que reforcem essa história e escurecer a informação concorrente que poderia ter oferecido um caminho melhor.

Como os modelos mentais são feitos de fragmentos de nosso conhecimento e experiência, juntamente com nossas observações do momento, eles podem ser *restringidos* de maneiras que acabem sendo limitantes em vez de úteis. Fazer previsões com base em sua experiência passada pode permitir que você planeje e se prepare. No entanto, nem sempre as coisas acontecem do mesmo jeito que no passado ou da forma que você achou que aconteceriam de acordo com as informações que recebeu, como aqueles soldados subindo a montanha no Afeganistão que receberam informações erradas. Naquele dia, depois que a poeira baixou (literal e metaforicamente), Walt Piatt foi convidado a ir à barraca dos líderes do povoado para se sentar com os anciãos e compartilhar um pouco do *chai* quente que estavam servindo. O intérprete do Exército não falava o dialeto local, mas eles conseguiram se comunicar de algumas maneiras básicas. Enquanto bebia o líquido quente, Piatt olhou, ao redor da barraca escura, para todas as pessoas que teriam perdido a vida se alguém de sua equipe não tivesse conseguido "descartar a história" e deixado entrar a informação contraditória: *o homem não estava carregando uma arma*. Se eles tivessem destruído o acampamento por engano, talvez nunca viessem a perceber seu erro. Eles poderiam ter seguido em frente, acreditando na história de que bombardearam com sucesso um acampamento do Talibã e cumpriram sua missão.

Conteúdo imperfeito, incompleto e com nuances é muitas vezes a matéria-prima que alimenta nossas simulações, tanto da memória de longo prazo como do mundo à nossa volta, e a ciência do cérebro atual sugere que temos pouca ou nenhuma consciência disso.[8] Esse é o conteúdo que sustenta as simulações das histórias que criamos. Então, o que fazer a esse respeito? Como usar nossos incríveis poderes de realidade virtual para imaginar, planejar e criar estratégias sem sermos limitados e restringidos?

Como *podemos* "descartar a história"?

Torne sua mente imparcial

Você praticou o *Encontre sua lanterna*. Esse exercício consiste em identificar para onde o sistema de orientação atencional do seu cérebro está direcionando seu "feixe" e, em seguida, orientá-lo para onde você quiser. Você praticou o *Observe seu quadro branco*, percebendo o que está ocupando sua memória de trabalho, e o *Rotulação de conteúdo*, que o ajuda a "categorizar" esse conteúdo mental e a deixar de se perder nele.

As habilidades específicas que você vem praticando já o estão configurando para "descartar a história". E manter a atenção em um "modo atento" — isto é, no momento presente, *sem elaboração conceitual* — aumenta a *consciência situacional*: a capacidade de observar e ver claramente o que está acontecendo em qualquer situação em que você estiver. Você não está fazendo elaborações sobre o que vê, pensa ou sente. Você não está analisando ou extrapolando pensamentos ou sentimentos. Você não está pegando o que acontece num momento e desenvolvendo para o futuro, imaginando o que pode vir a seguir, ou conectando-se a situações semelhantes que encontrou no passado, esperando que elas sejam as mesmas. Nesse modo atento, você *não* tenta prever, nem criar estratégias nem analisar — você apenas observa, mas de forma atenta.

Você não está simulando.

Você deve ter notado que existem muitos livros, aplicativos, workshops e programas inteiros no mundo que tratam da atenção plena. Eles descrevem um "modo atento" como tendo qualidades específicas, muitas das quais começam com "não" — não elaborativo, não crítico, não narrativo. Por muitos anos, eu me perguntei como essas qualidades andavam juntas. Mas, quando observamos o que é necessário para ter simulações vivas e ricas, vemos que elas combinam. O modo de simulação requer a atividade no modo padrão. Enquanto isso, a atenção plena reduz a atividade no modo padrão.

Resumindo: a atenção plena torna-se um "antídoto" contra a simulação implacável.

Olhando para a tabela a seguir, você pode se perguntar: por que eu quero estar na coluna da esquerda? A coluna da direita parece muito mais divertida!

Minha resposta: não é que você queira viver a vida inteira no "eterno agora" — não é o que estou defendendo. Mas treinar a mente para ser capaz de mudar do modo de simulação, altamente predominante, para um modo atento é uma rede de segurança necessária — porque sua mente é muito propensa a fazer tudo o que está listado na coluna da direita.

Modo atento x Modo de simulação

Atenção plena é...	Simulação é...
Centrada no presente (*este* momento)	Focada no passado e no futuro (viagem no tempo mental)
Experiência direta (não imaginária)	Imaginária, lembrada, hipotética ou se projetando na experiência de outra pessoa
Corporificada, sensorial	Conceitual
Curiosa; sem expectativas	Planejar, esperar, antecipar
Não elaborativa (não associativa ou sem "hiperlinks")	Elaborativa, associativa, conceitualmente rica
Não narrativa (sem história)	Narrativa (história forte)
Não avaliativa; não crítica (sem avaliação de bom ou mau nem de outros rótulos)	Avaliação emocional (positivo ou negativo; recompensador ou não recompensador)

Sem intervenção, vivemos a vida quase toda no modo de simulação. Vamos para ele de forma automática — fazemos isso constantemente, sem esforço e, muitas vezes, sem querer. É muito difícil para nós não simular, não elaborar, não criar, e é exatamente por isso que precisamos treinar para essa capacidade. Precisamos conseguir mudar de um modo de simulação para um modo atento para que possamos abrir os olhos e ver o que está realmente ao nosso redor, em vez da realidade virtual que criamos. Essa capacidade está se tornando cada vez mais essencial à medida que o mundo fica mais imprevisível. Nos últimos anos, enfrentamos desafios sem precedentes, de pandemias à política e muito mais, e o futuro reserva mais incerteza. Não podemos atravessar isso tudo vivendo no modo de simulação. Para sermos resilientes e capazes, preservarmos nossos poderes cognitivos e de atenção, temos de conseguir acessar o modo atento.

As duas colunas da tabela o levarão a um modelo mental distinto, e ambos têm sua utilidade. A diferença é que o modelo mental a que você chega usando o modo atento, em vez do modo de simulação, tem uma possibilidade muito maior de ser imparcial.

Em última análise, porém, o objetivo não é depender apenas de um único modo o tempo todo. Os dois modos são valiosos. Podemos reunir informações fundamentais de ambos. O objetivo é conseguirmos mudar para um modo atento quando necessário. Precisamos ser capazes de alternar — descartar a história, ao menos por alguns minutos, a fim de criar modelos mentais que sejam as representações mais precisas da situação que estamos vivendo. Se pudermos treinar para mudarmos de forma mais rápida e efetiva para um modo atento, essa pequena pausa do modo de simulação nos permitirá, então, voltar a ele sabendo qual é a melhor possibilidade entre as muitas que podemos escolher. Então aqui está uma "cola" da mente no auge sobre como usar algumas das habilidades que você já praticou... mais uma nova.

1. **Saiba que você terá uma história**. Não importa a situação, você chegará a ela com algum tipo de expectativa. Uma história, um plano, uma estrutura, um modelo mental. O primeiro passo é ter consciência disso e percebê-lo sempre que puder. Perguntar a si mesmo "Que história eu tenho sobre isso?" é um bom hábito a se cultivar.

2. ***Permaneça no "play"***. Você já aprendeu isso — agora já deveria ser um profissional no assunto! Brincadeirinha — isso requer *prática*. Mas a questão é que as habilidades nas quais você já está trabalhando vão ajudá-lo aqui também. Quanto mais você permanecer no play e evitar que sua mente salte para o modo de previsão, ou o modo reviver, mais ágil você estará quando for o momento de descartar uma história e seguir. Só porque você esteve numa situação passada que tem 80% em comum com sua situação atual não é uma boa razão para descartar os 20% de novas informações.

3. ***Lembre-se: pensamentos não são fatos*****!** Quando traçamos histórias em nossa mente, elas ficam essencialmente "entalhadas". Isso acontece muito quando ruminamos ou "ficamos em um ciclo" — estamos reificando uma história. Na maioria das situações, considere que qualquer pensamento, previsão ou outra simulação que você tenha é apenas uma de muitas possibilidades — não um fato imutável. A maneira de fazer isso é colocando alguma distância entre você e o conteúdo em curso de sua mente.

Tomando distância

Na psicologia, assim como na prática da atenção plena, chamamos "descentramento" essa prática de *sair* de suas simulações e modelos mentais.[9] O descentramento enfatiza a visão de que o "eu" experiencial não está no centro. De uma perspectiva descentrada, é mais fácil determinar o quanto nossas simulações representam a realidade. Elas são apenas uma suposição — um dos muitos modelos mentais possíveis. Quando você consegue sair de um modo restritivo de pensar, é capaz de reconhecer uma história que não lhe serve mais e pode descartá-la de forma rápida e flexível em vez de ficar preso a ela.

Nos primeiros meses da crise da covid-19 nos Estados Unidos, em 2020, realizamos um estudo oferecendo treinamento de atenção plena para adultos mais velhos[10] — um grupo de risco durante a pandemia — com o intuito de ajudá-los a gerenciar o medo, o estresse e a solidão. No estudo, queríamos saber se as pessoas consideravam perturbadores seus pensamentos e preocupações com a pandemia e, em caso afirmativo, em que nível.

Para responder a isso, usamos uma "escala de intrusão da covid". Perguntamos aos participantes — 52 indivíduos entre 60 e 85 anos — quantas vezes eles se viam pensando na covid e, quando o faziam, até que ponto esses pensamentos eram angustiantes. Seus pensamentos surgiam do nada? Eram indesejados? Também fizemos perguntas sobre seu humor, o nível de estresse e sua *capacidade de descentrar*, o que significa que investigamos suas habilidades de *ver pensamentos e sentimentos como separados deles mesmos*. Eles se distanciavam de pensamentos indesejados ou intrusivos de forma natural e automática? Ou estavam muito identificados (fundidos) com eles? Tinham capacidade de "se sentar com" sentimentos desagradáveis e deixá-los desaparecer, ou eram arrastados para um ciclo ruminativo?

Descobrimos que aqueles com pontuações de descentramento *mais altas* relataram menos pensamentos intrusivos, melhor humor, sono mais profundo, menos solidão e maior bem-estar. Sua capacidade de se distanciar de seu conteúdo mental — para observar suas reações aos eventos e suas histórias internas como conteúdo mental que surge e desaparece — foi benéfica para eles em todas essas formas importantes.

Quando esses dados foram coletados, os participantes não tiveram nenhuma orientação nossa — não lhes demos nenhum tipo de instrução ou aula de atenção plena. Simplesmente avaliamos as tendências mentais com as quais eles chegaram. Mas muitos outros estudos que ofereceram aos participantes instruções específicas sobre como descentrar encontraram os mesmos e outros efeitos benéficos.[11]

Em um estudo, pesquisadores incitaram as pessoas a recuperarem lembranças negativas do passado[12] — eventos vividos dos quais pudessem se recordar vivamente. Cada lembrança recebeu uma palavra-chave. (Se a lembrança negativa estivesse relacionada à intimidação na escola, a palavra-chave poderia ser "intimidador".) Então, durante uma sessão de ressonância magnética funcional, foram mostrados a cada participante pares de palavras enquanto os pesquisadores monitoravam sua atividade cerebral. Uma era a palavra-chave (*intimidador*) e a outra tinha a *postura cognitiva* que os participantes deveriam assumir em relação à lembrança:

1. **Reexperimente**: simule o evento mergulhando na lembrança. Reviva-o como se estivesse vendo com os próprios olhos; revisite os pensamentos e sentimentos que você teve na época.
2. **Analise**: lembre-se do evento e pense em todas as razões possíveis para ter se sentido como se sentiu.
3. **Descentre**: tenha uma visão distanciada e de observação. Veja a lembrança se desenrolar como se você a estivesse assistindo na "plateia". Aceite quaisquer sentimentos associados à lembrança, deixando-os surgir e desaparecer.

Após cada par de palavras, os participantes avaliavam a intensidade de seu humor negativo em uma escala de um (nada) a cinco (muito negativo). Como era previsto, eles se sentiram mais negativos após a instrução de *reexperimentar*, seguida pela de *analisar*, e menos negativos após *descentrar*, a que mais protegeu seu humor. Mas, curiosamente, seus relatos também corresponderam aos resultados da IRMF, em especial à *quantidade de atividade no modo padrão*.

O estudo mostrou que o descentramento *reduziu* a atividade da rede de modo padrão — a rede mais envolvida na divagação mental e na simulação — e revelou como a forma segundo a qual nos relacionamos com nossas lembranças tem um impacto poderoso sobre nosso humor. A interpretação dos achados de imagem do cérebro foi que as pessoas apresentaram a menor quantidade de atividade no modo padrão e de humor negativo durante o descentramento porque não estavam se transportando de volta no tempo para a lembrança negativa. *Elas não estavam simulando.*

Enfraquecendo o "atraidor" de simulações

Já me perguntaram por que não dou ênfase à "redução do estresse" quando discuto o tema da atenção plena. Minha resposta? Eu estudo a atenção, e o treinamento de atenção plena entrou na pesquisa do meu laboratório devido à nossa busca por ferramentas de treinamento cognitivo eficazes para melhorar a atenção. O interesse principal da maioria dos grupos que abordamos não é reduzir o estresse — esse não é o objetivo deles. Em vez disso, seu objetivo, como o nosso, é fortalecer a atenção e otimizar o desempenho a ela relacionado. O melhor, porém, é que o treinamento de atenção plena faz os dois: reduz o estresse *e* melhora a atenção. E ser capaz de enfraquecer os atraidores de simulações por meio do *descentramento* é a chave para alcançar esses dois benefícios.

Alguns exercícios de atenção plena enfatizam *prestar atenção voluntariamente, perceber a divagação da mente e redirecioná-la conforme necessário* (como a prática *Encontre sua lanterna*), enquanto outros visam a *capacidade de descentrar* (você aprenderá essa prática mais à frente). Com maior controle da lanterna e a consciência do lugar para onde ela está direcionada, podemos pegar nossa divagação mental com mais frequência e pôr a atenção de volta nos trilhos. E, com maior descentramento, podemos diminuir a grande influência que os episódios de divagação exercem sobre nós, em especial aqueles que estão repletos de poderosas simulações carregadas de negatividade e preocupação. Esses não apenas nos atraem, mas também nos *prendem*. Captam nossa atenção e a mantêm lá em um ciclo, como na ruminação.

O descentramento é uma técnica poderosa porque enfraquece a influência que episódios de divagação mental podem ter sobre nossa atenção. Você é capaz de "descartar a história" quando ela não está servindo mais ou quando está causando angústia. Ao desprender a atenção dessa maneira, o descentramento leva à redução do estresse e até mesmo à redução dos sintomas de transtornos como ansiedade e depressão.[13]

Descentramento sob demanda

Ao longo dos anos, tive a oportunidade de proferir muitas palestras. Mas, quando recebi o pedido para ir falar no Pentágono, fiquei... um pouco intimidada.

Preparei-me meticulosamente, trabalhando em meus slides com antecedência. Certifiquei-me de que tinha incorporado à apresentação os mais recentes conhecimentos da área e a ajustei para fluir bem de slide para slide. Eu estava pronta. Arrumei meu laptop com a apresentação carregada e preparada — com cópias de tudo caso necessário — e viajei para Washington na noite anterior à palestra. Cheguei, jantei bem e estava me preparando para deitar para estar descansada e pronta na manhã seguinte. Mas, quando abri o laptop para rapidamente dar uma olhada no e-mail e verificar se não havia nada urgente do laboratório, uma mensagem chamou minha atenção. Era de um colega, um coronel e professor da Escola de Guerra do Exército. No dia anterior, eu lhe enviara os slides da apresentação perguntando se ele teria alguma ideia ou conselho em como melhorá-la para um público de líderes militares estratégicos. Imaginei que, se ele tivesse um tempinho para dar uma olhada (devido à sua agenda lotada de professor), poderia oferecer alguns pequenos ajustes. Mas, quando abri o e-mail, senti um frio na barriga — ele havia mostrado a apresentação para um grupo focal de seus alunos, e tinha notas extensas em quase todos os slides.

As sugestões eram muitas: "Corte aqui, desenvolva ali, não gostaram disso, nem disso...". Minha mente deu voltas tentando resolver como eu poderia fazer todas aquelas mudanças tão em cima da hora. Fiquei grata por seu retorno, pelo tempo gasto e pela consideração, mas, com tão pouco tempo, também me senti oprimida e preocupada. Eu conseguia sentir a onda de pensamentos inúteis e muito negativos enchendo minha mente. "Eu nunca vou conseguir fazer isso. Vou falhar!"

Fechei o laptop e decidi tirar cinco minutos para fazer uma miniprática. Eu sabia que o que precisava fazer era tirar o close e obter uma visão panorâmica da situação. Como sempre, comecei encontrando minha respiração. Em seguida, fiz o seguinte:

Prática sob demanda: "visão panorâmica"

1. **Obtenha os dados**. Observe a si mesmo e a situação a distância. Obtenha os dados brutos do que você está vivenciando, não uma análise da situação.
2. **Substitua**. Observe seu diálogo interior e distancie-se dele. Isso ajuda a substituir as declarações feitas como "eu" por "você" ou seu nome. Melhor ainda, apenas observe o que está surgindo: *Amishi acha que não dá conta disso. Ela tem medo de que sua palestra não corra bem.*

3. ***Lembre-se de que os pensamentos vêm e vão***. Enquanto os pensamentos borbulham, lembre-se de que eles são meras construções em sua mente; eles aparecerão e desaparecerão. Eu imaginei cada pensamento como uma bolha, flutuando para longe no céu.

Foram apenas cinco minutos. Mas aquela miniprática permitiu que eu me *dissociasse da* história que tinha começado a narrar, cheia de preocupações e dúvidas. Eu assistia a distância ao que estava no meu quadro branco. Percebi pensamentos, sentimentos e sensações corporais surgindo e desaparecendo sem ser tomada por eles. Descartei a história rapidamente e parei de esboçar os piores cenários possíveis. E me ver "na terceira pessoa" me fez querer encorajar a Amishi ao invés de derrubá-la. Eu queria dar apoio a mim mesma, como daria a um bom amigo. No final da miniprática, senti-me com mais clareza e menos reativa. Descentrar dessa forma, por apenas alguns minutos, permitiu que eu me reconectasse com minha intenção: dar ao meu público uma experiência de aprendizagem bem-sucedida.

E, para isso, eu precisava chegar até ele, que era exatamente o que o retorno do meu colega me ajudaria a fazer. Voltei para a apresentação, curiosa com suas sugestões em vez de intimidada e oprimida. Ao abrir o arquivo da apresentação, pensei: "Neste arquivo há orientações úteis para me ajudar a instruir e informar meu público. Vamos ver o que posso aprender e aplicar no tempo que tenho".

No dia seguinte à apresentação, recebi uma mensagem do colega que fornecera o retorno sobre os slides. Ele assistira à transmissão ao vivo da minha palestra. Ele disse: "Você arrasou!".

"Não acredite em tudo o que você pensa"

Muitas pessoas com quem trabalho têm uma resistência inicial à ideia de "descartar a história". Elas vivem em mundos nos quais planejar, criar estratégias, visualizar e imaginar os próximos passos é absolutamente essencial para o sucesso. Após aquela apresentação no Pentágono, na qual discuti os achados de uma pesquisa, desenvolvida por minha equipe, sobre a oferta de um programa chamado *Mindfulness-Based Attention Training* [Treinamento da atenção com base na atenção plena], conhecido pela sigla em inglês MBAT,[14] para forças de operações convencionais e especiais do Exército dos Estados Unidos, houve uma curta sessão de perguntas e respostas com o público. Quando começou, o tenente-general reformado Eric Schoomaker, 42º cirurgião geral do Exército, foi o primeiro a levantar a mão.

— Por que você está nos dizendo para não nos envolvermos em narrativas? — perguntou ele. — Nós precisamos construir histórias para estarmos preparados para o futuro.

— Com certeza — respondi. — E não há nada na prática da atenção plena que nos instrua a não construir histórias. Apenas devemos estar cientes, em qualquer circunstância, de que estamos construindo uma história. E devemos estar cientes de que qualquer história que nós tenhamos, em qualquer momento, é apenas um dos muitos resultados ou interpretações possíveis. Não é a única e pode não estar correta.

Transmiti a ele o que transmito a muitos que fazem perguntas semelhantes: "Não acredite em tudo o que você pensa".

Você pode desenvolver a consciência sobre quais simulações ou elaborações estão ocupando sua memória de trabalho sem sacrificar o poder de decisão e a ação. Na verdade, ter essa consciência melhora essas habilidades, dando-lhe a flexibilidade não apenas de reformular uma situação, como também de a *"desformular"* com base nos dados brutos que surgem.

"Descartar a história"

Descartar a história NÃO é...	Descartar a história É...
Fazer previsões sobre si mesmo.	Reorientar-se para o momento presente com agilidade.
Hesitar.	Observar o que *realmente* está acontecendo.
Estar indeciso.	Responder com flexibilidade.

Voltando a uma questão importante que discutimos antes: a prática da atenção plena pode combater os fortes preconceitos que todos carregamos com base no mundo em que fomos criados?

A melhor resposta que posso dar agora é: *talvez*. Estão sendo conduzidas pesquisas para verificar se a prática da atenção plena pode ou não ajudar a reduzir preconceitos implícitos — isso pode ter enormes implicações para todos nós e para nossas instituições, por exemplo, o sistema de Justiça. O cenário é promissor, mas ainda não temos os dados. O que temos examinado é a interseção da atenção plena e o comportamento discriminatório. Estudos estão revelando que o treinamento de atenção plena pode de fato ajudar as pessoas a *agirem* de forma menos tendenciosa,[15] talvez porque estejam mais conscientes dos modelos mentais que possuem e sejam mais capazes de descartar a história.

OBSERVANDO A MENTE

Um grupo de psicólogos veio ao laboratório para discutir a incorporação da prática da atenção plena a seu próprio treinamento. Eles não eram psicólogos comuns — eram psicólogos operacionais que atuam junto com os militares dos Estados Unidos, o que significa que fornecem apoio à missão de unidades destacadas e ficam, por vezes, integrados a essas unidades. Uma de suas responsabilidades é dar apoio aos militares que passam longos turnos de doze horas assistindo a filmagens com drones. Os psicólogos queriam saber o que poderiam fazer para ajudar os militares que desempenham essa função.

Para responder melhor a essa pergunta, eu precisava primeiro de uma resposta para uma de minhas próprias questões: quando esses militares estão assistindo a filmagens com drones por uma dúzia de horas seguidas, qual é o propósito dessa observação? Por que eles fazem isso?

A resposta: "Eles são uma parte fundamental da 'corrente da morte'".

Foi uma afirmação surpreendente. Percebi logo o significado: eles eram encarregados de localizar alvos e retransmitir essa informação para a cadeia de comando. Mesmo com todo o trabalho que eu fizera com os militares, isso me fez parar para pensar. É fácil supor que as pessoas no comando são as que exercem a maior parte do poder e carregam o maior peso de responsabilidade em relação às decisões que são tomadas e às ações realizadas por nossos militares. Mas cada pessoa em nossas Forças Armadas carrega o peso das decisões que toma. Isso me faz lembrar por que realizo este trabalho — para ajudá-las a tomar as que forem corretas. Em uma situação como essa, é absolutamente crucial que essas pessoas estejam cientes do tipo de preconceitos que levam para o trabalho. Esse é o lugar onde a história que você tem vai influenciar o que você vê — se você acha que alguém é um terrorista, e não um civil, cada ação que você observa será interpretada por essa lente. Os psicólogos operacionais relataram que, para esses operadores de drones, era muito difícil manter a flexibilidade e a resiliência mental por turnos tão longos. Sua capacidade de fazê-lo ficava comprometida pela quantidade de tempo que passavam lá e pelo nível de cansaço. Enquanto isso, a vida de alguém está nas mãos deles.

O que é tão interessante nesse grupo de pessoas é que elas têm uma perspectiva panorâmica o tempo todo. Elas veem a paisagem embaixo por essa perspectiva distante. Mas isso automaticamente lhes oferece uma visão clara? Apenas se elas estiverem cientes não apenas do que estão vendo embaixo delas, mas também de seu próprio modelo mental.

A maioria de nós, claro, não opera drones militares. Ainda assim, precisamos ser capazes de vigiar nossa mente. As histórias que inventamos acerca das intenções e das motivações de outras pessoas podem causar muitos danos. Podem acabar com uma amizade. Podem causar divisões políticas. Podem até começar guerras.

Isso deixa evidente a característica mais importante de se ir para a perspectiva distanciada: o mais importante a se incluir no alcance de sua visão é a *sua própria mente*.

Uma coisa é praticar o descentramento em sua prática formal; ser capaz de fazê-lo em sua vida, e sob circunstâncias difíceis, requer usar a atenção de uma maneira completamente diferente. Para intervir em seus processos cognitivos quando eles saem dos trilhos, você tem que perceber que precisa dessa intervenção. Em outras palavras: o primeiro passo fundamental para *descartar a história* é saber que você *tem* uma. E essa é uma das habilidades atencionais mais desafiadoras para se construir.

8
Vá com tudo

Líderes de todas as áreas, em geral, pensam que, para serem bem-sucedidos, precisam usar sua atenção de maneiras específicas: sendo multitarefa. Planejando constantemente. Tendo uma mentalidade orientada para o futuro. Simulando resultados para traçar estratégias e preparar.

Eles também tendem a acreditar que devem ser insensíveis, desconectados ou impassíveis — em particular, nas comunidades militares, de socorristas e de negócios. Há pouco tempo, apresentei o treinamento de atenção plena para um grupo de líderes de uma grande empresa de tecnologia e lhes mostrei por que essa prática é fundamental para eles como líderes e inovadores de um setor altamente competitivo. Também lhes disse que as ideias comuns sobre o que são uma liderança forte e um pensamento estratégico claro estão erradas. Em vez disso:

Para fazer mais, seja monotarefa, não multitarefa. A troca de tarefas torna você mais lento.

Para planejar melhor o futuro, não simule apenas cenários possíveis — observe e esteja no momento presente para coletar dados melhores.

Para liderar bem, torne-se mais consciente das emoções dos outros e das suas.

Para seguir qualquer uma das orientações anteriores, você precisa estar por completo no aqui e agora. Você precisa observar. Você precisa estar ciente do que está acontecendo *agora* — ao seu redor, em seu ambiente externo, e dentro de sua mente, em seu *ambiente interno*, que é tão dinâmico, distraidor e rico em informações quanto o mundo à sua volta.

Estamos acostumados a viver no modo de ação: *pensar e fazer*.

O treinamento de atenção plena abre um novo modo: *perceber, observar e ser*.

Essa postura observacional é um elixir que permite fazer tudo melhor: realizar tarefas. Planejar. Criar estratégias. Liderar. Inovar. Conectar. Tudo a partir da capacidade de acessar plenamente o momento presente e saber, a cada instante, o que está acontecendo *em sua mente*.

Engolido

Quando um incêndio começa na região selvagem da Austrália, ele pode se espalhar rapidamente, dizimando a vida selvagem e dirigindo-se para os centros populacionais. Ele precisa ser contido antes que fique fora de controle. Mas a maior parte do mato australiano é difícil de alcançar, inacessível por estrada ou qualquer outra forma de rota terrestre. Bombeiros especializados têm de ser enviados por helicóptero e descerem de rapel direto na área do incêndio. Essas equipes de rapel pousam bem no meio de uma situação dinâmica, perigosa e em rápida mudança. A descrição de cargo para funções como essa — como "bombeiro paraquedista" nos Estados Unidos — em geral especifica que o indivíduo não apenas tem de estar em excelente condição física, mas também *possuir um alto grau de estabilidade emocional e de alerta mental*.

Steven, um desses bombeiros que descem de rapel de um helicóptero, veio da Austrália para visitar meu laboratório em busca de ajuda devido a um incidente recente. Ele e seus companheiros de equipe foram enviados para um território particularmente desafiador no mato australiano com o intuito de conter um incêndio que ameaçava sair de controle. Eles desceram carregados de equipamento pesado — cada um levava um kit pessoal com ferramentas manuais, como ancinhos e pás, e material de combate a incêndios — e logo se espalharam, cada um ocupando um setor; um helicóptero de apoio logo chegaria para largar espuma ou água no ar. Steven começou a atuar em uma área do incêndio bem na sua frente. Ele estava muito focado e era meticuloso em sua metodologia. Então, ele ouviu um som inconfundível atrás de si, um rugido como o vácuo mais alto, o som do ar sendo sugado — o som do fogo tomando conta. Steven estava sendo engolido por uma parede de fogo que se aproximava por trás dele.

Equipes de rapel que combatem incêndios — assim como socorristas, pilotos, equipes de saúde, militares, juízes, advogados e uma ampla gama de líderes em diversas áreas — costumam ser muito bem treinadas em consciência situacional. O treinamento de consciência situacional nessas profissões em geral assume a forma de um modelo de tomada de decisão — uma maneira de garantir que as escolhas que você faz em circunstâncias de rápida mudança sejam baseadas em suas observações em tempo real e no momento presente, bem como em seu conhecimento e sua experiência, estando, claro, a serviço de seu objetivo. O objetivo de Steven era *controlar o fogo*, no qual ele estava trabalhando ativamente; sob pressão e cercado por distratores salientes, ele tinha um foco apurado. Sua atenção estava fortemente voltada para o fogo que ele lutava para controlar. E seu treinamento envolvera a simulação e a prática desse *exato* cenário. Mas, naquele momento, algo essencial estava faltando.

No capítulo anterior, vimos como usamos *simulações* para chegar a um modelo mental. *Percebemos, processamos, prevemos*; isso nos permite *decidir, agir, comunicar*. Essas etapas não costumam ser lineares, mas dinâmicas e interativas: as simulações criam modelos mentais que levam a decisões,[1] as quais influenciam a simulação seguinte, e assim por diante. Esse não é um processo estático, mas sim mutável, fluido e em constante desdobramento. *Descartar a história*, então, não é uma ação única, mas *um processo contínuo*, que exige que você tome consciência, cada vez mais, do que está acontecendo, não apenas ao seu redor, mas também *dentro de sua mente*.

Steven ficou tão focado em apagar aquele fogo menor bem na sua frente, que parou de monitorar o incêndio maior. Em psicologia cognitiva, chamamos isso de *negligência de metas*:[2] uma falha na execução das demandas de uma tarefa específica, embora você se lembre das instruções. Ele *sabia* que sua missão maior era monitorar uma situação imprevisível que poderia se desenrolar de várias maneiras, mas mesmo assim ele ficou excessivamente focado e perdeu a noção do objetivo principal.

Obviamente, Steven viveu para contar a história — ele conseguiu sair do perigo. No entanto, a situação da qual ele escapou por pouco permaneceu com ele. Steven começou a usar a história para treinar novos bombeiros, para mostrar que, mesmo com uma preparação impecável, a consciência situacional deles ainda poderia estar incompleta. Ele agora diz a eles que consciência *situacional* não é suficiente. Vigiar a paisagem externa — mesmo que você o faça bem, plenamente e com sua atenção no momento presente — não é suficiente.

Para além da consciência situacional

Steven enfrentou um momento particularmente desafiador — uma situação de alta demanda que também exigia foco próximo. E, ainda assim, não é necessário descer de rapel no fogo literalmente para experimentar algo como a negligência de metas e sofrer por causa dela. Pense num momento em que você se desviou do caminho de um objetivo importante — e lembre-se de que os *objetivos* aparecem em nossa vida de maneiras diferentes. Poderíamos estar falando de algo no trabalho: você se concentra em um aspecto de um projeto e se desvia do resto, perdendo a visão de como ele se encaixa na missão maior de sua organização. Poderíamos até estar falando da criação de filhos.

Uma noite, minha filha, Sophie, frustrada, chamou-me para ir ao seu quarto. Ela estava com dificuldades em um problema de matemática. Pediu minha ajuda.

Entrei, sentei-me ao seu lado e dei uma olhada no problema. Comecei tentando fazê-la entender, perguntando: "Certo, me conte o que o problema está dizendo" e outras questões importantes. Mas eu também estava confusa — não conseguia lembrar direito como resolver aquele problema em particular. "Eu deveria saber isso!" Senti-me determinada. E, nos 45 minutos seguintes, trabalhei a todo vapor no problema, completamente motivada: "Eu vou dominar este problema de matemática. Eu vou arrasar com a matemática da sexta série!".

Funcionou: resolvi o problema! Olhei para cima triunfante, para ver Sophie recostada na cadeira, lendo um livro.

Epa!

Meu objetivo sempre foi criar filhos independentes e motivados, que resolvam seus problemas por conta própria. Quando me sentei ao lado da minha filha e comecei a lhe explicar o problema, essa era a minha missão. Logo me desviei, embora me *sentisse* focada e presente na tarefa.

Uma das razões pelas quais nos desviamos em momentos como esses é porque nos dá prazer. Você vê um objetivo menor que pode realizar — *apagar o fogo; resolver um problema* — e perde consciência de seu propósito maior: *controlar o desdobramento do incêndio; criar um pensador independente*. Resolver aquele problema matemático gerou muita satisfação em mim, mas, logo que olhei para cima, concluí: "Essa não é a melhor forma de usar minha energia com minha filha". Certamente uma boa conclusão, mas não seria melhor ter percebido isso mais cedo, *antes* de gastar quase uma hora na tarefa? *Antes* que a parede de fogo surgisse violentamente atrás de você?

Claro, queremos ser capazes de nos concentrar. Começamos este livro tratando dessa habilidade importante. Mas também precisamos ser capazes de sair do foco quando necessário — decidir de modo intencional como, quando e em que nos concentramos. Naquele momento eu estava *muito* focada — completamente imersa, na verdade. Se você entrasse naquele quarto, acharia que eu não tinha nenhum problema com atenção. O problema: não era o momento de estar muito focada. Perdi a noção disso e perdi a noção do que minha mente estava fazendo. Eu estava fora de curso e sem total consciência disso.

Então, aqui eis outra importante forma de errarmos: *prestando* atenção. Mas nossa atenção é muito limitada ou muito ampla, muito estável ou muito instável. Você está prestando atenção de alguma forma com sucesso — mas não é a *apropriada para o momento*.

Para corrigir isso, você precisa de *metaconsciência*.

Vigiando a paisagem interna

A metaconsciência é a capacidade de perceber, de forma clara, e monitorar os conteúdos ou processos correntes de sua experiência consciente.[3] Basicamente, é uma consciência de sua consciência. Quando digo "preste atenção na sua atenção", estou falando para aplicar sua metaconsciência. Aquele dia no mato australiano, Steven estava focado no fogo. Mas prestar atenção na sua própria atenção teria lhe oferecido algo mais: a percepção de que estava fixado no fogo e precisava expandir sua atenção.

Se consciência situacional nas profissões exigentes significa "vigiar a paisagem externa", então você pode pensar na metaconsciência assim: consciência situacional para a paisagem interna.

Meu colega e amigo Scott Rogers, com quem venho trabalhando na última década para levar o treinamento de atenção plena a diversos tipos de populações, é um mago na descrição da metaconsciência. Esse pode ser um conceito difícil de entender, mas Scott tem um jeito especial de se sair com frases que tornam os conceitos difíceis da atenção plena mais facilmente acessíveis. Quando trabalhamos com o time de futebol americano da Universidade de Miami, ele o colocou desta forma: "Você está explorando o campo".

Scott pediu aos jogadores que imaginassem o campo de futebol e todos os elementos dinâmicos que o compõem: as laterais, as linhas de gol, os jogadores em movimento, a bola em jogo, os gritos da torcida, o alarido constante dos jogadores adversários, os telões em todos os cantos... tudo. Ele os convidou a pensar em como percorriam aquela paisagem complexa, cheia de elementos salientes que querem puxar o foco deles. Então, pediu que visualizassem sua mente da mesma maneira: como um campo, com o mesmo tipo de peças móveis salientes que podem chamar a atenção e sugá-la. Ele sugeriu que os jogadores pensassem no "campo" de sua mente da mesma forma como escolhem não apenas se movimentar no campo de futebol, mas também como e quando envolver outros jogadores.

Você pode pairar sobre si mesmo — observar a certa distância, como praticamos no último capítulo, com a prática de descentramento "Visão panorâmica". E há outros sinais importantes que você pode notar à medida que for construindo uma "consciência de sua consciência" que o orientará.

Alguns desses sinais acontecem no corpo. Quando fui ao quarto de Sophie para ajudá-la a entender um problema matemático e, em vez disso, saí de lá, uma hora depois, como uma heroína na minha batalha épica contra a matemática do Ensino Médio, fiquei hiperfocada. Eu me perguntava por que isso tinha acontecido quando fui com um objetivo tão claro. Ao pensar no incidente, lembro-me de ser tomada por um desejo de vencer — de "derrotar" o problema matemático. Compreendi que fui movida pelo sentimento de satisfação que tenho ao "ganhar", e isso alimentou meu hiperfoco. Para mim, essa sensação de "ser tomada" é um sinal vermelho. Estou muito mais consciente dessa sensação agora — quando a sinto, verifico: minha atenção está onde precisa estar?

Nem sempre é um sentimento de "satisfação" — às vezes, levamos uma rasteira e somos sugados para o hiperfoco (ou outro estado atencional que não seja apropriado para o momento) por ansiedade, medo ou preocupação. Às vezes, "ver" a mente é, na verdade, sentir os estados mentais no corpo. Estes podem se manifestar como inquietação nas pernas, frio na barriga, tensão na mandíbula. Muitos anos atrás, quando perdi a sensibilidade dos dentes, eu não tinha consciência alguma. Por isso ficou tão ruim. Eu não tinha nenhuma metaconsciência, nenhuma noção do que estava acontecendo na minha mente e no meu corpo, nenhuma capacidade de corrigir a rota, até chegar a um ponto de crise.

Com mais consciência de minha paisagem interna, hoje em dia consigo intervir mais cedo e de forma mais efetiva em minhas questões de atenção. Estou alerta a como minha mente e meu corpo se relacionam quando estou hiperfocada ou estressada. Consigo perceber agora quando estou começando a cerrar a mandíbula; faço uma prática de três minutos, dou uma caminhada, relaxo a boca — qualquer coisa para impedir que os dentes desatentos se cerrem. E, a última vez que escrevi uma proposta de auxílio à pesquisa em um prazo louco, sabia que não iria conseguir ficar muito metaconsciente. Então... usei um protetor bucal. (Às vezes, só nos resta aceitar nossas limitações!)

Quando conversei com Steven no laboratório sobre seu episódio de "negligência de metas", ele disse que se sentiu "seduzido" a apagar o pequeno incêndio... foi isso que levou ao seu hiperfoco. Agora, ele fica atento (como ele chama) "àquela deliciosa sensação de satisfação" em seus braços e estômago. Isso o alerta de que ele pode estar afundando no hiperfoco. Steven pode responder ampliando sua atenção conforme necessário.

Ele descreveu a metaconsciência, da perspectiva de um bombeiro, como "ficar de vigia": assumir uma posição em que você possa ver o que está acontecendo com mais clareza. Essa é uma parte importante do que realmente significa ter uma mente no auge: é ser capaz de pegar essa perspectiva no "auge" e absorver toda a paisagem da sua mente. Com metaconsciência, estamos cientes do conteúdo corrente de nossa experiência consciente e monitoramos para verificar se esse conteúdo está alinhado com nossos objetivos. Estamos nos perguntando:

O que estou percebendo?

Como o estou processando?

E a forma que minha atenção está tomando está alinhada com meus objetivos?

É fácil confundir metaconsciência com outro processo de pensamento chamado *metacognição*. A diferença é a seguinte: metacognição refere-se a pensamentos acerca de como você pensa. É saber que você tem determinadas tendências mentais. A metacognição é, em parte, autoconsciência. "Eu tenho tendência a pensar no pior" é um exemplo de metacognição. Ou: "Eu levo muito tempo para tomar uma decisão". A metacognição com certeza é útil — esse tipo de autoconsciência incisiva de suas próprias tendências cognitivas pode claramente apoiá-lo. Mas não é o mesmo que metaconsciência e não pode substituí-la. Embora talvez você saiba que tende a pensar de determinadas maneiras, isso não significa que será capaz de estar ciente dos problemas enquanto estiverem acontecendo. Quando você está divagando e simulando, não importa se é a pessoa mais "metacognitivamente" perspicaz do planeta — você ainda ficará preso nesses processos mentais do momento.

Você não tem ciência de que não está ciente

Trouxemos 143 estudantes de graduação para o laboratório a fim de testar a *consciência* desses indivíduos em relação à divagação mental deles.[4] Sabíamos que a mente das pessoas divaga cerca de 50% do tempo, mas será que elas percebem isso? Os participantes receberam uma "tarefa de memória de trabalho" padrão: lembrar de dois rostos, compará-los com um rosto de teste e fazer isso várias vezes durante vinte minutos. Mapeamos a precisão e a velocidade, como de costume, mas dessa vez os paramos no meio do teste em vários momentos e fizemos duas perguntas: até que ponto você estava "presente na tarefa" — muito, um pouco ou nada? E até que ponto você estava *ciente* disso?

Os resultados? Houve quatro grupos principais de respostas: (1) relatos de que os participantes estavam *presentes na tarefa* e *cientes* disso; (2) relatos de que eles estavam *presentes na tarefa* e *não cientes* (parecendo um "estado de fluxo" profundamente imerso); (3) relatos de que eles estavam *alheios à tarefa* e *cientes* (escolhendo não prestar mais atenção porque acharam a tarefa entediante, o que os pesquisadores chamam de "desligar-se"; e (4) relatos de que eles estavam *alheios à tarefa* e *não cientes* ("ficar ausente").

Além de todos esses grupos de respostas, descobrimos que o desempenho dos participantes ficou cada vez pior, sua mente divagou cada vez mais e eles se tornaram menos metaconscientes ao longo da tarefa de vinte minutos.

A queda no desempenho ao longo dos vinte minutos não foi surpreendente — já discutimos o *decréscimo da vigilância*: o desempenho piora com o tempo quando é necessário atenção contínua em uma tarefa. Esses resultados apontaram que a divagação mental aumentou à medida que o desempenho piorou. Quando falamos pela primeira vez sobre divagação da mente, vimos todas as razões evolutivas pelas quais o cérebro pode estar "programado para divagar", como custos de oportunidade, explorar, procurar algo melhor para fazer, entre outros. O cérebro humano pode apenas ser planejado para se afastar ciclicamente da tarefa em questão.[5] Somos *projetados* para ter esses padrões cíclicos em nossa atenção. E isso pode ser bom — se você perceber o afastamento. Mas o que vimos aqui é que *não percebemos*.

Isso é o que as respostas da metaconsciência transmitiram — à medida que a divagação mental aumentava, a metaconsciência diminuía. Nossa mente está divagando cada vez mais ao longo do tempo, e cada vez somos menos capazes de notar isso.[6] E, quando não notamos, não podemos corrigir o curso das coisas e chamar a atenção de volta para a tarefa presente.

Comecei este livro dizendo que você gasta 50% de seu tempo divagando, e isso é verdade — essa estatística se mantém em muitos estudos. É fácil concluir, olhando para esse número, que a divagação mental está na raiz de nossos problemas com a atenção. O surpreendente, porém — neste estudo e em outros —, é que a divagação da mente em si pode não ser a verdadeira culpada. Afinal, há muitas situações em que divagar não é um problema. Pense em como você deixa seus pensamentos vaguearem enquanto assiste ao filme favorito de seu filho ou neto pela terceira vez ou quando faz algo automático e fácil, como aspirar uma sala — "desligar-se", de propósito, em oposição a "ficar ausente".

A diferença? *Metaconsciência.*

Quando você se desliga, a metaconsciência da situação garante que seu comportamento corrente fique alinhado com os objetivos da tarefa antes que você desloque sua atenção — nenhum ajuste de atenção é necessário. Mas, se as demandas da tarefa aumentarem de repente, e o desempenho começar a diminuir, os recursos atencionais serão desviados de volta para a tarefa em questão. Sua própria mente lhe dá sinais[7] — você não precisa de um alerta externo, que, como sabemos, em geral chega mesmo tarde demais. Sem metaconsciência, não há monitoramento — não há percepção do crescimento das demandas da tarefa, nem do estado de atenção corrente, nem há redirecionamento da atenção.

Pacientes com TDAH tendem a divagar muito — tanto que podem ter danos na vida real. Um estudo recente descobriu que, embora a divagação mental seja maior nesses pacientes em comparação com aqueles que não sofrem de TDAH, os "custos" dessa divagação são reduzidos em pacientes que estão mais *metaconscientes*[8] *de suas divagações do que naqueles que não estão.* A metaconsciência os "protegeu" de cometer erros relacionados à divagação mental.

O problema não é divagar — o problema é divagar sem metaconsciência.

A neurociência contemplativa, um campo de estudo ainda muito recente, está nos levando em direção à nova ciência da atenção: *a metaconsciência pode ser a chave para melhorar o desempenho da atenção.*

Seja meta

Chris McAliley, juíza federal do estado da Flórida, foi levada a iniciar uma prática de atenção plena "como muitas pessoas fazem — quando eu estava enfrentando uma série de eventos indesejados na minha vida". Ela estava se divorciando. Os filhos eram adolescentes, "com tudo o que isso implica", ela diz agora, com um suspiro.

— Eu estava numa batalha mental completa com o meu "agora" — relata ela. — Eu não queria aquilo. Eu era crítica comigo mesma, com os outros; estava furiosa com o universo. Eu estava à mercê de pensamentos repetitivos. E tentava trabalhar durante tudo isso. Eu tinha que julgar e tomar todas aquelas decisões, que afetavam as pessoas. Enquanto isso, havia uma competição desenfreada de pensamentos constante na minha cabeça. Eu estava exausta com aquilo.

Eu e Chris nos conhecemos em uma conferência para juízas em que ambas tínhamos sido convidadas para falar sobre o tema da atenção plena e julgamento. Apertamos as mãos nos bastidores, antes do evento. Chris brincou que o público deveria ser escasso, que só teríamos os outros participantes como plateia — alguém viria a um painel sobre atenção plena e julgamento? Talvez fosse um tópico muito específico do mundo judiciário. Mas, quando subimos ao palco para ocupar nossos lugares na mesa, a sala cavernosa estava lotada. Cada um dos quinhentos lugares estava ocupado; mulheres de pé se amontoavam no fundo do grande salão. Parecia que havia de fato uma necessidade de atenção plena nos julgamentos.

Uma sala de audiência é, na verdade, o exemplo perfeito de um espaço onde são necessárias *consciência situacional* e *metaconsciência*. Sentada em sua cadeira, Chris é obrigada a empregar e a manter diversos tipos de atenção. Há um advogado questionando uma testemunha, e o juiz deve acompanhar. Enquanto isso, o juiz tem de ter em mente os depoimentos que acabou de ouvir, a legislação aplicável aos fatos do caso e as regras e normas que regem o que o advogado está dizendo no momento: ele ouve o que está sendo falado enquanto tem de estar pronto para responder se o advogado da outra parte apresentar alguma objeção (ele confirmará ou negará?). Ao mesmo tempo, tem de monitorar a atenção de *outras* pessoas: aquele jurado na última fila está dormindo? O estenógrafo está conseguindo acompanhar? A juíza McAliley precisa garantir que cada palavra seja captada, por isso, se o estenógrafo parecer atordoado, ela deverá desacelerar as coisas. Pode haver um intérprete sobre o qual ela precisa estar ciente também; pode haver um bebê chorando na galeria.

— Há tanta coisa para observar — diz ela — e, acima de tudo, há *sua própria mente* para cuidar. Se o advogado está apresentando seus argumentos finais e estou pensando no meu divórcio, ou no que quero almoçar, não estou fazendo um bom trabalho. Eu não estou lá! E isso tem consequências.

Ela precisa estar ciente do que está acontecendo na sala de audiência *e* do que está acontecendo em sua mente. O treinamento de atenção plena deu a Chris uma percepção maior do que a faz sair dos trilhos. Frustração, ansiedade, preocupação — todas se manifestam no corpo. Ela com frequência faz uma miniprática na sala de audiência: "Fique quieta, sinta o corpo, sinta a respiração".

— Eu tenho de ficar abaixo do meu pescoço — observa ela. — É tão incrível perceber o que as emoções fazem com o corpo. Nós as ignoramos, mas há ótimas informações ali.

Para ela, essas emoções se manifestam como ansiedade ou frustração — os advogados não parecem preparados; ela percebe seu próprio tom de voz subindo; sente que está ruminando. "Devo adverti-los por não estarem preparados? Que impacto isso terá neles, ou no caso, ou no réu?" A prática da atenção plena a ajuda a usar as próprias emoções como informação.

— Este deve ser um sistema racional — ela prossegue —, então não quero que minhas emoções, sem minha compreensão ou decisão, me levem a tomar uma resolução. Mas eu sou uma juíza, não um robô. Preciso ser capaz de experimentar emoções e ser auxiliada por elas... não governada por elas.

A *metaconsciência* oferece a ela uma consciência e uma compreensão não apenas de seus pensamentos e emoções, mas também de seus preconceitos implícitos. É algo em que ela precisa pensar em todos os casos. Se há um policial testemunhando contra um criminoso condenado anteriormente, Chris se pergunta: "Quais são minhas suposições pessoais? Qual é o meu menu suspenso de preconceitos em relação a gênero, profissão, classe, raça? Consigo percebê-los, mas não ser constrangida por eles?".

— Muito dessa prática é apenas tentar perceber nossas suposições na vida — diz ela. — Quando você realmente presta atenção nelas, você entende: elas são *"jogo rápido"*.

Para ela, a grande revelação foi prestar atenção *sem julgamento*. Sem julgamento de si mesma, dos outros ou das circunstâncias. Irônico, porque julgar é *literalmente* a profissão de Chris. Mas ser capaz de *prestar atenção no momento presente, sem julgamentos ou elaborações*, é o que agora lhe permite ser mais eficaz quando está tomando decisões que afetam a vida das pessoas.

— É um privilégio ser juíza — comenta ela. — Nossa sociedade escolhe pessoas como eu para resolver disputas. Fico sentada lá, ouvindo as pessoas testemunharem versões completamente opostas de eventos, e é meu trabalho determinar quem é crível. Às vezes, é claro, mas, às vezes, não é. E eu tenho que tentar acertar.

Por que funciona

No laboratório, é muito difícil "ver" a metaconsciência apenas pelo comportamento. Então (como no estudo da memória de trabalho que mencionei anteriormente) temos de dar à atenção e à memória de trabalho das pessoas tarefas *e* pedir-lhes que façam um autorrelato sobre essa experiência. Vários estudos mostram que, quanto mais *consciência* as pessoas têm acerca de onde está sua atenção, melhor é seu desempenho.[9] Sabemos também que, quando estão mais conscientes, elas podem perceber que estão divagando (sem que lhes seja solicitado). E sabemos que algumas coisas fazem com que a metaconsciência se afunde — como a necessidade de fumar e o consumo de álcool.[10]

Com praticantes experientes de atenção plena — e mesmo com pessoas que fizeram o curso de redução de estresse com base na atenção plena, de oito semanas —, observamos outra coisa também: a *atividade no modo padrão reduzida*.[11] Você lembra o que é isso: a atividade reduzida na rede cerebral, às vezes, chamada de rede "eu", que está mais envolvida durante a atenção interna, o autofoco, as simulações mentais e as divagações. Por que o treinamento de atenção plena, comparado à ausência de treinamento ou a algum outro treinamento, reduziria a atividade no modo padrão? Como já discutimos, existem evidências cada vez maiores de que o treinamento de atenção plena aumenta a atenção e o descentramento e diminui a divagação da mente. Simulações mentais que podem sequestrar a atenção são menos frequentes e menos capazes de manter você preso. Mas tudo isso pode depender do poder do treinamento de atenção plena de aumentar a metaconsciência.

Quando você está metaconsciente, está olhando para si mesmo. Você é o objeto! Você não pode, ao mesmo tempo, estar imerso em pensamentos relativos a si mesmo (divagando, simulando) *e* refletindo sobre o "eu". Isso ocorre porque, à medida que a metaconsciência aumenta, a divagação mental diminui. Faz sentido que esses sejam processos antagônicos: o "eu" não pode estar no exterior e no interior ao mesmo tempo. Lembre-se da técnica de descentramento que praticou no capítulo anterior, que lhe pedia para sair, ou "desativar-se", do "eu" por um momento. Você já estava praticando a metaconsciência naquele instante — agora, precisamos fazê-lo ainda com mais frequência, como um hábito mental.

Queremos uma maior metaconsciência… e a prática da atenção plena é o que nos leva até lá.

PERCEBER: O POTENCIALIZADOR DA ATENÇÃO

Pense na primeira vez em que você fez um exercício de atenção plena, como *Encontre sua lanterna*. Você pode ter ficado surpreso com o quanto sua atenção se moveu. A atenção é como uma bola em movimento. Para driblá-la de forma eficaz, você tem sempre que mantê-la envolvida. Se você "ficar ausente" (divagar sem perceber), a bola vai rolar para longe. E a bola rola para longe muitas vezes. Você só se torna metaconsciente quando perde completamente a bola: você sai de uma reunião e percebe que não tem ideia do que foi dito. Durante uma conversa importante, você ouve alguém perguntar "Você está mesmo ouvindo?" e percebe que está fazendo que sim com a cabeça, mas não está ouvindo nada. Você se ouve gritar, com raiva: "Eu NÃO estou com raiva!", e você se dá conta: "Epa. Estou com raiva".

Em cada um desses exemplos, aquele momento em que você percebe *onde sua atenção realmente está e o que sua mente está fazendo* é a metaconsciência. É isso — é essa sensação. Esses "metamomentos" são o que queremos. Mas os queremos muito mais cedo, quando possam ser verdadeiramente eficazes e protetores.

Nosso objetivo com o treinamento de atenção plena é *aumentar* nossos metamomentos para que possamos realmente executar os pivôs da atenção que são tão essenciais para nossos sucesso e bem-estar. Mesmo que você tenha o sistema de atenção mais forte do mundo, você poderia direcioná-lo para o lugar errado. Para conseguir implementar qualquer uma das táticas que está aprendendo, você precisa perceber que tem de fazê-lo.

Em *A arte da guerra*, que usei para apresentar este livro, Sun Tzu oferece uma segunda abordagem que pode ser usada em uma luta injusta: "A força aplicada é mínima, mas os resultados são enormes".[12]

Não lute contra uma parede de tijolos. Encontre uma maneira de aplicar a quantidade mínima de força com a quantidade máxima de impacto. A habilidade que queremos cultivar não é apenas a capacidade de prestar melhor atenção, focar mais, concentrar-se mais: isso equivale a ir para a batalha e treinar para a luta — útil, mas incompleto. Precisamos construir algo para além disso. Precisamos de um *multiplicador de força*, como um *power-up* em um videogame. O multiplicador de força atencional que você precisa adquirir é a sua capacidade de estar metaconsciente, de *perceber*.

Perceber quando não estamos focados ou estamos focados *demais*.

Perceber quando estamos mentalmente em outro lugar, e não no aqui e agora.

Perceber o que está acontecendo à nossa volta e dentro de nós.

Perceber é o que desbloqueia nossa capacidade de intervir nesses problemas de atenção generalizados.

É simples: para saber se você está sendo atraído por algo e precisa intervir, você tem de estar observando.

A boa notícia: você já está praticando isso o tempo todo. A metaconsciência faz parte de todas as práticas que você fez até agora.

Meta-ditar

Na prática *Encontre sua lanterna*, o momento em que você percebeu que sua lanterna se afastou das sensações relacionadas à respiração — isso foi metaconsciência. Durante a prática *Observe seu quadro branco*, na rotulação, quando você percebeu um pensamento, sentimento ou sensação e o rotulou — isso foi metaconsciência. Durante o exercício de descentramento, quando você assumiu a perspectiva panorâmica e explorou sua mente buscando preconceitos, simulações e modelos mentais — isso foi metaconsciência. Mesmo durante a exploração do corpo, quando você direcionou sua atenção para uma sensação corporal particular, estava percebendo quais sensações estavam ali e tornando-se consciente da divagação mental.

Até aqui, nosso objetivo foi garantir que sua atenção estivesse em um objeto-alvo, como sua respiração. Agora, o alvo de sua atenção... *é* a sua atenção.

Em última análise, todas as práticas que você vem realizando neste livro vão construir metaconsciência — e praticar qualquer uma delas com regularidade auxilia sua capacidade de *observar e monitorar sua própria mente*. A prática seguinte foi projetada especificamente para perceber o conteúdo de sua experiência consciente a cada momento, sem ficar preso aos pensamentos, emoções e sensações que surgem.

Esta é uma variação de uma prática de "monitoramento aberto" tradicional que pede que você observe o conteúdo de sua experiência consciente a cada momento sem *se envolver com ela*. Enquanto as práticas formais anteriores visavam cultivar o foco concentrativo, nesta prática busca-se uma atenção receptiva, ampla e estável.

PRÁTICA CENTRAL: RIO DO PENSAMENTO

1. **Tome seu lugar...** Desta vez, levante-se! Se preferir, pode ficar sentado, como nas práticas anteriores, mas, em geral, recomendo que faça esta prática chamada Postura da Montanha. Fique em pé confortavelmente, com os pés afastados na distância dos ombros. Deixe os braços relaxarem ao lado do corpo, com as palmas das mãos para fora. Feche os olhos ou abaixe o olhar.

2. **Prepare-se...** Encontre sua lanterna e aponte-a para as sensações proeminentes relacionadas à respiração durante várias respirações. É sempre assim que começamos qualquer prática. E em qualquer ponto deste exercício, se perceber que está se afastando (por exemplo, ficando preso em um ciclo ruminativo), você sempre pode se ancorar de volta na respiração. *Lanterna na respiração* é sua base — retorne a ela sempre que necessário e reinicie.

3. **Vá!** Agora amplie sua consciência de forma a não selecionar nenhum objeto-alvo. Em vez disso, use a metáfora da mente como um rio. Você está na margem, observando a água correr. Imagine seus pensamentos, lembranças, sensações, emoções — tudo o que emergir — como se estivessem correndo por você. Observe o que aparece, mas não se envolva com isso. Não o pesque, não o persiga nem elabore sobre isso. Apenas deixe correr.

4. **Continue.** Ao contrário da atividade *Observe seu quadro branco* que fizemos, você não "rotulará" ativamente as coisas que perceber em seu quadro branco nem retornará à respiração depois de fazê-lo. Sua tarefa agora não é distinguir o que é conteúdo útil ou relevante e o que é divagação. Você nem mesmo vai tentar *impedir* sua mente de divagar. O rio continuará correndo — não há nada que você possa ou precise fazer sobre isso. Essa é a chave para o monitoramento aberto: *você deixa sua mente fazer o que ela irá fazer.* Sua tarefa é simplesmente observar essa corrente, a certa distância, sem envolvimento ou participação.

5. **Resolução de problemas.** Se você tem dificuldade em deixar as coisas passarem por você, retorne à respiração. Imagine suas sensações respiratórias como um pedregulho no meio de toda aquela água corrente. Dirija sua atenção para esse objeto estável e fixo; quando se sentir pronto, amplie sua atenção novamente e volte ao monitoramento.

Serei honesta com você: muitas vezes, os participantes relatam que o monitoramento aberto é a mais desafiadora das práticas centrais. Então, vou lhe mostrar uma forma de pensar no que fazemos nessa prática a partir de uma experiência recente que tive enquanto eu mesma praticava.

Tinha me preparado para praticar na minha sala de estar. Era um lindo dia de outono, quente e com brisa, e todas as janelas estavam abertas. Meu cachorro estava na sala comigo, deitado na janela e olhando para a rua. Tashi é um lhasa apso. Caso você não esteja familiarizado com essa raça, lhasa apsos são cães pequenos com longos pelos brancos que varrem o chão se você não os cortar. Eu acho o meu lindo, mas reconheço que eles se parecem um pouco com um esfregão de chão. A raça é originária do Tibete e foi historicamente mantida em mosteiros — sua função era vigiar as áreas comuns do lugar e, latindo, alertar os monges sobre qualquer intruso. E eles são *muito* bons em ladrar.

Eu estava há alguns minutos na minha prática quando Tashi já gania para alguma coisa. Ele faz isso o tempo todo — adora ir e olhar pela janela e, se alguém passar, ele late. Na verdade, nem precisa ser uma pessoa. Pode ser um carro, um esquilo, um pequeno galho caindo de uma árvore — qualquer coisa o faz começar. Tentei seguir em frente com a minha prática — afinal, pensei, o latido era apenas uma sensação como outra qualquer, mas ele não parava. Fui ficando *muito* irritada e, então, percebi: *estou fazendo exatamente a mesma coisa que ele.* Estou sentada aqui observando o que há de diferente em meu quadro branco. Ele está observando o que há de diferente naquele retângulo de janela disponível para ele — o monitoramento aberto é exatamente isso! Claro, eu não estou realmente *latindo* para as coisas, mas é quase a mesma ideia. Tashi late quando percebe algo, enquanto eu posso ficar presa e emocionalmente reativa em relação a algo que noto. Levantei-me e fechei a cortina. Ele parou de ladrar e se deitou.

Não podemos simplesmente "fechar a cortina" de nossos pensamentos. Também não podemos nos sentar na janela e latir para cada coisa que passe. Mas podemos *aprender* a percebê-la — e deixá-la ir.

Meu cachorro não tem essa habilidade, mas você tem! Pense assim: você sairia para falar com cada pessoa que passasse fora de sua casa? Não. Então trate os pensamentos que surgem ao longo do dia do mesmo jeito. Você não pode impedi-los de vir, da mesma forma que não pode impedir que as pessoas andem na sua rua. Mas você *pode* mudar a maneira como interage com eles. Pode decidir quando devemos nos envolver com eles e quando não, e, assim, deixá-los passar.

Usando "pontos de escolha" para melhorar sua prática

Quando fomos oferecer ao presidente da Universidade de Miami e a seu gabinete de liderança, o MBAT, o programa que eu e meu colega Scott Rogers desenvolvemos juntos para profissionais de alta demanda, nos instalamos em uma sala de conferências. Após uma breve discussão, fomos para as práticas. Trabalhávamos com esse grupo regularmente e estávamos na parte do programa que introduziria os participantes na prática do monitoramento aberto.

Todos nos sentamos na Postura da Montanha e instruímos o grupo a "assistir ao conteúdo mental passar, como se fosse nuvens no céu". Em um determinado momento, antes do início da prática formal, um membro do grupo suspirou alto.

— Esse barulho está me enlouquecendo! — disse ela. De fato, o ar-condicionado fazia um barulho persistente e irregular. — Acho que não consigo fazer a prática com essa coisa funcionando. É *muito* irritante!

Ela tinha razão, era muito difícil ignorá-lo. Entretanto, foi uma ótima oportunidade para mostrar por que a prática do monitoramento aberto pode ser útil precisamente nesses momentos irritantes, incômodos ou que provocam raiva em nossa vida: podemos reconhecer os *pontos de escolha*.

Informei ao grupo que não conhecia a experiência direta dela naquele momento, mas também já havia ficado irritada com sons inconvenientes durante minha prática em outras ocasiões. Se eu pudesse observar seu quadro branco mental, ou o meu, nesses momentos, eis o que eu talvez visse: um som foi percebido — uma experiência sensorial foi registrada no quadro branco mental. Depois, um conceito apareceu — o pensamento "É tão irritante". Em seguida, uma emoção — *sentir* aquela irritação. E, por fim, a expressão da emoção em voz alta — "É tão irritante!".

Pode parecer um pouco artificial decompor isso numa sequência linear — sensação, pensamento, emoção, ação —, em particular quando parece que tudo foi embalado junto, como uma grande mistura de irritação. Todavia, à medida que aprendemos a observar o que está se desenrolando em nossa mente, com uma prática como o monitoramento aberto, podemos ver a sequência de eventos mentais fluindo com maior precisão e granularidade. Além disso, podemos notar as pequenas lacunas entre eventos — onde fazemos escolhas. Ligar a experiência sensorial do som ao conceito de *irritante* é uma escolha. Sentir irritação é uma escolha. Expressar esse sentimento também.

Com a prática, melhoramos a percepção de eventos mentais e a identificação de oportunidades para intervir — para fazer escolhas *diferentes*. Imagine situações em sua vida em que sua reação pareceu ser furiosamente guiada por um evento perturbador, como ser fechado no trânsito e fazer um gesto obsceno para alguém. Pode parecer muito difícil decompor esses episódios para ver pontos de escolha. Mas podemos melhorar nisso, e a prática do monitoramento aberto ajuda. Ela ajusta nossa metaconsciência. Com mais prática, podemos até conseguir experimentar eventos como algo amplo, apreciando as infinitas possibilidades diante de nós a qualquer momento. Minha expressão favorita dessa percepção vem do vocalista do The Velvet Underground, Lou Reed: "Entre pensamento e expressão há uma vida inteira".

Não havia nada que pudéssemos fazer a respeito do som — não podíamos ajustar o termostato para desligá-lo e não havia tempo para tentar encontrar alguém para consertá-lo. O som estaria lá enquanto tentávamos praticar. No entanto, pensar nessa experiência em termos de pontos de escolha, perceber o espaço entre o pensamento e a expressão, ofereceu uma oportunidade: quando o pensamento "Isso é tão irritante" ocorre, você pode fazer uma escolha diferente. Em vez de sentir e, depois, expressar raiva, você pode optar por não se agarrar a ela. Apenas deixe-a desaparecer e permita que seu quadro branco permaneça "receptivo" ao que vier a seguir.

Seja um pensamento ligado ao barulho de um ar-condicionado, seja um temor ou preocupação gritando em sua mente, você pode usar essa mesma estratégia. Pensamentos, lembranças e ansiedades podem aparecer na mente de forma espontânea. Podemos lembrar que temos uma escolha sobre o que fazer a seguir. Pense em Tashi e faça uma escolha diferente. Não é necessário latir: deixe-os passar.

Existe um conceito no budismo chamado "Segunda flecha". Ele é proveniente de uma famosa parábola:[13] Buda perguntou a um de seus alunos:

— Se você for atingido por uma flecha, vai doer?

— Vai! — respondeu o aluno.

— Se você for atingido por uma segunda flecha — perguntou Buda —, vai doer ainda mais?

— Vai — respondeu o aluno.

Buda explicou: na vida, não podemos controlar se seremos ou não atingidos por uma flecha. Mas a segunda flecha é nossa *reação* à primeira. A primeira flecha causa dor — a segunda é nossa angústia por essa dor.

Eu amo essa parábola porque ela resume de forma muito simples a conexão entre atenção plena e atenção: a primeira flecha acontece. Há flechas todos os dias. Mas a segunda flecha — sua resposta à primeira — é o que suga sua largura de banda atencional. E isso *está* sob seu controle. Esse é outro ponto de escolha que você pode acessar se tiver consciência de sua mente.

Os pontos de escolha são de especial importância em outra arena: os *relacionamentos*.

Independentemente se a interação que você está tendo é com um ente querido, alguém que acabou de conhecer ou um inimigo, a história "embalada" que você carrega na memória de trabalho sobre essa pessoa, ou sobre como a interação ocorrerá, pode determinar como os eventos fluem... não apenas entre você e essa outra pessoa, mas também com os outros. Os efeitos cascata de nossos relacionamentos, e se eles são efetivos, compassivos, comunicativos ou fechados e cheios de mal-entendidos, podem ter um longo alcance.

Um nodo importante na rede cerebral para a metaconsciência está localizado bem na frente do córtex pré-frontal — e também faz parte da rede cerebral para conexão social.[14] É ativado quando estamos metaconscientes e também quando nos conectamos com os outros simulando sua realidade e vendo as coisas de seu ponto de vista. A metaconsciência nos oferece uma janela para nossa própria mente, como se a estivéssemos observando a partir da perspectiva de outra pessoa, mas também nos permite uma percepção dos outros. Usando sua atenção, você pode não apenas viajar no tempo, mas *viajar na mente*.

9
Fique conectado

Quando o congressista de Ohio Tim Ryan me convidou para ir a Washington, D.C., a fim de compartilhar nossa pesquisa sobre treinamento de atenção plena para militares da ativa, pensei logo no major Jason Spitaletta e no major Jeff Davis, os fuzileiros navais que conheci quando eram capitães durante nosso primeiro estudo sobre atenção plena nas Forças Armadas. Jason foi aquele que advertiu "isso nunca vai dar certo", mas que depois se jogou de corpo e alma na prática. Jeff, cuja atenção foi sequestrada naquela ponte na Flórida, diz que a prática da atenção plena "salvou sua vida". Pedi para que me acompanhassem na reunião com o congressista Ryan.

Eu os encontrei do lado de fora de uma estação de metrô perto do National Mall. Não os via há anos, mas eles continuavam tão falantes quanto eu me lembrava e começaram logo a me colocar a par de suas vidas. Jason, que estava no meio de um doutorado em psicologia quando foi destacado para o Iraque, ficou tão impactado com nosso estudo de atenção plena do qual participou, que mudou o foco de sua pesquisa quando retornou. Ele agora estudava a *tolerância à angústia* — a capacidade de resistir a estados mentais adversos. Jeff, agora reformado da carreira militar, estava cursando um MBA na Universidade George Washington. As histórias animadas deles, ziguezagueando do treinamento na Flórida e a pós-graduação em Washington até o destacamento para Bagdá, cativaram-me e arrebataram-me. Antes que eu percebesse, estava olhando de frente para aquele icônico edifício branco, o Capitólio dos Estados Unidos. Então notei algo estranho. As pessoas estavam olhando com atenção em nossa direção. A certa altura, duas mulheres vestidas como executivas, vindo em nossa direção, pararam e começaram a nos encarar do outro lado da rua. O que estava acontecendo?

Eu me virei, curiosa para ver quem estaria atrás de nós. Ninguém. Jason riu e disse:

— Elas acham que somos seu destacamento do Serviço Secreto.

Jeff acrescentou:

— Amishi, elas estão tentando descobrir quem é *você*.

A visão de dois caras musculosos em casacos esportivos acompanhando uma indiana de 1,57 m era aparentemente estranha o suficiente para chamar a atenção, mesmo em Washington. Pelo resto de nossa caminhada pela Independence Avenue, eles não pararam de rir da minha "terrível consciência situacional". Tive de engolir.

Seguimos para o escritório do congressista, no Rayburn Building, e fomos levados diretamente até ele.

— Por favor, me chame Tim — disse o congressista Ryan, bem mais alto do que eu, quando apertou minha mão.

A partir do momento em que nos sentamos, fiquei impressionada com a atenção plena e firme de Tim. Ele era direto e investigativo, querendo saber sobre a experiência militar de Jason e Jeff, sua jornada com a prática da atenção plena e suas sugestões de como ela poderia se tornar mais acessível para os militares da ativa e para os veteranos. Discutimos os resultados do estudo com a unidade deles e os esforços de pesquisa contínuos do meu laboratório. Vinte minutos depois, uma funcionária bateu à porta do escritório.

— Estão convocando uma votação no plenário da Câmara — disse ela.

Mal desapareceu de seu escritório, Tim reapareceu na tela da TV, presa na parede, fazendo um discurso curto, mas apaixonado, sobre comércio. Então, em pouco tempo, ele estava de volta conosco, animado para continuar a discussão.

O que mais se destacou naquele dia foi quando Tim descreveu o valor da prática da atenção plena em sua vida. Ele, de modo humilde, reconheceu que as batalhas que enfrentava em Washington não eram nada se comparadas às de Jason e Jeff durante seus períodos de destacamento militar. Ressaltou que passou a encarar a prática diária da atenção plena como uma *armadura mental*. E era notório — seu compromisso em servir a coisa pública era contagiante.

No meu voo de volta para Miami, surgiram muitos pensamentos. A capacidade do congressista de nos fazer sentir motivados, ouvidos e compreendidos — mesmo enquanto ele fazia malabarismos com outras responsabilidades fundamentais — foi notável. Até ali, eu não tinha percebido que, tal como guerreiros e socorristas, as pressões e demandas dos líderes consomem as qualidades de que eles mais precisam. Tim havia aprendido por si mesmo que clareza, conexão e compaixão podem ser treinadas, e ele treinava diariamente. Eu me perguntava como poderíamos levar essas ferramentas para outros líderes e como poderíamos estudar seus efeitos. Quando o avião pousou, sentia-me energizada — era hora de voltar ao trabalho.

Compartilhando um "modelo mental"

Durante a pandemia da covid-19, as orientações dos Centros de Controle e Prevenção de Doenças têm incentivado constantemente os norte-americanos a manterem o distanciamento social, com pelo menos 1,8 m de distância entre as pessoas, a fim de limitar a propagação do vírus SARS-COV-2, muito contagioso e potencialmente mortal. Como muitos psicólogos sociais logo apontaram, "distanciamento social" é uma designação imprópria. Mais importante para a nossa saúde física e psicológica é nos mantermos *fisicamente* distantes enquanto permanecemos *socialmente* conectados.

Como seres humanos, precisamos de conexão social desde a infância e continuamos precisando pelo resto da vida. Não estou sendo dramática quando digo que sem conexão social morremos *mais rápido*. Solidão e isolamento social são fatores de risco para a saúde e para a aceleração da mortalidade.[1] A conexão social tem sido estudada cientificamente por décadas, em vários campos e por diversas perspectivas, desde o vínculo entre mãe e filho e o apego romântico até a dinâmica de equipe e as redes sociais. E a *atenção* é um dos alicerces fundamentais para todas as relações sociais: é o que molda nossas interações de cada momento com outras pessoas. Na realidade, a raiz latina da palavra "atenção" é *attendere*, que significa "esticar em direção a algo". Nesse sentido, a atenção é conexão.

Imagine-se falando com alguém ao celular. Se o sinal estiver com problemas, detalhes perceptuais serão perdidos. Se você se distrair, sua atenção poderá ser desviada. Seu modelo mental e sua consciência situacional da conversa serão fracos.

A conversação depende de *modelos mentais compartilhados*.[2] Estes são cocriados por ambos os falantes e atualizados dinamicamente à medida que a conversa progride. Assim, em sua ligação imaginária: entrada de dados e processamento ruins podem levar a um modelo compartilhado ruim e, provavelmente, a uma experiência ruim para vocês dois. Todos nós já passamos por isso! Compare essa situação com falar com uma amiga cuidadosa e atenta em uma boa conexão de celular. As palavras dela são nítidas e claras, sua atenção está fixada em você e há uma longa e rica história compartilhada de conteúdo e afeto durante a ligação. Nessas condições, os modelos compartilhados serão estáveis e vivos, aumentando o sentimento de conexão. Os participantes da conversa irão se sentir cognitivamente sintonizados à medida que forem transportados para um espaço (mental) de sua própria criação compartilhada.

Interações de alta qualidade requerem modelos mentais de alta integridade. Para obtê-los, precisamos recorrer a todas as nossas habilidades atencionais: *colocando* a lanterna onde queremos que ela esteja. *Resistindo* à atração de distratores salientes ou *corrigindo-a*. *Simulando*, mas também *descartando a história* quando o modelo mental está errado — quando não combina com o da outra pessoa. (Se você já usou a frase "não falamos a mesma língua", você sabe como é.) E, por fim, você precisa daquele pedaço de metaconsciência para implementar tudo isso.

Todas as habilidades que temos praticado estão presentes aqui: direcionar a lanterna. Simular a realidade da outra pessoa. E observar para garantir que a interação toda permaneça no caminho certo.

Distração = Desconexão

As interações humanas são complexas e repletas de nuances. Elas podem ser divertidas, relaxantes, interessantes, gratificantes, produtivas. Também podem ser tensas, desafiadoras, adversas. Todos os dias temos interações pelas quais ansiamos e outras que podemos temer. Mesmo assim, temos que comparecer a todas. E, quando essas interações não correm bem, pode parecer que o problema é intransponível, fundamental ou, talvez, "apenas do jeito que as pessoas são".

Como tantos outros desafios da vida, muitos dos problemas que encontramos nessas interações se resumem a algo mais básico e solucionável ou, como temos discutido ao longo deste livro, *que pode ser treinado*. Pense em um desafio recente que você enfrentou se conectando, se comunicando ou colaborando de forma eficaz com alguém — aposto que distração, desregulação ou desconexão estavam presentes, em um de vocês ou nos dois. Como isso se relaciona à sua atenção e à memória de trabalho?

Distraído
- Você não consegue manter sua lanterna da atenção apontada para um ou mais parceiros de conversa.
- Seu quadro branco mental está desorganizado — você não deixou conteúdo distraidor se apagar de sua memória de trabalho.
- Você fica viajando no tempo, incapaz de permanecer no momento presente da conversa enquanto ela se desenrola.

Desregulado
- Você não consegue regular suas emoções.
- Você é reativo ou apresenta comportamento volátil durante a interação.

Desconectado
- Você acredita incorretamente que pensamentos são fatos.
- Você não consegue ter um modelo mental *compartilhado* da situação.
- Você aplica o modelo mental errado à situação.

Embora eu tenha dito "você", não estou sugerindo que se culpe. Quando um não quer, dois não brigam. É inteiramente possível, até provável, que, em qualquer momento, falhas de atenção não sejam apenas suas.

Muitos desses problemas surgem devido aos desafios que enfrentamos quando tentamos direcionar nossa atenção voluntária ou a memória de trabalho fica esgotada. Neste último caso, há muitas consequências deletérias. Temos menos recursos mentais para nos envolvermos em estratégias de regulação emocional (por exemplo, reformular ou reavaliar). Nosso quadro branco funciona como se fosse "menor", pois ficamos mais propensos a distrações, deixando menos recursos cognitivos para realizar o tipo de trabalho mental necessário em circunstâncias emocionalmente desafiadoras. Infelizmente, um estudo recente examinando o comportamento de pais e mães e a capacidade de memória de trabalho descobriu que pais e mães com menor (versus maior) capacidade de memória de trabalho têm mais probabilidade de desenvolver comportamento verbal ou emocionalmente abusivo em relação aos filhos.[3]

Além disso, lapsos de metaconsciência podem nos colocar em maus lençóis quando se trata de nossas interações com os outros. Podemos fazer suposições e ter histórias (modelos mentais) que não são compartilhadas por outros ou são totalmente imprecisas. Isso pode levar a uma sequência de erros, incluindo decisões e ações desatinadas. Não importa a causa de interações interpessoais desafiadoras, o resultado será o mesmo: a interação é insatisfatória e insuficiente na melhor das hipóteses e adversa ou prejudicial na pior.

OS BENEFÍCIOS DE REGULAR E RESPONDER VERSUS REAGIR

Algumas pessoas ouvem o termo "regulação" e pensam em "robotização" — não é o que queremos dizer. Queremos dizer *ter uma resposta proporcional*. Isso implica ter reações emocionais a eventos que correspondam ao que de fato está ocorrendo. Se alguém chorar porque foi demitido, eu chamaria essa de uma resposta apropriada e até proporcional. Mas e se chorar porque derramou o café? Bem, nesse caso algo está acontecendo.

Todos nós já estivemos nesse lugar. Esses momentos de sobrecarga emocional se abatem sobre nós, às vezes, quando menos esperamos e não estamos realmente prontos para lidar com eles. No trabalho, com nossos amigos, filhos ou pais, em relacionamentos amorosos, temos reações das quais podemos nos arrepender mais tarde. Sentimo-nos fora de controle, fora de proporção, fora de sincronia com os acontecimentos. Se você já se sentiu assim, é porque é humano e alguns dos desafios que enfrenta são provavelmente, pelo menos em parte, relacionados à atenção e à memória de trabalho.

É um paradoxo traiçoeiro: emoções fortes podem captar nossa atenção, podem invadir e controlar nossa memória de trabalho. Elas podem desenterrar lembranças e pensamentos alheios ao assunto e, às vezes, angustiantes; elas alimentam o "ciclo da fatalidade". Enquanto isso, precisamos desses mesmos recursos da memória de trabalho para lidar proativamente com as emoções que surgem. Há um efeito de "diminuição", uma espécie de espiral negativa: mau humor degrada a memória de trabalho, e uma memória de trabalho degradada causa mais mau humor. Então, como saímos desse mergulho cognitivo?

Para começar, você deve fortalecer as capacidades que o protegem contra a distração, a desregulação e a desconexão praticando a atenção plena. Qualquer uma das práticas centrais que já abordamos ajudará. E, ao cultivar a metaconsciência, como discutimos no capítulo anterior, podemos ter um acesso de mais qualidade aos conteúdos e processos envolvidos em nossas experiências de cada momento. Precisamos estar conscientes de nosso *estado emocional a fim de que possamos intervir para regulá-lo conforme necessário.*

Quando comecei a praticar a atenção plena, percebi que ter consciência de meu estado emocional ajudava a controlar minhas reações exageradas. E, quando reagi com exagero (como gritando alto de frustração), pedi desculpas mais rápido do que faria antes.

Não consegui evitar os gritos. Eles saíram de mim rápido demais. Mas *consegui* ver a raiva aumentar. Consegui rastreá-la e realmente sentir o rubor nas bochechas, o nó na garganta, o formigamento nos braços, e então pude ouvir minha voz alta (demais), gritando. Ver isso acontecer pode não parecer uma melhora, mas foi. Claro que não gritar teria sido melhor, e chegaremos lá.

Pedir desculpas mais rápido, no entanto, significou menos angústia para mim e para a pessoa com quem gritei. Também significou que eu não teria que seguir meus gritos de forma melancólica ou gritar (internamente) comigo mesma por quinze minutos, arrependida de minha reação exagerada. Para mim, ser capaz de me desculpar mais rápido foi uma grande vitória. Significava que eu estava no caminho certo. Eu podia quebrar o ciclo de reatividade.

Você pode **mudar a maneira como encara** uma experiência, mesmo que ela desencadeie uma emoção avassaladora. O que quero dizer com isso: outro dia, cheguei em casa muito tarde após um longo dia no laboratório — muitas reuniões consecutivas e um prazo se esgotando no dia seguinte, o qual ainda precisava de minha atenção. Sentia-me preocupada e exausta. E, quando atravessei a porta que levava da nossa garagem até a cozinha, vi algo que imediatamente fez minha pressão arterial disparar: o liquidificador, ainda coberto com o *smoothie* daquela manhã, às 21 horas, e repleto de moscas-das-frutas.

Meu rosto ficou quente. Senti uma onda de raiva. Meus pensamentos foram imediatamente para Michael, meu marido, que estava em casa com as crianças. Ele teria levado, no máximo, um minuto para lavar o liquidificador depois de usá-lo. E eu já tinha falado com ele sobre isso — realmente me incomodava, e ele prometeu tentar lembrar. Minha mente começou a tirar conclusões precipitadas: "Ele realmente não me ouve! Ele realmente não quer saber!". Em segundos, a questão ficou muito maior do que um simples liquidificador sujo.

Nesse ponto, eu tinha algumas opções diferentes: (A) ir a seu escritório e gritar com meu pobre marido, (B) suprimir minha raiva e continuar como se eu estivesse bem, (C) reavaliar a situação ou (D) descentrar.

Todas essas opções exigiriam minha atenção e o envolvimento de minha memória de trabalho, mas algumas mais do que outras. As opções B e C, especialmente, sim. E B, supressão, não funciona muito bem em longo prazo — minha raiva em relação ao liquidificador provavelmente iria surgir em alguma outra situação. A *supressão* é alimentada pela atenção executiva e a memória de trabalho e requer esses recursos para continuar a suprimir. Enquanto você está suprimindo ativamente, fica com menos largura de banda cognitiva para fazer outras coisas.[4]

O que nos leva à opção C: *reavaliação*. Reavaliar significa mudar a maneira como pensamos sobre uma situação, reconsiderando-a ou reinterpretando-a para mudar seu impacto emocional. Foi isso, felizmente, o que consegui fazer. Parada ali, olhando para aquelas moscas-das-frutas dançando na minha cozinha, reformulei a maneira de pensar sobre aquilo: "Michael tem tomado conta de tudo aqui em casa, todo dia, enquanto estou trabalhando. Ele tem muito do que cuidar! Mas as crianças são saudáveis, estão alimentadas e seguras. Esse é um probleminha passageiro em relação a tudo de bom que temos agora". Ao reavaliar, reduzimos a intensidade da emoção negativa, o que nos permite ver melhor a situação e analisar se o impacto é tão negativo quanto supúnhamos no início. "Na verdade, isso não tem importância — nada foi destruído ou quebrado. Posso simplesmente pedir a ele para lavar o liquidificador ou lavá-lo eu mesma."

A estratégia que mais utilizo hoje em dia é a opção D: *descentrar*. Você pode adotar a visão panorâmica, como fizemos anteriormente, ou pode tentar algo ainda mais rápido: *pare, descarte e siga*.

- *Pare* a guerra interna contra as circunstâncias reais — apenas as aceite. É o que é. Deixe-me ser clara: não significa que, para você, está "tudo bem" com a situação. Não tem relação com seu julgamento sobre o evento real. Significa apenas que você aceita a realidade do que aconteceu.

- *Descarte* a história — sua avaliação dessa situação é apenas uma história. Não é a única.

- *Siga* em frente — continue andando, continue em movimento, fique curioso sobre o que o próximo momento trará.

Essa abordagem me mantém ágil, aberta e receptiva. Também mantém minha memória de trabalho livre, pois não preciso inventar novos contextos ou histórias para me sentir melhor, como fazia com a reavaliação. Com o pare/descarte/siga, tenho confiança de que terei acesso a mais dados da situação, estou ciente de qual é a minha história e aberta à possibilidade de que ela esteja incompleta ou seja imprecisa e tenho certeza de que meu estado emocional mudará à medida que eu permitir que meus pensamentos e emoções venham e vão sem segurá-los e mantê-los em um ciclo.

Quando me aproximei de Michael, que estava no computador ocupado com uma demanda de trabalho urgente, a qual, sem dúvida, esgotara toda a capacidade de sua memória de trabalho, eu não estava mais com raiva. Estava grata por ter aquelas ferramentas.

Nossos dias, nossas vidas, estão cheios de situações "moscas-das-frutas no liquidificador". Às vezes, elas são relativamente pequenas. Outras vezes, são grandes. E, às vezes, são enormes — momentos de crise ou decisão em que há muito em jogo para você e para outros. Mesmo os menores eventos têm impacto, uma vez que muitos pequenos casos de respostas emocionais desreguladas podem corroer nossos relacionamentos mais valiosos.

A capacidade de ter respostas proporcionais afeta todas as suas interações com os outros. Sua capacidade de se conectar, colaborar e se comunicar também depende da estabilidade de sua atenção.

QUANDO AS COISAS FICAM BRAVAS, OS BRAVOS PERMANECEM PRESENTES

O tenente-general Walt Piatt chegou a Kirkuk, no Iraque, para mediar um encontro entre três líderes de povoados locais que estavam em conflito. Como general recém-chegado dos Estados Unidos, ele tinha de receber essas três facções e tentar encontrar um caminho a seguir. Em determinada altura, eles chegaram a se unir contra um inimigo comum, o Estado Islâmico. Mas, agora que o Estado Islâmico havia ido embora da região, estavam em conflito uns com os outros, e todos furiosos com os Estados Unidos. A tensão naquela sala era — para não dizer algo pior — *alta*.

O encontro começou como uma fogueira, com a tensão e a animosidade crescendo bem rápido. Os três líderes expuseram suas queixas uns contra os outros e contra o envolvimento dos Estados Unidos na região. Deveria ser mais fácil mudar logo para o modo de resolução de problemas, ou mesmo adotar uma atitude defensiva. Walt decidiu que iria deixá-los falar. Iria apenas ouvir. Tentou trazer toda a sua atenção para o momento, para manter seu foco em cada líder enquanto falava, para estar completamente aberto ao que eles tinham a dizer.

Quando cada pessoa terminava, ele dizia: "Aqui está o que eu ouvi você dizer", e repetia, com precisão, o que eles haviam acabado de expressar.

Walt não resolveu grandes questões naquele dia. Ele não apresentou nenhuma grande solução para todos os problemas difíceis e espinhosos levantados naquele encontro. No entanto, algo mais aconteceu. Toda a dinâmica mudou. Os líderes locais se sentiram ouvidos e respeitados.

— Dava para ver nos rostos deles — disse Walt. — Dava para vê-los pensando "Esse é alguém com quem podemos trabalhar".

O encontro acabou sendo produtivo. As três facções puderam conversar entre si. E, no final, um dos líderes se aproximou de Walt. Ele estava usando um fio de contas de oração no pulso, lindamente decorado com uma inscrição prateada. Ele o desenrolou do braço e o entregou a Walt, dizendo:

— Isso não teria sido possível sem você.

Um belo gesto de agradecimento.

É fácil pensar em "ouvir" como algo passivo. Na verdade, é um ato bastante ativo e exigente se bem-feito. Requer controle atencional, regulação emocional e compaixão. Exige foco, metaconsciência e descentramento. Não tem nada de passivo. É um *trabalho pesado*. E é extraordinariamente valioso. Ouvir, realmente ouvir, é muitas vezes a "ação" que precisamos realizar com mais urgência. Essa história de como a atenção mudou o curso de um conflito me dá esperança. Ela nos mostra o que a *presença* — tão simples, mas tão difícil — pode, de fato, alcançar.

Prática de escuta

A sabedoria convencional nos diz que, se quisermos ser melhores comunicadores, devemos praticar a comunicação. Mas uma dica importante: para ser um grande comunicador, você precisa ser capaz de ouvir, *de fato* ouvir. Quando o faz, você tem mais informações acerca do que dizer a seguir: o que é mais apropriado, amável e estrategicamente útil.

Aqui vamos nós:

Prepare o cenário: escolha uma pergunta para fazer a um amigo próximo ou a um familiar. Selecione algo como "O que você gostaria de fazer neste fim de semana?". Você quer algo de que eles possam falar, ininterruptamente, por dois minutos. (Antes de começar, eu o aconselho a informá-los de que estão participando deste exercício com você.)

Passo 1: faça a pergunta para a pessoa.

Passo 2: durante os dois minutos, faça da resposta dela o objeto de sua atenção. Ancore-se nessa resposta. Se perceber sua mente divagando, traga-a de volta, assim como faria em qualquer uma das práticas centrais. *Esta também é uma prática.*

Passo 3: reserve um minuto para anotar todos os detalhes do que ouviu e, em seguida, transmita-o de volta para ela.

Passo 4: troque de lugar e peça que ela *o* ouça por dois minutos.

Relatório: quando terminar, responda às seguintes perguntas de reflexão:
Qual foi a sensação de dar a essa pessoa toda a sua atenção enquanto você a ouvia?
Qual foi a sensação de ter a atenção dessa pessoa enquanto ela o ouvia?

Ouvir é uma prática poderosa. Ela nos dá a oportunidade de nos sentirmos confortáveis sendo receptivos. E podemos até praticar somente olhando. Como disse o jogador de beisebol norte-americano Yogi Berra com seu jeito amalucado: "Você pode observar muito apenas olhando".

A ATENÇÃO É SUA FORMA MAIS ELEVADA DE AMOR

Minha filha, Sophie, teve uma noite "sem lição de casa" da escola recentemente e, quando lhe perguntei o que queria fazer nesse momento, ela disse que queria assar biscoitos. Mas foi específica: queria assar *comigo*. Ela não deixaria meu marido ajudar — ele foi proibido de entrar na cozinha. Seria um projeto culinário de mãe e filha, ela insistiu: só nós duas.

Encontramos uma receita de biscoitos na internet e seguimos em frente, espalhando os ingredientes na bancada, untando a forma, preaquecendo o forno. Não era uma receita que tivéssemos feito antes, então a deixei no celular para verificar as instruções quantas vezes fossem necessárias. Toda vez que eu tocava no telefone, ela ficava aborrecida. "Por que você está no celular?!", ela repetia sempre que eu olhava para o aparelho. No início, fiquei confusa — por que ela estava reagindo de modo tão exagerado? Então percebi que eu andava excepcionalmente ocupada, passando muito tempo com seu irmão, discutindo sua entrada na faculdade e as perspectivas de estágio de verão, além de ficar até tarde no laboratório várias noites. Era óbvio que Sophie achava que eu não estava disponível para ela.

Senti uma pontada de culpa e tristeza em relação ao que ela poderia ter sentido naquelas últimas semanas antes de voltar ao momento presente. Eu me fiz duas perguntas importantes: o que era necessário naquele momento e o que importava? Assar aqueles biscoitos com ela, nós duas juntas, era isso que importava. O que eu poderia fazer naquele momento em relação ao que era mais importante? Dar a ela meu foco total. Era tudo o que ela queria. Mais tarde, nessa noite, após muitos biscoitos terem sido consumidos e Sophie ter ido para a cama, refleti sobre como essa noite poderia ter se desenrolado de forma diferente quando eu estava no meio da minha crise de atenção — quando eu estava muito menos sintonizada, menos receptiva a tudo o que acontecia ao meu redor. Provavelmente eu não teria percebido o que Sophie queria de mim e, se tivesse descoberto, não tenho certeza se poderia ter lhe oferecido. *Eu* nem tinha o meu foco total, o que significava que certamente não poderia oferecê-lo.

O que tinha mudado, então? Parecia que minha mente estava mais centrada no presente, disponível e maleável. Sorri ao perceber: *uma mente no auge é isso*. Para mim, uma mente no auge não está relacionada à perfeição ou a estar em algum pináculo imaginário, como você pode ver em um cartaz "motivacional": uma mulher no topo de uma montanha, braços jogados ao ar, saboreando sua experiência de auge. Uma mente no auge não está relacionada a se esforçar para chegar a outro lugar. É mais simples, mais elegante e factível. Penso nela como um triângulo: a base é o momento presente, e os lados são duas formas de atenção — um lado, a atenção receptiva para que possamos perceber, observar e ser, e o outro, a atenção concentrativa para que estejamos focados e flexíveis.

A atenção, tanto na forma receptiva como na forma concentrativa, não é apenas um recurso cerebral precioso — é uma moeda, uma das mais valiosas. As pessoas de nossa vida percebem em que, quem e onde a gastamos. A atenção, de muitas maneiras, é a nossa forma mais elevada de amor.

Além da atenção, para nos conectarmos de maneira plena com outra pessoa, é necessário um conjunto único e complexo de habilidades. Muitos dos momentos de conexão a que queremos comparecer são positivos e amorosos, mas também precisamos comparecer àquelas interações que são difíceis ou adversas. Existe todo um espectro de relações humanas, e por algumas delas é extremamente difícil transitar.

A *CONEXÃO* NEM SEMPRE É CALOROSA E INDISTINTA

Em 2012, Sara Flitner, consultora de estratégia e comunicação, tomou uma decisão que mudou sua vida: ela iria concorrer à prefeitura. Ela gostava de seu trabalho administrando sua própria empresa e adorava usar suas habilidades, como pensamento crítico e empatia, para resolver problemas complexos. Sara via muitos problemas em sua comunidade — Jackson, em Wyoming (conhecida como Jackson Hole), que fica ao lado dos parques nacionais de Yellowstone e Grand Teton, mecas do turismo. Jackson tinha um dos maiores níveis de desigualdade socioeconômica dos Estados Unidos, acompanhado de altas taxas de depressão e abuso de álcool e drogas, população de rua, alto estresse, entre outros. Sara achou que poderia fazer a diferença por meio de sua liderança e influenciando a política. Ela se sentia entusiasmada para tentar promover mudanças de dentro do sistema. Seu objetivo, ela diz, era "incutir compaixão, civilidade, decência básica e consideração pelo semelhante naqueles que ocupam posições de poder".

E como foi?

Ela ri.

— Eu entrei direto no olho do furacão.

Ela ganhou a eleição e, uma vez no cargo, foi confrontada com a realidade de como a política é divisiva, mesmo em nível local. Quando ela concorreu à reeleição, dois anos depois, a campanha foi particularmente de baixo nível. Da primeira vez, tanto Sara como seu oponente fizeram campanhas diretas e limpas. Dessa vez, seu oponente foi hostil. Ela tinha de decidir, todos os dias, como responder a ataques retóricos. A primeira coisa que ela fazia quando se levantava, todas as manhãs, era uma prática de atenção plena. Sem telefone, sem notícias, sem mídias sociais. Ela diz que a prática "dava descanso ao meu cérebro" e permitia que ela tivesse tempo para se fixar no "que realmente importava para mim". Sara decidiu no início da campanha que não iria "jogar sujo" e se manteve fiel à promessa, mesmo quando perdeu.

Agora, ela brinca ao afirmar que iniciou seu mandato de dois anos como prefeita dizendo "Eu amo gente" e saiu dizendo "Eu odeio gente". Com toda a seriedade, porém, Sara acha que o tempo em que esteve no cargo foi valioso para ela e que *conseguiu* promover mudanças, mesmo tendo sido doloroso, difícil e até mesmo decepcionante. A prática de atenção plena foi, segundo ela, "uma tábua de salvação", em grande parte pela maneira como a ajudou a se conectar com os outros e a resolver questões, especialmente quando essas interações eram adversas e carregadas de conflito.

Encontros espinhosos ou difíceis com outras pessoas podem se tornar situações em que a reatividade emocional leva o melhor de nós. Ou tentamos escapar e encontrar a maneira mais rápida de sair da interação. Nenhuma das estratégias é muito boa para a atenção ou a saúde psicológica em longo prazo: problemas não resolvidos, perguntas e dúvidas tornam-se estados de conflito que arrastam seus pensamentos para ciclos ruminativos. E disputas interpessoais também podem drenar a atenção, impedindo-nos de passar por uma situação difícil de forma graciosa e produtiva.

— É desolador ver o tipo de sofrimento que impomos uns aos outros quando agimos como se houvesse algum tipo de orçamento para a compaixão ou a empatia — afirma Sara. — Temos essa postura de "Eu vou guardar a minha compaixão para as pessoas de quem eu gosto, não para você". É um raciocínio primitivo, quando temos, bem aqui nas nossas cabeças, uma tecnologia muito mais avançada disponível para nós.

Prática sob demanda: "Assim como eu"
Durante uma interação difícil, faça uma pausa. Pode ter a duração de uma respiração. Ou, antes de uma interação difícil, tire um momento e imagine essa pessoa. Então, lembre-se: "Essa pessoa já vivenciou dor, assim como eu. Essa pessoa já vivenciou perda, assim como eu. Alegria, assim como eu. Nasceu de uma mãe, assim como eu; vai morrer um dia, assim como eu". Se essas frases não repercutirem em você, sinta-se à vontade para substituí-las por outras que enfatizem a humanidade comum que compartilhamos com os outros.

A CONEXÃO É UMA HABILIDADE CENTRAL

Quando Sara Flitner terminou seu mandato como prefeita de Jackson e deixou o cargo, ela não tinha terminado de tentar mudar sua comunidade para melhor. Ela fundou uma organização, espirituosamente chamada de Becoming Jackson Whole,* dedicada a treinar líderes em todas as áreas — comunidade, serviços, saúde, educação, negócios, aplicação das leis, entre outras — nos tipos de habilidades de atenção plena baseadas em evidências, que ajudam a desenvolver resiliência e permitem que as pessoas progridam em termos pessoais e profissionais.

Conheci Sara em 2019 quando sua organização reuniu cem membros da comunidade em uma conferência de pesquisa. Fui uma das cientistas convidadas a apresentar as descobertas do meu laboratório sobre a prática da atenção plena. Na minha apresentação, descrevi a pesquisa e o treinamento que eu e Scott Rogers fazíamos, oferecendo MBAT para muitos grupos diferentes em nossos diversos projetos: professores, executivos, cônjuges de militares, profissionais da saúde e aprendizes. Após descobrir como o MBAT se aplicava a vários grupos, e que poderia ser iniciado presencialmente e continuado conosco de forma remota, Sara nos convidou para voltar a Jackson a fim de lançá-lo. Ela e sua equipe reuniram líderes da comunidade para participar, visando especificamente pessoas de vários níveis hierárquicos dentro de suas

---

* "Tornando-se uma Jackson inteira", em tradução livre. (N. T.)

respectivas organizações — assim, ao lado do diretor do sistema hospitalar, uma enfermeira; ao lado do delegado, um oficial subalterno.

— Apenas ser capaz de focar sua atenção no "outro" — lembra Sara — foi um progresso incrível. Eles estiveram lá conosco pessoalmente apenas por dois dias, mas o tipo de conexões que a prática da atenção plena gerou nunca teria sido possível de outra forma.

Sara atribui à prática da atenção plena a existência de toda a sua organização, bem como sua capacidade de juntar todas essas pessoas em uma sala, muitas delas profissionais ocupados e de alto escalão. Práticas de compaixão e conexão, ela diz, são a base de sua carreira desde o início. Quando quis lançar o MBAT para líderes comunitários, ela precisou ligar para os principais CEOs em Jackson e dizer "Preciso de dois dias".

— E eles concordaram, porque *meu* relacionamento com eles é bom — relata Sara. — Quando eu digo: "Priorize isso e você vai ter sucesso", eles confiam em mim. Eles sabem que o tempo deles não vai ser desperdiçado.

Ela conclui:

— A *conexão* não é "piegas". Não é uma habilidade comportamental. É absolutamente fundamental. Não se trata de ser legal ou "se dar bem" com todos. Trata-se de usar habilidades de educação emocional e habilidades de construção de relacionamentos. Para Sara, enfrentar interações difíceis requer seriedade: quanto você quer contribuir? Você vai ser a pessoa mais barulhenta da sala ou "pertencer ao maior clube"? Ou vai aprimorar as habilidades de colaboração e conexão de que precisa para operar no nível mais alto?

— Sem elas, não me importa quais são suas outras capacidades; você não vai ter sucesso — diz Sara. — Você pode ter a cura para o câncer, mas, se ninguém ouvir você, não adianta nada.

Nossa última prática central neste livro é uma prática de conexão. Na tradição do treinamento contemplativo, em geral, é chamada de "meditação da bondade amorosa". No entanto, essa prática não é focada exclusivamente nas pessoas que você ama, embora muitas vezes possa começar assim. O propósito aqui é cultivar sua capacidade de se conectar e oferecer boa vontade para os outros e para si mesmo. Começamos com alguém próximo a você e depois expandimos. Usar sua lanterna para iluminar o mundo e os outros *com desejos bons* é a próxima maneira de praticarmos usando nossa atenção.

PRÁTICA CENTRAL: PRÁTICA DE CONEXÃO

1. Comece esta prática como as outras, sentando-se confortavelmente, mas alerta. Ancore-se em sua respiração e concentre-se nas sensações relacionadas a ela.

2. Agora, mude e traga uma percepção de si mesmo para a sua mente neste exato momento de sua vida.

3. Repita em silêncio as seguintes frases para oferecer desejos bons para si (três minutos). Lembre-se: o objetivo é *oferecer* a si mesmo desejos bons, não pedi-los ou exigi-los. Dizer estas frases encoraja essa atitude:
   Que eu seja feliz.
   Que eu seja saudável.
   Que eu esteja seguro.
   Que eu viva com tranquilidade.
   As frases e sua ordem não são importantes. Algumas pessoas podem dizer *"Que eu esteja livre do sofrimento"* em vez de *"Que eu esteja seguro"*. Outras podem querer dizer *"Que eu encontre paz"* em vez de *"Que eu viva com tranquilidade"*. O importante é que você escolha frases que repercutam em você *e* que transmitam um sentimento de boa vontade para o destinatário.

4. Em seguida, enquanto você permite que sua percepção de si mesmo se afaste de seu foco, traga à mente alguém que tenha sido muito bom para você nesta vida, muito amável e solidário, alguém que você possa descrever como um benfeitor. Repita em silêncio as frases abaixo, oferecendo-as a essa pessoa:
   Que você seja feliz.
   Que você seja saudável.
   Que você esteja seguro.
   Que você viva com tranquilidade.

5. Agora, deixando sua percepção sobre essa pessoa se afastar, traga à mente a imagem de alguém com quem você não tem nenhuma conexão real e por quem seus sentimentos são neutros. Pode ser alguém que você veja de vez em quando, mas por quem não

tenha nenhum tipo de sentimento forte. Talvez seja um vizinho com quem você cruza ao passear com o cachorro, um atendente do estacionamento que você vê todos os dias ou um funcionário do supermercado. Ofereça-lhe mentalmente as frases.

6. À medida que a percepção sobre essa pessoa se afastar de seu foco, traga à mente a imagem de alguém com quem as coisas estão desafiadoras neste momento de sua vida. Em geral, esse alguém é chamado de "pessoa difícil". Não precisa escolher a pessoa *mais* desafiadora de sua vida. Lembre-se: você não está apoiando a visão dela e não está necessariamente perdoando suas ações do passado. Você está apenas lhe oferecendo bondade como uma prática destinada a fortalecer sua capacidade de assumir a perspectiva de outra pessoa, percebendo que, como você, ela também deseja felicidade, saúde, segurança e tranquilidade. Com isso em mente, ofereça mentalmente as frases.

7. Agora, passe para todos de sua casa, comunidade, estado ou província e país, e continue a expandir até incluir todos os seres em todos os lugares. Fique alguns instantes visualizando cada lugar (sua casa, sua comunidade) e depois ofereça as frases para todos dali.

8. Ao longo desta prática, observe quando sua mente divaga do foco escolhido e gentilmente traga sua atenção de volta.

9. Quando estiver pronto, passe alguns instantes se ancorando em sua respiração para terminar a prática.

As instruções são diretas, e as implicações potenciais, profundas.

Um número cada vez maior de pesquisas vem examinando os efeitos dessa prática no cérebro e no corpo,[5] como a melhora do humor positivo e sentimentos de bem-estar, assim como uma maior capacidade de assumir a perspectiva do outro, o que é necessário para emoções sociais positivas. Mais recentemente, vários estudos relatam que essa prática de conexão é um poderoso antídoto contra nossos preconceitos implícitos. São necessárias mais pesquisas nessa área, mas os primeiros resultados são muito promissores.

Como você deve ter percebido, essa prática difere bastante do conjunto de práticas de atenção plena que fizemos ao longo deste livro até agora. Estou oferecendo-a aqui por algumas razões, muito além dos benefícios bem conhecidos que ela tem para o humor positivo e para a redução do estresse. Como o nome indica, essa prática aumenta nosso senso de conexão e reduz a solidão. Por que isso acontece? Afinal de contas, essa não é uma atividade solitária?

Você pode se conectar com pessoas que não se conectam de volta?

O cérebro, lembre-se, é uma fantástica máquina de simulação. Sub-regiões da rede de modo padrão que usamos para lembrar acontecimentos de nossa vida também são usadas para nos projetar no passado e no futuro. E essas mesmas regiões também podem ser usadas para nos projetar na mente de outras pessoas. Ao fazer isso, simulamos a experiência do mundo a partir da perspectiva delas. A tomada de perspectiva nos habilita a entender as motivações do outro e, portanto, a estender a empatia. Ao enviar desejos bons a indivíduos com diferentes níveis de "proximidade", como somos orientados a fazer nessa prática, oferecemos a nós mesmos a experiência de estender o cuidado e a preocupação. Claro, tudo isso é feito na privacidade de nossa mente, mas, como temos discutido, a mente é um poderoso simulador de realidade virtual. Estender o cuidado pode aumentar nossos sentimentos de conexão com os outros da mesma forma que recebê-lo também.

Vivenciei isso de perto quando participei de um retiro da bondade amorosa. Quando chegou o momento de selecionar uma "pessoa neutra" como alvo dessa prática, escolhi um administrador do meu departamento na Universidade de Miami, o dr. Richard Williams. Richard era neutro, pois eu não tinha sentimentos fortes nem a favor nem contra ele. Na verdade, eu não tinha nenhuma conexão real com ele. Eu o via ocasionalmente quando meus orçamentos de pesquisa precisavam ser revistos ou quando eu tinha de fazer uma compra grande. Não sei por que o escolhi, mas escolhi.

Uma observação relativa à prática diária em oposição a um retiro: a prática de conexão que você foi solicitado a fazer na página 240 pode ser completada em quinze minutos à medida que você avança repetindo, mentalmente, as frases selecionadas por cerca de três minutos para cada um dos destinatários. Em contraste, em um retiro silencioso de uma semana, entre 100 e 150 participantes se reúnem diariamente para meditar numa grande sala, de manhã cedo até tarde da noite. As práticas são realizadas em silêncio e nenhuma orientação contínua é dada, exceto as instruções que o professor fornece no início de cada dia. As práticas são divididas em sessões de 45 minutos, com pausas curtas entre elas e pausas mais longas para as refeições. As sessões se alternam entre meditação sentada por 45 minutos, seguida por meditação andando, depois, meditação sentada, e assim por diante durante todo o dia. À noite, o professor apresenta uma palestra formal. No meu retiro, em vez de passar três minutos repetindo as frases para uma pessoa neutra, como faria em casa, passei um dia inteiro.

No terceiro dia de meu retiro da bondade amorosa, comecei a repetir as frases e a estender os desejos bons para Richard. "Que você esteja seguro, que você seja feliz, que você seja saudável, que você viva com tranquilidade." Parecia que não estava acontecendo muita coisa. Afinal, eu não conhecia bem Richard. Eu não sabia nada sobre sua vida, seus interesses, seus hobbies. Verdade seja dita, o dia estava bem calmo. A única coisa que me lembro de ter notado foi que meu foco concentrativo e o compromisso em lhe desejar o bem ficaram mais claros e fortes ao longo do dia. Quando voltei do retiro para casa, retomei minha prática diária habitual de atenção plena e, nas raras ocasiões em que completei a prática de conexão, continuei a incluir Richard como minha pessoa neutra. Mas não pensei muito nisso.

Cerca de um mês após meu retiro, eu estava de volta ao edifício do departamento de psicologia no campus da Universidade de Miami, onde Richard tinha seu gabinete. Eu estava lá para assistir à defesa de tese de um aluno. Após o término da defesa, decidi caminhar até o gabinete de Richard. Eu só queria dizer "olá". Ele pareceu surpreso ao me ver e perguntou se havia esquecido de marcar nosso encontro na agenda. Garanti-lhe que não — eu estava ali apenas para dizer "oi". Tenho certeza de que ele achou um pouco estranho. Mais estranho ainda foi minha experiência interior ao vê-lo. Fui tomada por uma espécie de interesse e alegria silenciosa. Percebi seu olhar amável, o branco do cabelo que emoldurava seu rosto e que ele parecia um pouco frágil. O conteúdo de nossa interação foi bastante comum. Eu não tinha a sensação de querer ou precisar de algo dessa interação. Também não houve nenhum sentimento prolongado.

Nos anos seguintes, vi Richard diversas vezes devido a tarefas relacionadas às propostas de auxílio à pesquisa. E, cada vez, eu sentia aquela conexão alegre com ele. Realmente não importava se ele não agia de forma diferente em relação a mim. Ele era o mesmo administrador gentil e competente que sempre fora. Caso isso soe estranho, eu concordo — é incomum. Mas me deu uma visão do que talvez aconteça na mente de algumas pessoas excepcionais: como o Dalai Lama, por exemplo.

Lembro-me de conhecer o Dalai Lama no palco ao apresentar as descobertas de nossa pesquisa em um encontro promovido por uma organização que ajudou a catalisar o campo da ciência contemplativa, o Mind & Life Institute. Ele cumprimentou cada orador e, quando chegou a minha vez, fui tomada pela sensação de que eu era importante para ele, não por algo que eu tivesse feito, mas apenas porque "eu importo". Sua atenção parecia íntima e interessada, embora não fosse pessoal nem prolongada. Enquanto nossa sessão era apresentada, pude vê-lo examinando o salão, olhando nos olhos e oferecendo um sorriso caloroso a pessoas da plateia. E, em seus rostos, pude ver o impacto sentido ao receberem a atenção compassiva do Dalai Lama por aquele breve momento. A experiência me lembrou dos muitos estudos recentes que eu tinha lido relatando que, naqueles que praticaram a meditação da bondade amorosa por um curto período (versus um grupo de comparação que não o fez), houve uma redução do preconceito racial implícito.[6]

Não tenho dúvidas de que o Dalai Lama é um ser humano extraordinariamente especial por muitas razões, mas talvez sua oferta imparcial de cuidado e bondade para com todos que ele encontra não seja apenas fruto de seu temperamento. Talvez seja resultado de sua prática diária de compaixão. Tal como o congressista Tim Ryan, o Dalai Lama também treina sua mente para a clareza, a compaixão e a conexão. Será que todos podemos fazer o mesmo?

Para fazer a mudança, comece por você

Ao longo deste livro, pedi a você que considerasse o cérebro e os processos cerebrais não como avariados e precisando de conserto, mas sim como capazes de serem treinados e otimizados. E, agora que você entende como realizá-lo, considere fazer a si mesmo outra pergunta importante:

O QUE VOCÊ VAI FAZER COM SUA MENTE NO AUGE?

Pense nisso. Mas não use seu pensamento analítico padrão. Tente aplicar a metaconsciência para "ver o que é" e procure descentrar para "descartar a história", tudo isso enquanto mantém sua atenção constante e receptiva.

Infelizmente, Richard Williams morreu há pouco tempo. E fiquei desolada. Na minha dor, questionei o valor de ter desenvolvido um senso de conexão com ele. Não teria sido melhor ficar desconectada? Por que se dar ao trabalho de se aproximar de alguém — não é apenas mais um sofrimento em potencial? Sei que muitas pessoas pensam assim.

Depois de algum tempo, aqui está minha resposta: não, não teria sido "melhor". Richard, mesmo sem saber, deu-me um grande presente. Ele me fez lembrar que a vida não é um jogo de soma zero. E estender cuidado, preocupação e bondade não precisa ser uma transação. Faz parte do que dá sentido à nossa vida. Sem isso, como eu disse no início do capítulo, morremos mais rápido e menos realizados.

Talvez sua motivação para aprender sobre a ciência da atenção do cérebro e a atenção plena seja melhorar a vida de outras pessoas com as quais você se sente conectado, sejam familiares, colegas de trabalho, membros de sua comunidade ou pessoas que você lidera. Como você pode fazer isso?

Resposta: comece por você.

— Ter sua própria prática é a primeira coisa e a mais importante que você pode fazer — diz Sara Flitner, a ex-prefeita de Wyoming. — Como prefeita, antes de cada evento público, eu passava um tempo em alguma forma de reflexão. Quando as coisas estavam muito conflituosas na nossa comunidade, era absolutamente essencial para mim ser a melhor versão de mim mesma.

Quando você começa por si mesmo, você pode estar presente "no meio do caos", do estresse ou da incerteza, e isso pode fazer uma enorme diferença não apenas para você, mas também para as pessoas que você ama, as pessoas com quem você trabalha e mesmo aquelas com quem você interage uma vez e nunca mais vê. E isso significa que você pode estar em uma situação difícil, de forma plena, e saber que possui os recursos cognitivos para passar por ela. Funciona somente se você *fizer a prática*.

Algo que sabemos com certeza: aprender sobre a atenção ajuda. Ainda assim, não é o suficiente. Se você quiser colher os benefícios do treinamento de atenção plena, precisará se dar uma certa "dose" de prática da atenção plena. A prática da atenção plena realmente *muda a estrutura do seu cérebro* de maneiras que são benéficas para a atenção... se você a fizer com frequência suficiente.

Mas o que é *suficiente*?

10
Sinta a queimação

Hoje, em todo o mundo, as pessoas vão acordar, calçar os tênis e sair para uma corrida matinal. Alguns apertam *play* para uma aula de ioga no YouTube; outros suam no aparelho elíptico. Alguns estão levantando pesos, fazendo séries de repetições que tonificam e fortalecem os músculos.

Seja qual for a forma de atividade física que praticamos, o fazemos porque sabemos que funciona. Entendemos que o exercício físico torna o corpo mais forte, mais flexível, mais capaz. É estranho pensar nisso, porque encaramos como algo natural, mas nem sempre foi assim. Às vezes, quando passo por uma academia e vejo todos lá dentro, pedalando e lutando para subir uma colina imaginária, penso o que acharia um viajante do tempo vindo do passado se fosse largado na Miami de hoje. Ele ficaria desorientado. Cem anos atrás, a ideia de que alguém se sentaria em uma bicicleta parada num local e pedalaria o mais forte e rápido possível para não ir a lugar nenhum teria parecido absurda.

Na década de 1960, o médico norte-americano Kenneth Cooper começou a pesquisar um tratamento para as doenças cardiovasculares. Ele estava olhando em especial para o *exercício físico*. Antes, o treinamento físico não era considerado uma forma de intervenção potencial para a saúde cardiovascular, mas Cooper revelou uma forte correlação entre exercício aeróbico e saúde do coração.[1] Ele descobriu que certos tipos de exercício (os que fazem seu coração bombear) fortalecem a respiração e o músculo cardíaco, levando a uma melhor oxigenação do sangue e a outros benefícios. Pode não parecer uma informação revolucionária, mas, na época, foi. O trabalho de Cooper (que logo foi adotado pelos militares dos Estados Unidos) descobriu que exercitar o músculo cardíaco o torna mais forte e saudável e que formas específicas de exercício são mais eficazes do que outras para esse fim.

O trabalho de Cooper sobre aeróbica logo sairia do laboratório para as casas, onde muitos vestiam *collant*, meia-calça e polainas e faziam sua melhor imitação de Jane Fonda no tapete da sala. Mas também deu início a uma mudança profunda na maneira como se pensava o exercício. A corrida tornou-se cada vez mais popular à medida que se verificou que a forma de alcançar a saúde cardiovascular é *treinar fisicamente* de maneiras específicas. Agora temos décadas de pesquisa sobre *por que* e *como* o exercício físico nos torna mais fortes e saudáveis. E as autoridades de saúde pública usam essas pesquisas para emitir diretrizes sobre quais tipos de atividade nos ajudam a ficar em melhor forma física de maneiras específicas.

Então, por que não estamos recebendo o mesmo tipo de orientação baseada na ciência sobre como manter nossa *mente* em forma?

Hoje, as pesquisas sobre esse assunto surgem em um ritmo meteórico. Estamos aprendendo que determinadas formas de treinamento mental são eficazes em treinar o cérebro de maneira semelhante a como o exercício físico funciona para treinar o corpo. E quando se trata de melhor atenção[2] — para obter melhor desempenho, melhor regulação emocional, melhor comunicação e conexão — uma forma de treinamento mental que já se demonstrou eficaz é o *treinamento de atenção plena*. Não é mais um mistério: práticas de atenção plena podem treinar o cérebro para operar de forma diferente por *padrão*.

Para o dr. Cooper, mapear o coração, os pulmões, a massa muscular e a saúde física geral *enquanto* seus participantes corriam em uma esteira lhe forneceu pistas de como o exercício cardiovascular pode transformar o corpo para melhorar a saúde. Hoje, laboratórios de neurociência contemplativa, como o meu, trazem as pessoas ao laboratório para praticar exercícios de atenção plena (sua sessão de treino mental) enquanto ficam confortavelmente deitadas em um aparelho de ressonância magnética. O que estamos descobrindo? Como temos discutido ao longo deste livro, durante a prática da atenção plena, as redes cerebrais ligadas ao foco e ao gerenciamento da atenção, à percepção e ao monitoramento de eventos internos e externos e à divagação mental ficam todas ativadas.[3] E, quando os participantes passam por programas de treinamento de várias semanas, eis o que vemos: com o tempo, há melhoras na atenção e na memória de trabalho. Menos divagação mental. Mais descentramento e metaconsciência. E uma sensação maior de bem-estar, assim como melhores relacionamentos.

E o mais interessante é que vemos mudanças nas estruturas cerebrais e na atividade cerebral que correspondem a essas melhoras ao longo do tempo:[4] espessamento cortical em nodos-chave no interior das redes ligadas à atenção (pense nisso como a versão do cérebro para um melhor *tônus muscular* de músculos específicos trabalhados em um treino), melhor coordenação entre a rede de atenção e a rede de modo padrão *e* menos atividade no modo padrão. Esses resultados nos revelam *por que e como treinar a atenção plena*, informações que precisamos ter antes de podermos prescrever o *que* treinar — ou seja, o que especificamente *você* precisa fazer para alcançar esses benefícios.

Foi exatamente isso que fez Walt Piatt levar nosso estudo sobre atenção plena às Forças Armadas quando outros disseram não.

— Todos os dias fazíamos pelo menos duas horas de treinamento físico — diz ele —, mas não passávamos tempo *nenhum* treinando a mente.

Walt ficava preocupado em enviar pessoas para combate ou missões diplomáticas sem nenhum tipo de treinamento mental que realmente as preparasse para desenvolverem os tipos de capacidades cognitivas de que elas tanto precisavam a fim de não serem reativas, de verem claramente, observarem, ouvirem e, no final das contas, tomarem as decisões certas no calor do momento. E, então, quando voltavam para casa, os soldados tinham problemas para se reintegrar à vida civil. Como líder encarregado de garantir o bem-estar de seus soldados e de famílias de militares, Walt via problemas ali todos os dias.

— Nós dizíamos: "Não gaste todo o seu dinheiro, não desconte sua raiva na sua família" — observa Walt —, mas não tínhamos ferramentas para dar a eles.

Nossa pesquisa já mostrava que o treinamento de atenção plena tinha impacto sobre a atenção, em especial quando se treinava *muito*. Você se lembra de nosso estudo com os meditadores experientes, que acompanhamos antes e depois de um retiro de meditação de um mês nas montanhas do Colorado? Como discutimos antes, eles apresentaram melhoras na atenção sustentada e no sistema de alerta. Também tiveram melhor codificação da memória de trabalho, redução da divagação mental e maior metaconsciência[5] após o retiro. Então, de fato, ficar doze horas diárias atento, com boa parte desse tempo empregada na prática de exercícios formais de atenção plena, gerou muitos benefícios mensuráveis. No entanto, uma grande questão permaneceu: quanta prática de atenção plena realmente é necessária? Certamente não poderíamos sair por aí dizendo às pessoas para meditar doze horas por dia.

Aquele estudo com os Fuzileiros Navais em West Palm Beach mostrou um *efeito dose-resposta* com a prática da atenção plena para a atenção, a memória de trabalho e o humor:[6] quanto mais eles praticaram, mais se beneficiaram. E quanto eles praticaram para ver os benefícios? Embora tenhamos pedido que praticassem trinta minutos todos os dias, encontramos uma grande variação entre os participantes. Em média, aqueles que viram benefícios praticaram *doze minutos por dia durante oito semanas*.

Tudo isso — o estudo do Colorado e o estudo de West Palm Beach — foi encorajador: evidências promissoras de que a ligação entre a prática da atenção plena e o fortalecimento da capacidade atencional era real. O que precisávamos descobrir a seguir era que solução teria uma aplicação prática para as pessoas no mundo real em suas vidas cotidianas.

Um teste "strong"

Quando eu e minha equipe viajamos para Schofield Barracks, área do Exército dos Estados Unidos no Havaí, para iniciar um estudo, tivemos alguns contratempos. A base ficava bem no meio da ilha de Oahu e não tinha um laboratório de ondas cerebrais de última geração como o que usávamos na universidade. O ideal para um estudo de ondas cerebrais seria uma gaiola de

Faraday: uma sala envolta por uma malha metálica condutora que bloqueia os campos eletromagnéticos ao seu redor. Mas obter uma quantidade enorme de metal, pesando cerca de novecentos quilos, para revestir uma sala inteira numa base militar no Havaí não era realmente uma possibilidade. Então fizemos o melhor que pudemos e construímos o laboratório de gravação de ondas cerebrais num armário de vassouras, posicionando precariamente nossos equipamentos para evitar interferência eletromagnética.

Tiramos tudo — vassouras, pás de lixo, caixas, material de limpeza, embalagens de papel higiênico de tamanho industrial, prateleiras de metal — e dirigimos por toda a Oahu à procura de materiais para isolar as paredes e amortecer a luz e o som a fim de criar um ambiente mais bem controlado para nossos experimentos. Encontramos um Walmart e compramos todos os rolos de feltro preto da loja. De volta à base, grampeamos camada sobre camada de feltro nas paredes do armário. Arrastamos para dentro dele caixas de equipamentos de computador, cabos e amplificadores que tínhamos enviado por correio antecipadamente. Na sala ao lado, montamos estações de computador para os soldados usarem durante os testes, compartimentando-as da melhor maneira possível com cartolina adquirida na papelaria local. Não estava perfeito, mas teria de servir.

Esse projeto foi batizado STRONG (*Schofield Barracks Training and Research on Neurobehavioral Growth*)* e foi o primeiro estudo desse tipo realizado em larga escala sobre treinamento de atenção plena entre soldados da ativa do Exército dos Estados Unidos que haviam voltado do destacamento e se preparavam para partir novamente, neste caso, para o Afeganistão. Nossos primeiros estudos sobre treinamento de atenção plena haviam mostrado um impacto mensurável, mas, embora encorajadores, esses estudos foram pequenos. O projeto STRONG, por outro lado, duraria quatro anos e testaria a atenção plena em um grupo muito maior. Desde então, fizemos muitos outros estudos em larga escala com militares, seus cônjuges, socorristas, líderes comunitários e muitos outros grupos.[7] Antes que pudéssemos oferecer alguma prescrição para grupos pressionados pelo tempo e com alto estresse

---

* "Treinamento e pesquisa em crescimento neurocomportamental de Schofield Barracks", em tradução livre. *Strong* significa "forte" em português. (N. T.)

— o que, em algum nível, significa todos nós —, precisaríamos responder a perguntas-chave sobre conteúdo e dosagem:
- O treinamento de atenção plena foi melhor do que *outras* formas de treinamento mental?
- Que tipo de informação o treinamento deve conter? Passar tempo de aula aprendendo sobre estresse e os benefícios da atenção plena foi tão benéfico quanto fazer as práticas?
- Por fim, e talvez o mais importante, qual seria a quantidade de tempo *mínima* que as pessoas teriam que empregar na prática da atenção plena para sentirem os benefícios atencionais? (Para pessoas pressionadas pelo tempo, responder a essa pergunta foi fundamental.)

Positividade: pior que nada

Queríamos comparar o treinamento de atenção plena com outro tipo de programa que o Exército dos Estados Unidos já havia começado a implementar. Essa forma de treinamento oferecia exercícios que incitavam os participantes a gerarem emoções positivas ao se lembrarem de experiências positivas ou ao reformularem desafios em curso por meio de uma lente positiva.

O que descobrimos: além de menos eficaz do que o treinamento de atenção plena, o treinamento da positividade parecia estar *esgotando ativamente a atenção e a memória de trabalho desses soldados em pré-destacamento*.[8] Da mesma forma que *requer* reavaliação e reformulação, a positividade também demanda atenção. A memória de trabalho e a atenção são usadas basicamente para construir um castelo nas nuvens. É frágil e exige muito trabalho para se evitar que desmorone — em particular sob circunstâncias demandantes e estressantes como as que esses soldados estavam enfrentando. O treinamento da positividade parece estar colocando mais pressão em sua atenção já pressionada.

Outros estudos confirmaram o mesmo: o treinamento de atenção plena fortaleceu mais a atenção do que outros programas controlados pelo tempo. Você se lembra dos jogadores de futebol americano universitário a quem oferecemos treinamento na sala de musculação durante a pré-temporada?

Escolhemos aquele cenário propositalmente para alinhar os treinamentos que eles estavam recebendo com a ideia de "exercício". Um grupo recebeu treinamento de atenção plena, e o outro, exercícios de relaxamento. O relaxamento ofereceu vantagens para os participantes, mas elas não foram exclusivas desse treinamento. Jogadores que aderiram mais a um dos programas — atenção plena ou relaxamento — relataram melhor bem-estar emocional do que aqueles que aderiram menos, mas *apenas* os que receberam treinamento de atenção plena tiveram benefícios em sua atenção.

Descobrir que o treinamento de atenção plena era melhor do que outras formas de treinamento (como positividade e relaxamento) assinalou um grande avanço. Deixou claro que eram exercícios de atenção plena — não apenas qualquer forma ativa de treinamento — que estavam melhorando a atenção e a memória de trabalho.

Conteúdo: apenas faça!

Agora, a próxima pergunta: o que o treinamento deve conter? Ajudaria os participantes ter o que chamamos de "conteúdo didático", ou aprender *sobre* atenção plena e seus benefícios?

O treinamento de atenção plena em um ambiente de pesquisa tem dois requisitos para os participantes:

1. Participar dos encontros semanais do curso, em que um instrutor qualificado lhes apresenta práticas e conteúdo relacionado.
2. Dedicar-se à prática diária de atenção plena fora da sala de aula ("lição de casa") que eles são orientados a fazer.

O primeiro estudo do projeto STRONG (comparando atenção plena e positividade) pediu aos participantes trinta minutos de prática diária por oito semanas. No entanto, cortamos o número de horas *com* o instrutor de 24 horas para 16 horas. Ficamos animados em descobrir que o treinamento de atenção plena ainda proporcionou benefícios, mesmo com essa redução de horas com o instrutor. Foi uma ótima notícia para nossos participantes pressionados pelo tempo. Poderíamos reduzi-lo ainda mais? Poderíamos cortá-lo para metade?

Para reduzir tanto, precisávamos descobrir quais partes do treinamento tínhamos obrigatoriamente que manter e o que poderia ser jogado fora. Outros estudos de uma variedade de grupos com níveis altos de estresse tinham nos mostrado que a *prática em si* realmente importa para ver os benefícios. Então foi essa característica do programa que privilegiamos.

No estudo seguinte, realizamos dois cursos simultâneos: ambos com oito semanas de duração, com trinta minutos por dia de "lição de casa" idêntica, ministrados pelo mesmo instrutor.[9] A diferença era que, em um, o instrutor passou sete das oito horas de aula em conteúdo "didático" relacionado à atenção plena — foram discutidos atenção plena, estresse, resiliência e neuroplasticidade. Era como ir à academia para um curso de treinamento com pesos em grupo e ter o instrutor lhe dizendo como esse tipo de treinamento é bom, todos os seus benefícios, como usar o equipamento e monitorar sua forma, mas não permitindo muito tempo para você realmente se exercitar durante o horário de aula. No outro curso, o instrutor passou muito mais tempo em exercícios de atenção plena, fazendo-os e discutindo-os, sem todas as informações gerais.

Parece bastante intuitivo: se você não fizer o treino, provavelmente será uma perda de tempo. E foi exatamente isso que verificamos. O grupo focado na prática superou o outro grupo, cujo desempenho foi o mesmo que não fazer nenhum treinamento. Essa descoberta foi uma grande vitória para nós: poderíamos cortar a duração do curso *pela metade*, de dezesseis horas para oito, desde que concentrássemos grande parte do tempo da aula na prática efetiva.

Havia mais um obstáculo, no entanto. Estávamos vendo um padrão preocupante em todos os nossos estudos no projeto STRONG: os participantes não estavam, nem de perto, fazendo a quantidade de prática que havíamos requisitado. Seu tempo efetivo de prática estava bem abaixo de trinta minutos. Eles definitivamente *não* estavam fazendo a lição de casa. O que aconteceu?

Nossa melhor suposição? Praticar trinta minutos por dia era demais. Parecia uma carga impossível. Parecia muito difícil e muito longo. Queríamos que eles sentissem a queimação, mas estavam com medo de distender um músculo. Não conseguiram encaixar a prática em suas agendas lotadas e, então, escolheram não praticar regularmente. Claro, trinta minutos de prática de atenção plena por dia ajudaria as pessoas se a fizessem, mas nada disso iria ajudar alguém se não fosse realista.

E eu tinha outro problema a enfrentar: o Exército dos Estados Unidos, animado com nossos esforços, questionou-me com que rapidez eu conseguiria aumentar a oferta do treinamento para mais soldados. Eles queriam que eu levasse instrutores para várias bases militares — *rápido*. Quantos instrutores eu tinha disponíveis? Minha resposta: *uma*. Nossa única instrutora em todos esses estudos foi minha colega que desenvolveu o programa, baseada em sua própria experiência como veterana e praticante de atenção plena.

Eu precisava ter uma abordagem diferente. O programa tinha de ser eficiente em termos de tempo e expansível. Tinha de ser a versão mais leve, compacta e impactante que pudéssemos oferecer. Qual era a *dose mínima necessária* para essas pessoas pressionadas pelo tempo, que precisavam desesperadamente desse treinamento, para que pudessem ver resultados?

CHEGANDO À DOSE MÍNIMA EFETIVA

Se o treinamento de atenção plena é benéfico, mas ninguém realmente o *faz*, quem ele está ajudando? *Ninguém*.

Partimos para detalhar uma "prescrição" efetiva que pudéssemos oferecer às pessoas. Havia algumas maneiras de fazê-lo. A mais óbvia seria algo como: recrutar mil participantes, dividi-los em grupos, atribuir-lhes diferentes quantidades de tempo (como, Grupo A faz 30 minutos, Grupo B faz 25, Grupo C faz 20, e assim por diante), depois testar todos e comparar. Faz sentido, certo? Muitos estudos científicos são conduzidos dessa forma — por exemplo, estudos sobre a eficácia de medicamentos, quando os pesquisadores querem determinar uma "dose mínima efetiva". O problema é que, com a atenção plena, isso não funciona. Não é como dar uma dosagem de droga que as pessoas podem tomar. Os participantes simplesmente não fazem o que você os manda fazer. Você pode lhes dar uma tarefa como "Faça trinta minutos diários", mas não há garantia de que será feita. Na verdade, como logo verificamos, provavelmente eles não a farão.

Fiz uma parceria com Scott Rogers; ele já tinha escrito livros sobre atenção plena para pais e advogados e seu estilo era flexível, prático e acessível. Era o tipo de ajuda de que precisávamos. Analisando os dados que já tínhamos comparando dois grupos — um grupo de treinamento de atenção plena e um que não recebeu o treinamento —, verificamos que os resultados não eram bons! Não havia diferença efetiva entre os grupos após os testes de atenção que lhes aplicamos. Por quê? Seria porque a atenção plena não funciona? Ou porque as pessoas estavam descompromissadas em relação à lição de casa? Alguns fizeram os trinta minutos. Outros não fizeram nenhum.

Felizmente, havia um tesouro enterrado, dados que poderíamos usar que sugeriam uma resposta e nos diziam o que realmente poderia funcionar para as pessoas. Dividimos o grupo de treinamento em dois menores em vez de deixar os participantes todos juntos: um grupo de prática alta e um de prática baixa. Aqui nos deparamos com algo. O grupo de prática alta *de fato* se beneficiou. Então o focamos. O número médio de minutos que esse grupo praticou por dia? *Doze*.

Tínhamos um número. A partir dele projetamos um novo estudo. Solicitamos aos participantes (desta vez, jogadores de futebol americano) que fizessem *apenas* doze minutos de prática. E, para ajudá-los a acertar em cheio, Scott gravou exercícios guiados de doze minutos para usarem. Eles não precisavam programar seus cronômetros nem mesmo apertar o *stop*, só tinham de acompanhar a gravação. Nós a fizemos o mais fácil possível.

Realizamos o estudo durante um mês pedindo que eles fizessem os exercícios guiados de doze minutos *todos os dias*. Mais uma vez, dividimos a amostra em dois grupos: prática alta e prática baixa. Mais uma vez, o grupo de prática alta mostrou resultados positivos: *benefícios atencionais*. Em média, esses participantes fizeram seus exercícios de doze minutos cinco dias por semana.

As peças estavam se encaixando. Estávamos indo na direção de uma receita que as pessoas pressionadas pelo tempo estavam realmente dispostas a seguir. E, quando elas a seguiram, sua atenção foi beneficiada. Estávamos, com o conhecimento que tínhamos até ali, chegando a uma prescrição prática, a *dosagem mínima necessária* para treinar a atenção: *quatro semanas*. *Cinco dias por semana. Doze minutos por dia.*

Finalmente, conseguimos elaborar um programa que poderia ser ensinado de modo fácil para instrutores a fim de que eles o distribuíssem de forma mais ampla para os grupos demográficos que precisassem. E poderíamos ensiná-los rápido. Queríamos ficar com grupos de alta pressão e alto desempenho, como atletas, então realizamos um estudo com combatentes de elite, as forças de operações especiais dos Estados Unidos (SOF, sigla em inglês para *Special Operations Forces*). Tivemos a sorte de fazer uma parceria com um colega, um psicólogo operacional que trabalhava com as SOF, habilitado para oferecer redução de estresse com base na atenção plena. Ele foi para Miami e o treinamos para ministrar nosso programa. Chamamos o programa de *Mindfulness-Based Attention Training* [Treinamento da atenção com base na atenção plena], conhecido pela sigla em inglês MBAT. Como tínhamos feito antes, eu e minha equipe de pesquisa pegamos nossos laptops e fomos para outra base militar para verificar se esse treinamento realmente funcionava em campo, fora do ambiente de nossa universidade. Tentamos duas variantes do MBAT: uma oferecida por quatro semanas, conforme elaboramos, e outra por duas semanas. Os resultados foram animadores e promissores: o MBAT proporcionou benefícios para a atenção e a memória de trabalho desses guerreiros de elite. Os benefícios *só* ocorreram quando o programa foi oferecido por quatro semanas. Duas semanas foi muito pouco tempo.

Estávamos no caminho certo. Desde então, treinamos diversos instrutores: treinadores de desempenho do Exército que passaram a treinar soldados; cônjuges de militares que treinaram outros cônjuges de militares; corpos docentes de faculdades de medicina que treinaram estudantes de medicina; profissionais de recursos humanos que treinaram funcionários. A maioria desses instrutores não tinha experiência prévia com atenção plena, mas, em apenas dez semanas, conseguimos prepará-los para ministrar o MBAT. A chave para o sucesso foi que, embora não soubessem muito sobre atenção plena antes de oferecer o programa, eles estavam intimamente familiarizados com o contexto e os desafios dos grupos que se propuseram a treinar.

Então, o que tudo isso significa para você? O treinamento de atenção plena realmente tem um efeito dose-resposta, o que significa que, quanto mais você pratica, mais se beneficia. Mas, como sabemos agora, "fazer o máximo que puder" não funciona para a maioria de nós. Com base nesses muitos estudos, concluímos que pedir às pessoas para fazer o máximo, especialmente àquelas com muitas demandas e muito pouco tempo, as desmotiva. A solução é ter um objetivo que seja não apenas inspirador, mas *possível*. Doze minutos funcionaram melhor do que trinta, e cinco dias funcionaram melhor do que todo dia. Então é isso que eu quero encorajá-lo a fazer: praticar doze minutos por dia, cinco dias por semana.[10] Se fizer isso, você estará no caminho certo para se beneficiar de verdade. E o melhor é que, se você praticar mais, os benefícios aumentarão.

Uma observação importante: se você está ocupado e estressado, mas também sofre de algum mal, transtorno ou doença, essa prescrição pode não funcionar para você. Isso não é uma terapia nem um tratamento. Não estamos tentando reduzir sintomas, nem mesmo o estresse. Nosso treinamento é direcionado para *melhorar a atenção* — esse é o objetivo. Existem outros programas que incluem a atenção plena como parte do tratamento para transtornos psicológicos como depressão, ansiedade e TEPT,[11] e esses programas são bem promissores. Eles também exigem mais tempo (45 minutos de prática diária em alguns casos) e outras intervenções ao lado da prática contemplativa. O treinamento de atenção plena conforme prescrito aqui ajudará sua atenção, mas, se você está recorrendo à atenção plena como uma solução para outros desafios, pode precisar do apoio de um terapeuta ou profissional médico.

Agora que você sabe o que fazer, como garantir que o fará? Eu recomendo colocar um aviso em sua agenda ou configurar um lembrete no celular para alertá-lo. *Doze minutos*. Não é muito. Mas é a dose mínima necessária. E, se você sair deste livro com alguma coisa, quero que seja uma noção clara de como isso é importante. Somos ocupados. Somos pressionados pelo tempo. Estamos sempre em cima da hora. Mas doze minutos adicionais de trabalho não vão compensar tanto para você quanto se sentar calma e deliberadamente, com sua respiração. Com apenas um pouco de esforço e um pequeno investimento de tempo, você pode colher uma enorme recompensa.

Muitos profissionais de alto desempenho e alto risco me perguntam se essa prática pode ser ainda mais condensada. Inevitavelmente, alguém perguntará: "Quatro semanas é muito tempo — não podemos fazer algo numa tarde?" ou "É muito difícil conseguir doze minutos no meu dia, então posso fazer menos?".

Minha resposta? Claro que pode. E isso pode beneficiá-lo temporariamente, da mesma forma que uma caminhada pode trazer benefícios. Mas, se você quer treinar para ter um coração mais saudável, vai querer fazer mais do que uma caminhada tranquila e ocasional. Da mesma forma, se você quer proteger e fortalecer sua atenção, é necessário mais. Hoje, temos um corpo cada vez maior de pesquisas. A ciência é clara. Para que a prática funcione, *você tem de fazê-la funcionar.*

FAZENDO FUNCIONAR... E FUNCIONANDO

Paul Singerman é advogado de falências e copresidente de um dos escritórios de advocacia empresarial mais bem-sucedidos da Flórida. Ele é uma das pessoas mais ocupadas que conheço e atua em um mundo de estresse muito intenso: passa a maior parte dos dias trabalhando em casos de indivíduos e empresas que recorrem ao Capítulo 11 da Lei de Falências norte-americana. Paul acorda antes do amanhecer; passa dias inteiros de trabalho em reuniões, ligações e em juízo; depois, à noite, lida com papelada, pesquisa e escreve. Durante os meses de quarentena da covid-19 (quando ele e eu tivemos a chance de pôr a conversa em dia), continuou a comparecer nos tribunais, mas por videoconferência. Foi uma das épocas mais movimentadas em toda a sua carreira de 37 anos, e a mais difícil.

— Somos abençoados por estarmos ocupados — disse ele —, mas é o "ocupado" mais triste que eu já vivi. Está havendo uma enorme destruição de empresas. Pessoas perdendo tudo, sem culpa nenhuma. É um momento intenso, triste, exaustivo.

Perguntei se ele ainda conseguia encontrar tempo para praticar a atenção plena durante essa crise e com todas as demandas extras.

— Claro — respondeu ele. — É a primeira coisa que eu faço todas as manhãs. Tirar um tempo para fazer a prática me recompensa de todas as maneiras possíveis, o dia inteiro. É como dizem por aí: "Se você não tem tempo para meditar cinco minutos, então medite dez".

Paul nem sempre gostou da prática da atenção plena. Ele se deparou com ela em um artigo na seção de negócios da edição de domingo do *New York Times*.

— Chamou a minha atenção porque estava na seção de *negócios* — observa ele. — Se estivesse na seção de estilo de vida, eu provavelmente teria passado direto. Eu achava a atenção plena uma bobagem.

Esse artigo tratava de Chade-Meng Tan, um dos primeiros engenheiros do Google e o 107º funcionário da empresa, o qual havia adotado a prática da atenção plena e descoberto que ela era útil e baseada em evidências. O interesse de Paul foi despertado. Ele a experimentou. E logo descobriu que a prática — longe de ser o tipo de atividade "suave e fofa" que ele pensava — o ajudou a ser mais efetivo na sala de audiência e em outras áreas de sua prática do direito. Como muitos advogados em sua área, ele costumava acreditar que sua vantagem profissional vinha da agressividade. *Praticar a atenção plena* soava como algo que suavizaria essa vantagem. Na verdade, ele descobriu que ela apenas aumentou suas habilidades. Tornou-o mais perspicaz. *Mais efetivo.* Isso ocorreu devido aos pontos fortes que a prática da atenção plena desenvolve: a capacidade de estar presente; de permanecer não reativo; de estar ciente de sua própria mente, dos outros, do ambiente imediato.

— Estou me esforçando para ser um coletor de dados mais eficiente, efetivo e melhor em três compartimentos de memória, o tempo todo, a cada minuto que estou acordado — diz ele. — Esses três compartimentos de memória são: eu, a outra pessoa e o ambiente em que estou... que, com frequência, é a sala de audiência.

Para Paul, tudo começa com ele mesmo — com a consciência do que está acontecendo em sua mente. E isso inclui não apenas a consciência de pensamentos alheios à tarefa, mas também consciência de suas emoções e sensações durante as situações adversas e de estresse intenso que ele enfrenta regularmente. Frustração, ansiedade, fadiga, raiva, fome — elas podem tirar o melhor de qualquer advogado em uma situação de sala de audiência que seja longa e contenciosa. Mas, devido à prática da atenção plena, Paul agora tem as ferramentas para voltar rapidamente ao presente. Em seu tipo de trabalho, os lapsos de atenção realmente contam. Ele costuma dizer à sua equipe de advogados após reuniões, sessões na sala de audiência e outras interações: "Isso teria sido tão diferente dez anos atrás". Acontece várias vezes por semana — as capacidades cognitivas construídas pela prática da atenção plena aparecem de forma impactante e prática e mudam o rumo das coisas.

— Basicamente, ela dá a você a capacidade de controlar o futuro, de influenciá-lo de maneira significativa — diz Paul. — Você evita um comportamento reativo, evita a confusão que se segue... Eu costumava fazer e dizer coisas no calor do momento das quais me arrependia depois, porque as consequências sugavam o meu tempo e a minha energia. Eu penso assim: agora controlo o futuro, porque estou me dando a capacidade de fazer mais coisas proveitosas com meu tempo.

Paul viu tanto impacto em si mesmo, em seu trabalho e em suas habilidades, que quis trazer outros para participarem. Eu o conheci quando ele me convidou para o primeiro workshop de atenção plena que organizou para todo o seu escritório. Agora, eu e meu colega Scott Rogers continuamos a fornecer treinamento para eles, pois viram os benefícios e fazem disso uma prioridade.

Para Paul e outras pessoas pressionadas pelo tempo e extraordinariamente ocupadas que conhecemos neste livro — do tenente-general Walt Piatt, cujo dia é todo programado até o último minuto, até Sara Flitner, que administrou uma cidade e seu próprio negócio de consultoria ao mesmo tempo —, a prática da atenção plena é a *última* coisa de que elas abririam mão em um dia cheio no qual "algo tem que ceder". Mais do que *tomar* tempo, essas pessoas de alto desempenho e com altas funções descobriram que a prática da atenção plena *cria* tempo. Paul resume assim:

— Meu estudo e a prática da atenção plena deram o maior retorno de um investimento que eu já vi.

Você pode começar agora e se beneficiar

Durante a crise da covid-19, tomei conhecimento de muitas pessoas que queriam saber se o treinamento de atenção plena poderia ajudá-las a lidar com a situação. A pandemia foi um longo período de desafios. Isso é exatamente o que queremos dizer com "período de alta demanda". Tem todos os qualificadores. Usamos um acrônimo para descrever as circunstâncias mais potentes, de alta demanda, alta kriptonita que degradam a atenção: VICA.

Volatilidade. Incerteza. Complexidade. Ambiguidade.

A pandemia da covid-19, tal como se desenrolou ao longo de 2020, foi um exemplo extremo de VICA. Tudo estava sempre mudando. A informação era escassa, depois contraditória e incessantemente atualizada. Não foram oferecidas respostas nem soluções fáceis. Foi o tipo de circunstância excelente em atrair e drenar a atenção. As pessoas me diziam que só pensavam nisso — que seus pensamentos corriam. Ouvi muitas pessoas relatarem que tinham uma espécie de *névoa*, como se seus cérebros tivessem ficado lentos, incapazes de se concentrar nas tarefas mais simples. Eu conheço essa sensação. Eu a tive! Eu a tive quando recriei meu laboratório virtualmente, transferi meus cursos para a modalidade on-line, apoiei minha família e meus amigos enquanto eles se ajustavam a um novo mundo — tudo com uma sensação iminente de inquietação, de que "está sendo demais. Eu só quero dormir e acordar quando essa coisa acabar".

As pessoas queriam saber com urgência: a prática da atenção plena poderia ajudá-las naquele exato momento?

Minha resposta era: "Claro que pode. *Comece agora*".

Eu dizia às pessoas o seguinte: você pode fazer essas práticas a qualquer instante.

Elas são gratuitas. Elas são simples. Elas não requerem nenhum equipamento especial, nenhum local específico. Elas estão sempre disponíveis para você. Você pode usá-las para começar a proteger sua atenção e sua memória de trabalho *hoje*. Se você já está "destacado" — em outras palavras, no meio de um período de alta demanda —, ainda poderá *proteger* sua atenção durante esse tempo.

A lição é: comece onde estiver. Comece se estiver atravessando um momento de alto estresse e alta demanda. Comece mesmo se *não* estiver atravessando um momento de alto estresse e alta demanda. Não espere até as pressões aumentarem. Comece a construir suas capacidades agora.

Estamos todos sempre em "pré-destacamento", por assim dizer, e nunca sabemos quando o próximo grande desafio virá e nos pedirá para estar à sua altura. Então comece agora.

Como fazer?

Neste livro, você experimentou dois tipos de práticas: as práticas centrais, ou práticas "formais", em que você fica sentado ou de pé e faz o treino mental por três minutos ou mais, e as práticas "sob demanda", ou práticas opcionais. Ambas são importantes. As primeiras são fundamentais, e as segundas podem ajudar a ancorar seu dia em momentos de atenção plena que estimulam sua atenção.

No final deste livro, você encontrará uma sugestão de programação semanal para estruturar suas quatro primeiras semanas de prática. No entanto, ela é totalmente personalizável. Treinar a atenção das maneiras que delineei pode prepará-lo para o sucesso.

Estamos em um momento animador: temos uma base de evidências de pesquisa acumulada. Estamos aprendendo cada vez mais sobre o que funciona e vamos continuar a melhorar nos próximos anos e décadas. Neste momento, esse é o nosso melhor entendimento do que pode ajudar sua atenção e sua memória de trabalho.

Quando devo fazer?

Não há um horário específico para fazer sua prática formal diária. Muitas pessoas optam por fazê-la de manhã, para começar o dia com um treino mental, da mesma forma que começariam o dia com um treino físico. Paul Singerman faz sua prática logo que acorda, geralmente antes de o sol nascer. Para Sara Flitner, também é a primeira atividade da manhã — ambos priorizam o momento do dia em que ainda não olharam o celular, nem leram as notícias, nem viram as mensagens que chegaram na caixa de entrada durante a noite. Para eles, o momento *antes* de se envolverem com as demandas do dia é o adequado para se prepararem mentalmente.

Walt Piatt, por outro lado, encaixa a prática onde pode. É complicado nas Forças Armadas, mesmo com a prática da atenção plena sendo cada vez mais aceita como um "treino mental" valioso. Ainda é difícil para ele conseguir até mesmo cinco minutos para "não fazer nada".

— As pessoas no Pentágono acham que você é louco — diz Walt. — "Cinco minutos para não fazer nada?" Eles pensam: "Eu poderia fazer dez coisas nesses cinco minutos!". Minha atitude é: "Sim, mas, se você pegar cinco minutos para não fazer 'nada', poderá fazer mais cem coisas depois".

Em seu último período de destacamento no Iraque, Walt juntou a prática à sua rotina de exercícios físicos. Após seu treino matinal regular, ele terminava num palmeiral específico que havia ficado marrom no ar seco do deserto. Ele se sentava e olhava para as palmeiras, fixava o foco ali e fazia a prática de consciência da respiração todos os dias em que conseguia.

No Iraque, ele tinha menos tempo para praticar, e era ainda mais fundamental que o fizesse. Ele se envolvia em micromomentos de prática onde podia. Durante voos de helicóptero — que sempre terminavam em um novo lugar e em uma nova situação, diplomática ou não —, Walt tirava um tempo para fazer uma prática. Ele desligava o fone de ouvido por alguns instantes, silenciando o falatório dos pilotos. Enquanto o aparelho sacudia e pulava a 240 km/h, ele baixava o olhar e fazia a prática "descarte a história". Ele relembrava a si mesmo:

Isso provavelmente não será como eu esperava.
Há muito mais que eu não sei.
E o que eu de fato sei provavelmente está incompleto.

— Essas práticas me ajudam a me autorregular — relata Walt. — Você consegue sentir quando não tem capacidade de tomar uma boa decisão. Quando você não tem energia mental.

No Iraque, quando começava a se sentir assim, ele saía e regava um pedacinho de grama à noite — dez horas, onze horas, meia-noite. Ele estava de pé desde cedo e ainda tinha horas de trabalho pela frente. Mas sabia que precisava renovar a atenção.

— Era a exaustão mental que começava a me afetar — diz ele. — As distrações começavam a aumentar. Eu conseguia sentir que não estava me concentrando, não estava ouvindo.

Quando ele chegou à base e plantou o pedaço de grama, ninguém pensou que iria crescer. Mas cresceu. Então, tarde da noite, quando estava perdendo a capacidade atencional de que precisava, ele saía e a regava. Pegava a mangueira, colocava o polegar na saída da água e regava o pedaço de grama com a maior delicadeza possível. Um dos soldados de sua unidade, tentando ser prestativo, ofereceu-lhe um aspersor: "Senhor, se precisar regar a grama, nós podemos cuidar disso!". Ele disse não. A questão não era regar a grama. A questão era *ele* regar a grama. Walt usava o tempo de rega como tempo de prática. Quase como uma exploração do corpo, ele preenchia seu quadro branco mental com a experiência sensorial da atividade. A água fria passando suavemente pelo polegar. O cheiro da grama. O cheiro do deserto.

E, então, ele acabava conversando com as pessoas que passavam, que talvez ficassem surpresas ao ver o general, tarde da noite, com uma mangueira, regando um pedacinho de grama em dificuldade. Pessoas que trabalhavam para ele passavam, e eles conversavam brevemente — ele ficava sabendo de detalhes de seus dias que não saberia de outra forma. Um dos generais iraquianos às vezes passeava ao mesmo tempo, e eles acabavam conversando. Falavam sobre agricultura. Sobre a pequena cidade do general iraquiano. Sobre quantas tamareiras ele tinha em sua propriedade, muito longe dali.

A prática irá beneficiá-lo também se você arranjar tempo para ela — tanto a prática formal como as práticas informais que você puder inserir ao longo do dia. Tente isto: quando acordar de manhã, não role e pegue o celular ou pule da cama. Deite-se de costas. Faça dez ou apenas cinco respirações profundas. Concentre-se na respiração. E talvez perceba os pensamentos que surgem. Você terá uma percepção — informações sobre você, sua mente, sua atenção — do que pode usar hoje.

Tente escovar os dentes com atenção. Ao escovar cada dente, direcione sua lanterna para essas sensações. No ônibus ou metrô, não pegue o celular. Sente-se como faria na prática formal, assumindo uma postura alerta e confortável; feche os olhos ou baixe o olhar, o que funcionar melhor, e tire cinco minutos — ou a duração da viagem. Ou talvez ofereça as frases de bondade amorosa para as pessoas no seu trem. Sharon Salzberg, minha amiga e também professora de meditação de confiança de muitos, fez uma promessa de Ano-Novo de "não ignorar as pessoas". Quando estava em uma fila, esperando por qualquer coisa, ou andando pelas movimentadas calçadas da cidade de Nova York, ela fazia questão de observar as pessoas ao seu redor e oferecer a cada uma delas um desejo silencioso e simples de felicidade: "Que você seja feliz! Que você seja feliz! Que você seja feliz!". Ela distribuía mentalmente desejos bons de felicidade em todas as direções, da mesma forma que Oprah costumava dar carros novos para todos em sua plateia de TV. Perceber aqueles à nossa volta e direcionar nossa atenção para o exterior desse modo nos traz retornos, beneficiando nossas interações com os outros e nossa sensação de felicidade e bem-estar.

— Você pode fazer isso sentado numa cadeira, sentado num tapete — observa Walt Piatt. — Eu fazia molhando a grama.

Seu ponto de partida: a mesa de mixagem da mente

Amy é escritora independente; seu marido é professor do Ensino Médio. Ela visitou nosso laboratório quando estava pesquisando um artigo sobre atenção plena e atenção e fez um questionamento interessante.

Amy percebeu que ela e o marido pareciam ter pontos fortes e fracos de atenção totalmente diferentes. O marido parecia ter uma memória de trabalho *terrível* — mal caíam em seu quadro branco, as coisas saíam. Ao mesmo tempo, em geral, ele parecia muito habilidoso em permanecer no momento, mesmo quando havia grandes pressões que poderiam com facilidade levá-lo para uma viagem no tempo mental e para a ruminação. Muitas vezes, ela o via lendo um e-mail agressivo de um pai ou de uma mãe... e depois ele apenas fechava o aplicativo de e-mail e seguia feliz com seu dia. Ele parecia não se afetar — era capaz de proteger sua atenção do "ciclo da fatalidade".

— Se eu abrir um e-mail como esse — disse Amy —, *pronto*. Acabou. Vou ficar pensando nele até lidar com a situação ou resolver o problema, mesmo quando eu sei que aquele não é o momento e não dá para resolver. Eu, simplesmente, não consigo me conter.

No entanto, havia outros desafios de atenção em que ela se destacava — como guardar muita informação na memória de trabalho.

Ela queria saber: por que o marido era tão naturalmente terrível em um aspecto da atenção e ótimo em outro? De onde vêm essas habilidades e vulnerabilidades naturais?

Minha resposta não deve ter sido muito satisfatória: não sabemos bem de onde elas vêm. Seu perfil de atenção é moldado por todos os tipos de forças, desde a química de seu cérebro, sua criação e sua experiência de vida até a maneira como você usa sua atenção agora. Eu chamo isso de "a mesa de mixagem da mente". Assim como a mesa de mixagem em um estúdio de gravação, todos nós temos níveis diferentes, configurações diferentes. Cada perfil de atenção é único. Mas, quaisquer que sejam suas "configurações", você pode se beneficiar do treinamento de atenção plena.

Aceite a realidade

Quem, alguma vez, já adotou um novo regime de exercícios físicos sabe como se sente no início: *pior*. Se você começar a correr, as primeiras semanas serão duras. Você terá plena consciência de seu corpo lutando para fazer o que você manda. O mesmo pode ocorrer com um novo regime de exercícios mentais e com seu cérebro.

Um dos desafios que temos é que, após uma semana ou duas participando de um curso de treinamento de atenção plena, algumas pessoas dizem:

— Me sinto pior, me sinto *mais* estressado.

Minha resposta? *É um bom sinal*. Significa que está funcionando. Você se sente temporariamente pior porque está se tornando mais metaconsciente. Enquanto antes, na maioria das vezes, talvez você não tivesse consciência de sua divagação mental, agora percebe que ela ocorre o tempo todo. Você percebe quando não consegue tirar sua mente do ciclo da fatalidade ou quando seus pensamentos se desviam para o mesmo assunto sensível repetidas vezes, sem que você consiga evitar. Não é que essas coisas estejam acontecendo com maior frequência — é que você se *tornou mais consciente delas*.

É difícil, porque a primeira coisa que acontece com a prática da atenção plena é que você se torna plenamente consciente das maneiras pelas quais a sua mente pode se rebelar contra o que você quer que ela faça. Você vê como ela é inquieta e imprevisível. Ela não quer fazer os doze minutos de consciência da respiração. Quer fazer *outra* coisa. *Qualquer outra coisa*!

"Mas é entediante" é o protesto que ouço com mais frequência daqueles que estão apenas começando o treinamento de atenção plena. Minha resposta? Sim, é! *E essa é a questão.*

É difícil. Você fica entediado, *rapidamente*. Sabemos com que rapidez a mente inquieta quer passar para outra coisa — com que rapidez ela volta para o seu autofocado "modo padrão". Sua mente quer divagar; sua tarefa é perceber isso e, então (para algumas práticas), orientá-la de volta, repetidas vezes. *Esse é o treino.* Quando você está fazendo sua prática básica de consciência da respiração, cada vez que sua mente vagueia, você percebe o desvio e gentilmente traz sua consciência de volta para as sensações de sua respiração... *isso é uma flexão.*

Tente reformular assim: a prática da atenção plena pode ser útil *porque* fica entediante. O *tédio* é, em última análise, o que está na raiz de nosso envolvimento 24 horas por dia — é o que nos leva a celulares e *feeds* de notícias no meio de outras tarefas, ou em qualquer momento de inatividade, negando-nos pensamentos criativos espontâneos e tempo de consolidação da memória. E o que sabemos de nossos estudos de laboratório é que *qualquer* coisa pode ficar entediante se você a fizer por muito tempo — mesmo a atividade mais emocionante ou de alto risco. O decréscimo da vigilância — o declínio no desempenho da tarefa com o tempo — mostra-nos que isso é verdade mesmo em situações em que manter o foco é uma questão de vida ou morte. O tédio nos leva a pegar o telefone e a ficar rolando ou, até mesmo, a explorar nossa mente em busca de conteúdo. O tédio alimenta nossa busca incessante por outros tipos de envolvimento cognitivo. E o que sabemos sobre envolvimento contínuo é que ele esgota recursos.

Quando você se sente entediado, como se só quisesse fazer alguma outra coisa, é quando você precisa ficar curioso. Com o exercício físico, chamamos isso de sentir a queimação. *Aquele momento*, o momento de "Eu realmente preciso fazer doze minutos?" ou "Quanto tempo até o cronômetro zerar?" ou "Não posso fazer uma prática diferente?" — essa é a sua "queimação mental". É o equivalente a uma queimação muscular enquanto você faz um agachamento, embora pareça inquietação. Tédio. Desconforto. Walt Piatt relata que seus militares gostam de dizer: "Aceite a realidade".

Você tem de lidar com essa tagarelice mental, a resistência e o tédio, porque *é aí que você quer construir tolerância*. Da próxima vez em que você estiver em uma situação na vida real, fora de sua prática formal, enfrentando esse tipo de resistência mental para se concentrar e ficar presente, você poderá conseguir lidar com isso muito melhor.

Não tem relação com "sentir-se melhor"

Fui convidada para falar num programa de rádio sobre minha pesquisa em atenção plena e atenção em grupos com níveis altos de estresse. O programa começou com outro convidado, que se descrevia como professor de meditação, realizando uma prática ao vivo. Ele começou pedindo que fechássemos os olhos... e "imaginássemos campos cheios de flores e céus azuis". Essa pessoa prosseguiu nos conduzindo por uma atividade mental focada em visualizações prazerosas e relaxamento.

Meu sinal vermelho se acendeu com toda a força. O homem descreveu aquilo como um exercício de *atenção plena*, mas não havia nada enfatizando aqueles aspectos-chave da atenção — estar centrado no presente, ser não crítico e reativo. E, como discutimos ao longo deste livro, esse tipo de abordagem não funciona bem sob estresse intenso; positividade e relaxamento não funcionam sob estresse intenso. Você está gastando seu combustível cognitivo tentando construir um mundo adorável e imaginário em vez de desenvolver suas capacidades centrais: *a capacidade de perceber onde está sua atenção, de trazer sua mente de volta quando ela divaga. A capacidade de preencher seu quadro branco com a experiência do momento presente. A capacidade de resistir a criar histórias e simplesmente observar. A capacidade de ter consciência de quando sua mente precisa ser redirecionada.* Essas são as habilidades que lhe servirão, em particular durante circunstâncias desafiadoras.

Depois que o exercício de "atenção plena" do outro convidado terminou, a apresentadora virou-se para mim, deu-me boas-vindas calorosas ao programa e começou a entrevista.

— Isso foi adorável — disse ela. — Agora, dra. Jha, por que a atenção plena nos faz sentir melhor?

— Bem — eu respondi. — Não faz.

Diante do silêncio de surpresa, expliquei: a prática da atenção plena *não* tem relação com você "se sentir melhor". Não tem relação com alcançar um estado de relaxamento especial ou ser feliz ou alegre. Lembre-se: a descrição básica da prática da atenção plena é *prestar atenção na experiência do momento presente sem contar uma história sobre isso*. Esta é a promessa: se praticar esses exercícios, você se tornará mais capaz de ser o seu melhor, mais habilidoso e mais apto "eu" no momento presente — mesmo que esse momento presente seja difícil.

Não há nada de errado em querer se sentir melhor! Mas, como temos visto neste livro, as táticas comuns que tantas vezes usamos para tentar nos sentirmos melhor — evitar pensamentos perturbadores, supressão, escapismo — na realidade nos sabotam, drenam mais nossa atenção e geralmente nos fazem sentir pior. Podemos não conseguir nos "sentir melhor" em relação ao momento presente. Mas a verdade é que o momento presente é o único em que estamos sempre vivos. O que queremos desenvolver é uma espécie de agilidade mental — não afastar a dificuldade ou nos proteger dela, mas *estar com* a situação que surge. E com isso você se torna mais capaz de manobrar através da dificuldade.

Moral da história: se você se dedicar ao treinamento de atenção plena, *vai* se sentir melhor, mas não apenas com as práticas sozinhas. Elas desenvolverão sua capacidade atencional, e *isso* o ajudará a vivenciar plenamente momentos de alegria, prosperar em circunstâncias difíceis e enfrentar com sucesso momentos de crise com um estoque de resiliência.

Estou cercada por pessoas que mudaram suas vidas graças à prática da atenção plena. Alunos que trabalharam no meu laboratório, meus familiares e algumas pessoas extraordinárias que você conheceu neste livro, incluindo um general do Exército norte-americano que meditava sob palmeiras marrons e sedentas enquanto estava destacado no Iraque. Eu sei que a prática da atenção plena mudou a minha vida — permitiu-me continuar fazendo tudo o que eu queria fazer numa época em que sentia que estava ficando sem opções. Para ser cientista e mãe, dirigir um laboratório e estar presente para meu marido todos os dias, para ter a vida e a carreira que eu imaginei... eu precisava da prática da atenção plena. Não para me sentir melhor, mas para *vivenciar minha vida melhor...* e, então, quase como uma reflexão posterior, comecei a me sentir melhor.

Podemos fazer coisas difíceis

Quando fui recentemente à Índia para apresentar minha pesquisa em uma conferência sobre atenção plena e educação promovida pelo Dalai Lama em seu mosteiro, eu estava... bem, agitada. Ao afivelar meu cinto de segurança para o voo de dezoito horas, senti-me preocupada. Nessa hora, eu ainda estava decidindo o que queria enfatizar de todos os slides que havia preparado. O meu assunto era central para o tema da conferência? A maioria das outras apresentações seria sobre pesquisa em crianças, mas eu tinha feito apenas alguns estudos desse tipo, e eles não faziam parte da minha pesquisa mais recente. De repente, senti uma pontada de preocupação, mas fui confortada pelo fato de que poderia usar o voo longo para resolver minhas preocupações e finalizar minha apresentação antes da aterrissagem.

O avião decolou com um pouco de turbulência. No assento ao lado havia uma menina, com cerca de onze anos. Ela estava olhando diretamente para mim.

— Você está com medo? — perguntou ela. — Se você estiver com medo, você pode segurar a minha mão.

Apesar de querer me concentrar apenas na minha apresentação, sorri para ela. Vi que apertava a mão de sua mãe com muita força. Percebi que era *ela* quem estava com medo. A menina estava claramente apavorada por voar. Mais alguns bolsões de ar e mergulhos repentinos, e ela estava quase hiperventilando.

Então, eu perguntei:

— Ei! Que tal eu segurar a *sua* mão?

Comecei a instruí-la em uma prática de exploração do corpo. Eu provavelmente escolhi essa prática porque costumo usá-la com minha filha antes de encontros de ginástica ou competições de dança. Pedi à garota para fechar os olhos. Perguntei-lhe o que estava acontecendo no dedão do pé. Nos joelhos. No estômago. Pedi que descrevesse o que estava sentindo. Medo foi a resposta. Perguntei como era esse medo. Ela me contou que parecia um frio na barriga, depois um aperto no peito. A menina ficou mais calma, mesmo estando em maior sintonia com o medo que estava sentindo. O avião se estabilizou; por fim, ela adormeceu, com a cabeça no ombro da mãe.

A mãe se inclinou para mim com um olhar suave, a filha dormindo no assento entre nós. Ela estendeu a mão para me mostrar os dedos. Na pele, havia marcas profundas deixadas pelas unhas da menina.

— Estou tão agradecida por sua ajuda — sussurrou ela. — É a primeira vez que ela adormece num avião.

A exploração do corpo, como falamos antes, envolve prestar atenção nas sensações físicas do corpo. E, enquanto a mente pode estar preocupada com aflições ou medo, fazer uma exploração do corpo preenche o quadro branco com outra coisa — algo mais útil e produtivo. Mas não está relacionada com distração ou supressão. Eu não estava tentando distrair a garota de seu medo. A exploração do corpo — e tantas outras práticas de atenção plena que trabalhamos ao longo deste livro — tem relação com estar *corporificado* no momento presente. Nesse caso, eu estava orientando a menina a perceber a experiência sensorial do medo e movendo sua consciência para essas sensações. Localizando-as em seu corpo, colocando descritores para elas e percebendo se essas sensações mudariam e se deslocariam à medida que a garota ia prestando atenção nelas. Também permitiu que ela se distanciasse um pouco de seu medo, pois ela tinha de prestar atenção de forma diferente para me relatar quais sensações estavam acontecendo em seu corpo enquanto fazíamos a prática. No momento em que terminei de conduzi-la na prática, minhas próprias preocupações com a conferência também diminuíram.

Uma maneira de se pensar na prática da atenção plena, e em sua utilidade em momentos como esse,[12] é que ela nos ajuda a desenvolver *tolerância à angústia* — nossa capacidade de gerenciar a angústia emocional, de sermos estáveis, eficazes e resilientes nos momentos mais difíceis, reais ou percebidos. Ela não apenas fortalece nossas capacidades de atenção e de memória de trabalho — também desenvolve nossa compreensão e a confiança de que podemos enfrentar o que vier; de que podemos estar em um momento duro, difícil e ficar bem. A prática da atenção plena nos orienta a *estarmos presentes* em circunstâncias estressantes, perturbadoras e exigentes, e saiba que temos a capacidade mental de que precisamos para lidar com essas situações.

Muitos de nós acreditamos que resiliência é algo que você tem ou não tem. Que está relacionada exclusivamente à forma como você foi criado, sua personalidade ou suas habilidades de enfrentamento. O que sabemos da ciência da atenção é que a resiliência cognitiva *é* algo que você pode treinar e desenvolver.

Após fazer a exploração do corpo com a menina no avião, consegui abrir meu laptop. Com a mente mais clara e menos agitada, pude identificar com maior facilidade os pontos em que revisões cirúrgicas fortaleceriam minha apresentação. Depois de fazer essas mudanças estratégicas, guardei o computador e me acomodei à longa jornada, sentindo-me confiante com a apresentação que havia preparado.

No meu trabalho, pesquiso a melhor forma de treinar grupos de alto desempenho quando estão se preparando para *períodos de alta demanda*. Para muitos desses grupos, sabemos exatamente quando esse período será. Para os soldados, é o destacamento. Para os alunos, são as provas. Para os atletas, é a competição ou a temporada de jogos. Contudo, a maioria de nós não sabe quando períodos de alta demanda podem ocorrer. O que sabemos é que *eles ocorrerão*. Períodos de alta demanda são, na realidade, as circunstâncias de nossas vidas. O treinamento de atenção plena lhe confere não apenas a mente no auge de que você precisa para enfrentar esses períodos com sucesso, mas também a confiança de que você *é capaz* de fazê-lo. Que você pode estar presente, focado e apto em circunstâncias difíceis. Eu disse à garota no avião que a turbulência terminaria — e também seu medo e todas as sensações que o acompanhavam. Tudo passaria, o momento mudaria. Ela só precisava perceber, a cada momento, que ela estava bem *naquele momento*.

— Você sabe o que os pilotos fazem quando o avião bate nesse tipo de ar esburacado? — perguntei a ela.

Ela balançou a cabeça.

— Nada! — disse eu. — Eles não podem vencer a turbulência nem se desviar dela. Eles simplesmente deixam acontecer e deixam o avião passar por ela. Eles se mantêm firmes até sair do bolsão de ar.

O que ganhamos com a atenção plena — com a capacidade de manter nossa atenção no que precisamos, na forma que precisamos — é essa compreensão fundamental de que tudo passa. Tudo muda. Este momento passará rapidamente, mas sua presença nele — se você está aqui ou não, reativo ou não, construindo lembranças ou não — terá efeitos cascata que se expandem de forma muito mais ampla. Então a pergunta é: neste momento, você consegue estar presente? Consegue apontar sua lanterna para o que é importante para você? Deixar a tinta desaparecer no que não desaparece? Abandonar suas expectativas e ver o que está bem aqui? Evitar a reatividade, o julgamento e a criação de histórias e *ver o que é*? Você consegue, de fato, estar aqui para esta experiência, para que possa sentir, aprender, lembrar e agir de maneiras que façam sentido em sua vida, para seus objetivos e aspirações, para as pessoas ao seu redor?

Você não precisa nascer especialista nessas capacidades — ninguém nasce. Temos de trabalhar para aprimorá-las. Mas agora, pelo menos, sabemos como.

Conclusão

A MENTE NO AUGE EM AÇÃO

WESTMINSTER HALL É UM lugar imponente, mesmo que você não esteja lá para apresentar o trabalho da sua vida para membros do Parlamento do Reino Unido, assim como para importantes líderes de serviços de emergência e militares. Enorme, torreado e com algumas de suas partes com quase mil anos, fica no coração de Londres e paira sobre o Tâmisa. A sala da Câmara dos Comuns onde eu iria me apresentar, junto com outros especialistas em treinamento de atenção plena, tinha o ar pesado e silencioso de uma sala de audiência. Era comprida e tinha o teto alto, com paredes verde-escuras e janelas altas e estreitas que davam para o rio. Tudo era antigo, mas estava impecável — o peso da história era grande naquela sala. Em toda a sua extensão, havia filas de bancos de mogno polido e escuro, e todos estavam ocupados por algumas das pessoas mais importantes e influentes do país.

Eu já estava nervosa. Há semanas me preparava para essa apresentação — nesse ponto, uma das de maior destaque na minha carreira. O plano original era o seguinte: eu e Walt Piatt, que então era major-general, iríamos nos apresentar juntos. Ele teria dez minutos, eu teria quinze. Disseram-me para preparar os slides e estar pronta para entrar logo depois dele. Passei horas preparando minha fala, aprimorando-a, revendo os slides. Eu estava pronta.

E, então, dois dias antes do grande dia, Walt teve de desistir. (Quando você é major-general e algo "surge no trabalho", não há negociação.) Então, mudamos o cronograma — os organizadores me pediram para ficar com o tempo de Walt, rever meu material e me apresentar por 25 minutos. Respirei fundo e mergulhei de volta, refazendo minha apresentação. Mas isso me atingiu. Chegando a Londres, após o longo voo, com um pouco de *jet lag* e grogue, as preocupações começaram a surgir. *Minha mensagem estava boa o suficiente? Meu timing estava certo? Eu estava representando bem a visão mais ampla, agora que estava incorporando um pouco da mensagem de Walt?*

E, para mim, havia uma camada extra, ainda mais pessoal, em tudo aquilo. Eu estaria entrando na sede de governo do país que controlou minha terra natal por quase noventa anos. Eu nasci na cidade onde Gandhi organizou sua resistência não violenta contra o domínio britânico. E eu estaria falando sobre os méritos das práticas de promoção da paz para líderes da guerra. Havia uma pungência naquilo — e muita pressão. Enquanto me acomodava com os outros palestrantes na frente da sala, eu estava sentindo tudo: as mudanças de última hora, o peso da história, as preocupações sobre a clareza da minha apresentação. E, então, o organizador do evento se aproximou de nós. Havia outra mudança inesperada.

Na noite anterior, a sala onde estávamos havia sido usada para uma reunião a portas fechadas sobre o destino de Theresa May como primeira-ministra do Reino Unido. Era outubro de 2018, época das discussões do Brexit — havia muita tensão e tudo estava indefinido. Os organizadores tinham acabado de descobrir que alguém sabotara o equipamento audiovisual para evitar que a discussão sobre May pudesse ser gravada de forma secreta. Eles o tinham literalmente arrancado da parede. Não havia como colocá-lo para funcionar. Os organizadores arrastaram um sistema de alto-falantes externo e saíram correndo para tentar encontrar um projetor, mas, três minutos antes do horário marcado para a minha apresentação, eles anunciaram: "Nada de slides. Improvisem".

Enquanto me preparava para falar, lembro-me de pensar, "tudo na minha vida me trouxe a este momento". Não porque, se eu falhasse, haveria consequências graves — no final das contas, nada terrível aconteceria se eu me afundasse. Não era igual a algumas pessoas com quem trabalhei:

eu não seria dilacerada por uma granada ou engolida por uma bola de fogo. Eu não corria o risco de perder um caso importante para um cliente ou um contrato esportivo multimilionário. O que eu tinha na minha frente era uma oportunidade. Eu tinha a sorte de transmitir minha mensagem para pessoas que tinham o poder de tomar decisões que afetam radicalmente a vida de outras — pessoas que *são* colocadas em situações de vida ou morte todos os dias. Eu tinha uma pequena porta aberta para fazer a diferença. Eu poderia aproveitá-la ou deixá-la se fechar.

Meus pensamentos pareciam estar se organizando e se concentrando. Espalhei as cópias impressas dos slides na minha frente, olhei para a plateia e comecei a falar. Falei sobre o poder da atenção, como ele — como tantas vezes ocorre — pode não funcionar. E, então, falei como pode funcionar: como o treinamento de atenção plena pode aprimorar nosso foco *e* expandir nossa consciência. Como nos permite superar a cacofonia de uma situação confusa ou caótica, absorver a paisagem e, num piscar de olhos, fazer o movimento *certo* em meio a tantos errados possíveis. E falei sobre como a capacidade de estar presente — de assimilar uma experiência sem elaboração, julgamento ou reatividade — permite-nos absorver, aprender e discernir de forma muito mais clara e efetiva. Eu disse que esse tipo de habilidade pode mudar não apenas o momento em que você está, mas até mesmo a trajetória de uma vida inteira.

Quando terminei, senti-me satisfeita por saber que tinha feito a apresentação mais firme e poderosa que poderia. E as mudanças de última hora que ameaçavam me prejudicar se transformaram em uma espécie de presente — com mais tempo e os slides descartados, senti-me mais conectada com o público. Tive tempo para expandir minhas ideias e meus resultados e para me permitir relaxar no ritmo da comunicação de minha mensagem para aquele público conceituado. E, em vez de olhar para uma tela brilhante enquanto falava, passando slide por slide com o controle remoto de um projetor, olhei para meus ouvintes, fazendo contato visual, falando *com* eles.

Era isso que me faltava todos aqueles anos atrás, quando perdi a sensibilidade dos dentes e percebi que estava adormecida para muitas coisas na minha vida. Eu me pressionava e me movia rápido, minha mente sempre agitada com algo; eu estava sobrecarregada e desconectada, nunca em repouso e observando. Eu estava perdida em um labirinto, incapaz de ver a saída. Agora, eu tinha uma ferramenta em que me apoiar. Eu tinha aprendido como encontrar meu foco e dominar minha atenção. Eu poderia dar um close e direcionar minha mente para o que importava, e tirar o close para vigiar a paisagem, vendo cada obstáculo claramente, encontrando uma maneira nova e melhor de me movimentar. Era como flexionar um músculo que eu nem sabia que existia antes.

Deixei a área do Parlamento praticamente flutuando. Eu tinha conseguido realizar exatamente o que me propusera a fazer — havia me comunicado da forma mais clara e dinâmica que podia, e talvez tenha feito a diferença. Imaginei o conhecimento que compartilhei sendo plantado em cada ouvinte como uma semente, de forma que cada parlamentar, líder militar, chefe de polícia e socorrista pudesse levá-la de volta para seu pedaço do mundo, para criar raízes, crescer e frutificar. Eu esperava que esse conhecimento ajudasse as pessoas a enfrentarem situações de estresse e crise, tomando decisões — mesmo sob pressão — alinhadas com sua ética e seus objetivos. Talvez, como meu marido, Michael, alguém pudesse desenvolver uma melhor consciência de sua própria mente e encontrar seu foco para alcançar seus sonhos. Ou, como o bombeiro que me procurou a milhares de quilômetros de sua casa, alguém poderia aprender a ampliar sua atenção para ter em mente o panorama geral, o objetivo maior, sem se fixar em pequenas distrações e ser "engolido" pela inevitável opressão da vida. Ou como Walt Piatt, que me escreveu, enquanto estava no Iraque, sobre sua prática de atenção plena e me contou como aquele treinamento mental diário o ajudava a manter o objetivo final — a *paz* — mesmo em situações de estresse e pressão, crise e complexidade.

As pessoas costumam dizer: "Há muitas coisas que *têm* de ser feitas agora. Como é que eu vou ficar sentado ali com os olhos fechados?".

Ouço isso de todo mundo, de líderes empresariais a ativistas sociais, de pais e mães a policiais. E eu entendo — eu sentia o mesmo. As pessoas querem mudar o mundo. Elas querem ver tudo resolvido. Elas querem se sentir realizadas. Para conseguir tudo isso, parece que precisamos nos tornar uma máquina de movimento perpétuo.

Minha resposta a isso, como alguém que um dia também priorizou o movimento eterno a ficar parada: se você quer agir para uma mudança duradoura, você precisa de *toda a sua capacidade para chegar lá*. Você tem de afirmar, e usar, *todos* os seus recursos.

Como seres humanos, estamos enfrentando desafios sem precedentes com nossos sistemas de atenção. Vivemos em um mundo que agora parece construído para fragmentar e atrair nossa atenção. As inovativas ferramentas digitais e tecnológicas que permitem nos mantermos conectados uns aos outros, para fazer o trabalho que amamos, aprender e progredir em nossas vidas, são as mesmas que impõem demandas implacáveis sobre nossa atenção, afastando-nos do que queremos ou precisamos fazer.

Quando nos envolvemos com a prática da atenção plena, aprendemos a manter nossa atenção presente no momento para o desenrolar de nossas vidas. Saímos do modo em que estamos simulando e planejando e experimentamos a vida diretamente. Eu disse na Introdução que o momento presente é o único lugar onde você pode usar sua atenção. Não pode ser guardada para mais tarde. É um superpoder — mas tem que ser usado *agora*, só pode ser usado agora.

Costumávamos pensar na atenção principalmente como uma *ferramenta de ação* — um sistema para restringir a informação a fim de que pudéssemos direcionar nossas mentes para fazer algo com ela. O que estamos vendo agora com a neurociência contemplativa e a *nova* ciência da atenção é que, para levarmos uma vida plena e bem-sucedida, a atenção não pode apenas ser focada para agirmos, mas também tem de ser receptiva para que possamos perceber e observar. Podemos usá-la para nos abrirmos ao que está acontecendo diante de nós. Podemos recusar o julgamento e a criação de histórias e ver o que é. Podemos não apenas formular e reformular problemas, como também "*des*formular" problemas e vê-los com novos olhos. E, ao fazer isso, nossos pensamentos, decisões e ações ficarão mais alinhados com o que é necessário no momento e com o que queremos desta vida preciosa que temos.

Essa "nova ciência" da atenção tem uma base empírica que cresce rapidamente. O que você está vendo neste livro é a vanguarda desse campo — o avanço. Estamos abrindo novos e empolgantes caminhos no desenvolvimento do incrível valor da atenção plena e de outras práticas contemplativas. Essa é uma direção que temos de seguir, e, porque vi o impacto que esse trabalho teve em pessoas de diversas profissões, pessoas de diferentes posições sociais, estou emocionada por fazer parte dele.

Naquele dia, na histórica Londres, fazendo minha apresentação no Parlamento, tive apenas uma tristeza: não poder compartilhar nada daquilo com meu pai. Durante cada um dos momentos mais importantes da minha vida — a conclusão do doutorado, meu casamento, a abertura do meu laboratório, o nascimento dos meus filhos —, sempre faltou uma peça, uma sombra na forma dele.

Mais cedo, quando falei sobre trauma e gatilhos, mencionei como muitos de nós os vivenciamos. Para mim, foi um acidente de carro que teve um grande impacto. Mudou a minha vida, porque levou a do meu pai. Voltando de uma viagem em família, do Parque Nacional de Yosemite, um motorista bêbado bateu em nosso carro, que caiu de um penhasco em um campo abaixo. Eu e minha irmã, de cinco e treze anos, no banco de trás, fomos poupadas do pior; minha mãe no banco do carona, um pouco menos. Meu pai, no banco do motorista, não foi.

Minhas lembranças do acidente são vivas, porém agitadas. Eu me lembro da forma como o carro se movia até eu acordar num pesadelo real. O carro virado de lado, o silvo do motor, a percepção lenta de que *não* era apenas um sonho. Lembro-me do silêncio ao nosso redor. Consegui ver um homem no penhasco olhando para baixo e fiquei chocada por ele não correr para ajudar. Mais tarde, deduzimos que provavelmente era o motorista. Ele bateu e fugiu — em algum momento depois que eu o vi, ele deve ter ido embora, porque ninguém pediu ajuda. Ao longe, consegui ver uma casinha. Eu sabia que tínhamos de chegar até lá para chamar uma ambulância. Peguei minha irmã e a carreguei em direção à casa.

Na época, eu era apenas uma criança e não sabia nada sobre como o cérebro funcionava, ou como a atenção plena poderia transformá-lo. Esse acidente fatal, que tirou a vida de meu pai e feriu gravemente minha mãe, foi uma experiência que marcou grande parte da minha vida, incluindo meu trabalho como neurocientista. Quando comecei esta jornada, iniciando minha pesquisa sobre a ciência da atenção, eu não sabia exatamente o que iria descobrir. E, ainda assim, uma parte de mim sabia o que eu estava procurando: que não se trata apenas de conseguir se concentrar em um exercício, projeto ou tarefa. Não se trata apenas de ser mais produtivo, ter um melhor desempenho no trabalho ou estar mais presente para os filhos ou para o parceiro. *Trata-se* disso, mas também de algo mais, algo maior. Ter uma mente no auge significa viver plenamente em face de tudo o que temos de enfrentar como seres humanos. No estresse e na tristeza, na alegria e na tragédia.

Eu disse no início deste livro que a batalha por sua atenção é a batalha pelos recursos para viver sua vida. Nas minhas décadas de pesquisa sobre a ciência da atenção e a atenção plena, tudo que descobri ao longo do caminho serviu apenas para provar o quanto isso é realmente verdadeiro. É uma batalha, mas você pode vencê-la, repetidas vezes.

O guia prático da mente no auge

TREINAMENTO CENTRAL PARA O CÉREBRO

COMO DISCUTIMOS AO LONGO deste livro, você precisa da atenção para quase tudo o que deseja fazer e para fazê-lo bem. O sistema de atenção do cérebro serve como nosso centro *mental*. Tal como o centro físico do corpo:

- ele está envolvido na maioria de nossas atividades;
- sua força central determina o quanto nos sentimos estáveis e ágeis ao transitar pelo mundo;
- existem exercícios eficazes que podemos fazer para fortalecê-lo.

Embora os exercícios prancha, ponte e abdominal sejam direcionados para músculos ligeiramente diferentes, todos eles melhoram a coordenação entre os grupos musculares e aumentam a força central. Os exercícios de atenção plena visam fortalecer e melhorar a coordenação entre as redes cerebrais que realizam uma variedade de funções atencionais: nossa capacidade de direcionar e manter o foco, de perceber e monitorar a experiência consciente em andamento e de gerenciar objetivos e comportamentos. Quanto maior a repetição, melhor a coordenação entre essas redes cerebrais — e maior a força central. Isso se reflete em nossas vidas por meio de uma maior agilidade e estabilidade mental, o que, em última análise, promove nossas efetividade e realização e aprofunda nossa sensação de bem-estar e propósito.

Este livro apresentou três tipos de práticas que funcionam para fortalecer a atenção. A primeira categoria de práticas diz respeito ao fortalecimento do foco concentrativo — a intenção era limitar e fixar o feixe luminoso de sua lanterna da atenção. Essas práticas desenvolvem seu controle atencional. Seu objetivo era direcionar sua atenção primeiro para um objeto-alvo específico — sua respiração (*Encontre sua lanterna*) —, depois para sensações corporais específicas (*Exploração do corpo*) e mantê-la ali por algum tempo. Quando sua atenção se afastou daquele objeto, você a trouxe de volta. Cada um desses passos compreende os "representantes atencionais" da prática. Foque, mantenha, observe, redirecione. Repita. Quanto mais repetições fizer, mais você fortalecerá esses aspectos de sua atenção.

A segunda categoria de práticas está relacionada à *vigilância*, quando você monitora e observa o conteúdo e os processos em andamento em suas experiências de cada momento. Ao contrário das práticas concentrativas, aqui sua atenção deve ser receptiva e ampla. Essas foram *as práticas de monitoramento aberto* que você experimentou. O desafio com elas era diferente: não havia um alvo específico para sua atenção; em vez disso, você manteve uma vigilância estável — observando, monitorando, receptiva, aberta. Você assumiu uma postura observacional. Você permitiu que pensamentos, emoções e sensações surgissem e depois desaparecessem.

Descobrimos que, quando as pessoas treinam usando técnicas de monitoramento aberto, que são alguns dos exercícios mais desafiadores, elas fortalecem essa forma aberta e receptiva de atenção. Pratique-as regularmente e você será mais capaz de reconhecer, e com maior velocidade, que seus pensamentos não são fatos. Você conseguirá descentrar e descartar a história com mais facilidade. Assim como seu corpo fica mais forte com treinamento físico regular, esse treinamento mental desenvolve a *metaconsciência*, uma maior percepção do surgimento e do desaparecimento dos conteúdos e processos da consciência, como pensar, sentir e perceber.

Fazer essas práticas de forma consistente ao longo do tempo mudará o funcionamento e as estruturas do seu cérebro. Na verdade, até mesmo os *primeiros doze minutos* que você investir mudarão imediatamente a maneira como seu cérebro opera — *mas apenas durante esses doze minutos*. Depois, por "padrão", ele voltará a seu modo típico de processamento. Mas, com o tempo, conforme você estabelecer uma prática consistente de cinco ou mais dias por semana, semana após semana, essas novas formas de prestar atenção cada vez mais irão se tornar o padrão. Embora isso contribua para uma melhor funcionalidade do cérebro, como as práticas concentrativas e receptivas nos apoiam no mundo real? Como elas ajudam a apoiar uma *mente no auge*?

William James, o filósofo e psicólogo que há muito tempo salientou que treinar uma mente divagante seria o melhor tipo de educação que poderíamos oferecer, também observou: "Como a vida de um pássaro, [o fluxo de consciência] parece ser feito de uma alternância de voos e pousos".[1] Uma mente no auge equilibra e valoriza os voos e os pousos, o fazer e o ser, o direcionar e o receber.

Você também aprendeu um terceiro tipo de prática, que enfatizava a conexão e o fortalecimento da atenção concentrativa e receptiva. Mas, ao contrário das práticas anteriores, que enfatizam a observação do desdobramento de tudo o que está ocorrendo no aqui e agora, a prática de conexão é prescritiva: estamos direcionando a atenção de uma forma concentrativa para o conceito de desejos bons para nós mesmos e os outros. Durante essa prática, a atenção é utilizada para reavaliação e tomada de perspectiva. Esse tipo de prática é projetado para nos ajudar a sair de uma forma limitada, embora habitual, de prestar atenção e experimentar usando um ângulo diferente: olhamos para nós mesmos como dignos de receber desejos bons de felicidade, segurança, saúde e tranquilidade. Por exemplo, você pode estar acostumado a pensar em si mesmo como "muito ocupado" para esse tipo de atividade; você pode, até mesmo, achar desconfortável aceitar esses desejos bons. Essa prática passa por nos permitirmos recebê-los. Também fazemos isso para os outros à medida que progredimos na prática. Este é outro aspecto-chave de uma mente no auge: a capacidade de se conectar e cuidar de nós mesmos e dos outros.

Neste livro, concebi uma programação semanal recomendada, com base em nossos dados mais atuais do laboratório e de campo, para treinar sua atenção. As instruções são baseadas no conhecimento atual sobre mudança de comportamento: comece com objetivos bem pequenos, alcance-os,[2] não perca a sensação de bem-estar do sucesso (isso é fundamental) e repita. Aos poucos, vá aumentando o tamanho do objetivo, continue a alcançá-lo, e a sensação gratificante de realizá-lo se manterá. Essa é a melhor forma de você se apoiar na criação de um hábito — comece com pouco, sinta o sucesso do dever cumprido.

Sucesso aqui não significa que sua mente nunca divagou, que você não se mexeu ou que experimentou felicidade, paz ou relaxamento. Em vez disso, sucesso significa que você dedicou tempo à prática e a realizou. Sucesso é o dever cumprido. Para garantir que você complete a prática, vincule-a a alguma outra atividade que você faz com sucesso todos os dias. Pode ser escovar os dentes, fazer exercícios, preparar um café. Pesquisadores da mudança de comportamento e criação de hábitos recomendam escolher uma "atividade âncora" para qualquer coisa nova que você queira incluir no seu dia. Quando você faz a "âncora", você realiza o novo hábito que quer desenvolver. Assim, por exemplo, sua âncora poderia ser o *café*: "Quando ligo a cafeteira para prepará-lo, eu me sento e faço a minha prática".

Ao longo deste livro, pedi-lhe que investisse três minutos por prática quando lhe apresentei cada uma delas. Quando você iniciar a formação do hábito da prática diária, encorajo-o a manter as demandas de tempo em 50% do que você acha que é confortável. Então, uma vez que você atinja uma regularidade, aumente lentamente o tempo. No programa formal, recomendo doze minutos de prática diária. Lembre-se: não é uma corrida. Faça o que é administrável. O esforço excessivo não contribui para um progresso mais rápido.

A programação dura quatro semanas. Meu desejo é que, no final da semana quatro, você comece a experimentar mudanças em sua vida diária, advindas da prática, e que esses resultados o mantenham motivado a continuar. Mas aqui está o ponto-chave: para que o treinamento de atenção plena funcione, você tem de fazê-lo funcionar. Isso significa um compromisso com a prática. Prática é igual a progresso.

SEMANA UM

Começamos com o exercício fundamental que é o alicerce para qualquer outra prática: *Encontre sua lanterna*. Esse exercício simples, mas poderoso, de consciência da respiração é a sua habilidade básica.

	PRÁTICA CENTRAL		
DIA 1	Encontre sua lanterna	12 minutos	página 116
DIA 2	Encontre sua lanterna	12 minutos	
DIA 3	Encontre sua lanterna	12 minutos	
DIA 4	Encontre sua lanterna	12 minutos	
DIA 5	Encontre sua lanterna	12 minutos	Objetivo
DIA 6	Encontre sua lanterna	12 minutos	Alongamento
DIA 7	Encontre sua lanterna	12 minutos	Grande chegada

O QUE FOCAR NESTA SEMANA

Um lembrete: neste exercício, estamos *focando* nossa atenção na respiração, mas não a restringindo ou controlando. Não se trata de respiração profunda — uma atividade valiosa para relaxamento, mas não o que estamos fazendo aqui. Em vez de controlar a respiração, você a observa enquanto ela ocorre em tempo real, com a consciência de fazê-lo. Você pode sentir sua respiração um pouco mais lenta durante a prática ou, em alguns momentos, pode ser levado para uma respiração mais profunda. Não tem problema, pois, como dissemos, essa prática está relacionada com perceber sua respiração, não com a controlar. O fato de você perceber variações naturais em seus padrões respiratórios é um bom sinal. Você está presente na tarefa!

Indo além da prática formal, integre isso à sua vida o máximo possível. Tenha sempre uma conduta atenta ao desempenhar uma atividade que você já tem de fazer. Por exemplo: escovar os dentes de forma atenta. Se você estiver pensando em sua lista de tarefas enquanto escova, traga sua lanterna de volta. Fixe-a nas sensações: o frescor da pasta de dente, o toque das cerdas, os músculos da mão e do braço em movimento. Não leva nenhum minuto a mais para você ter uma conduta atenta em algumas de suas rotinas diárias.

Como pode ser a semana um

Muitas pessoas relatam que sua mente está "ocupada demais". Ouço o tempo todo: "Não está funcionando; minha mente não fica quieta". Mas entenda o seguinte: seu cérebro *não* está ocupado demais — você apenas tem um cérebro humano! Como discutimos, ele funciona como uma "bomba do pensamento". É exatamente isso que ele faz. Sua tarefa não é pará-lo — sua tarefa é viver com ele e colocar sua atenção de volta onde você quer. *Esse* é o treino.

Desafios frequentes

Muitos novos praticantes iniciam carregando consigo diversos "mitos sobre a atenção plena". Estes podem ser destrutivos e desanimadores. Aqui estão alguns lembretes para desfazer quaisquer expectativas prejudiciais que você ainda possa ter em relação à atenção plena, frutos do senso comum:

Você não está "limpando sua mente". Isso não é possível e não é o que a prática da atenção plena lhe pede para fazer.

Seu objetivo não é se sentir em paz ou relaxado. Imagens de praticantes de atenção plena muitas vezes transmitem essa expectativa — lembre-se: isso não é o que está acontecendo. Este é um exercício mental *ativo*.

Não há um estado especial a ser alcançado. Não existe um estado de "êxtase" que você busca experimentar; você não precisa se sentir transportado. Na realidade, o grande objetivo é estar *mais* presente no seu momento atual. Você não vai viajar para outro lugar. Você vai sentir os ossos do quadril contra a cadeira. Vai perceber cada coceira, cada vontade de se mexer, cada afastamento do momento presente. Você vai notar cada pequena sensação e pensamento ultrajante ou angustiante. *Isso é ter sucesso.*

O QUE É TER SUCESSO NA SEMANA UM

Você conseguiu! Se você fez seus cinco dias, doze minutos por dia, você ganha uma estrela dourada. Não importa quanto sua mente ficou agitada ou se você abriu os olhos para verificar a hora a cada minuto. Você se sentou na cadeira com a intenção de praticar, e o fez — isso é uma vitória.

Você pode ter notado sua mente divagando muito essa semana. Adivinhe? Isso é ótimo. Não importa quanto tempo ela divagou, o momento em que você *percebeu* é seu ponto de sucesso. Então, se você notou sua mente divagando cem vezes em uma sessão, isso é ter muito sucesso. Essa é uma grande e importante reformulação: o que pensamos ser um fracasso é, na realidade, uma vitória.

COMO AS HABILIDADES DA SEMANA UM APARECERÃO EM SUA VIDA

Se você for realmente capaz de *encontrar sua lanterna* — isto é, saber onde está sua atenção a cada momento —, conseguirá notar quando sua mente está divagando durante uma conversa ou você não está mentalmente presente em uma reunião, ou conseguirá perceber os momentos em que está deslocado no tempo e no espaço. Você notará isso acontecendo cada vez mais e poderá orientar sua lanterna de volta, assim como faz na prática. Você também desenvolverá mais confiança em redirecioná-la de uma maneira acolhedora, porém firme.

SEMANA DOIS

Na semana passada, você encontrou sua lanterna.
   Agora, vamos movê-la.

	PRÁTICA CENTRAL		
DIA 1	Encontre sua lanterna	12 minutos	página 116
DIA 2	Exploração do corpo	12 minutos	página 170
DIA 3	Encontre sua lanterna	12 minutos	
DIA 4	Exploração do corpo	12 minutos	
DIA 5	Encontre sua lanterna	12 minutos	Objetivo
DIA 6	Exploração do corpo	12 minutos	Alongamento
DIA 7	Encontre sua lanterna	12 minutos	Grande chegada

O QUE FOCAR NESTA SEMANA

O alvo da sua atenção na prática desta semana são as sensações corporais. O treino consiste não apenas em manter a lanterna fixa, mas também em movê-la — seu foco se torna algo que você desloca suavemente pelo corpo. Observe que a programação desta semana ainda pede que você continue com a prática básica *Encontre sua lanterna* em dias alternados. Descobrimos por meio do nosso trabalho com várias coortes que intercalar as práticas dessa forma é a maneira mais eficaz de desenvolver essa força de atenção central.

Encontre sua lanterna será uma prática para a vida toda — você não "progride" e a deixa para trás. Você continua expandindo essa prática, percebendo mudanças mais sutis em sua experiência de cada momento; o surgimento de uma emoção, sensação ou pensamento; a necessidade de se afastar; a sensação de retornar. A granularidade também aumentará quanto mais você praticar. Isso também fortalecerá sua capacidade de realizar as outras práticas e de se beneficiar delas; enquanto isso, as outras práticas vão instruir esta. Você poderá ter mais momentos de maior percepção (*ah!*), momentos em que você, de repente, tem a sensação de saber, compreender ou perceber algo que antes lhe escapava. Pode estar relacionado a um hábito mental que você tenha, um desafio num relacionamento ou uma compreensão mais fundamental da natureza das coisas (por exemplo, impermanência e interdependência).

Como pode ser a semana dois

Saiba que, ao introduzir a *Exploração do corpo*, você pode sentir mais dor e desconforto físico. À primeira vista, isso pode parecer uma desvantagem, e, de fato, perguntamos exatamente isso no estudo com os soldados: por que queremos torná-los mais conscientes do desconforto e da dor quando eles já têm de vivenciá-los? Mas conhecer melhor o corpo se traduz em maior capacidade de agir para intervir em qualquer situação que você perceba. (A dor no pé, quando observada, pode sinalizar para um soldado que ele precisa de mais acolchoamento nas botas. Essa pode ser a diferença entre completar uma caminhada de oitenta quilômetros com sucesso ou torcer o pé.) Você também perceberá que sua história sobre a dor pode mantê-la por mais tempo ou com mais intensidade. Você conseguirá analisar a experiência monolítica da dor, separando-a em ondas de sensações — aperto, penetração, calor, e assim por diante. A dor começará a ser vista mais como uma constelação, e as histórias sobre sensações físicas podem abrandar quando você perceber a divagação da mente e retornar aos dados brutos das sensações físicas.

Desafios frequentes

Algumas pessoas acham difícil realizar a *Exploração do corpo* por si mesmas. Se você tiver dificuldade ou se distrair ao fazê-la sozinho, procure orientação, como usar uma gravação.

Cuidado com a sensação de "buscar o máximo". Você pode ter experimentado algumas sessões realmente boas e bem-sucedidas na semana passada. Não caia nesse modo de esforço ou busca. A prática da atenção plena como um treinamento da atenção não parecerá oferecer uma melhora exponencial (nem dará essa sensação). Em geral, o "sucesso" não *parece* sucesso. Uma sessão que pareceu um fracasso foi provavelmente um ótimo treino para o seu cérebro.

Como as habilidades da semana dois aparecerão em sua vida

Sempre que algo acontece — no trabalho, em casa, onde você estiver —, há toda uma constelação de sensações que se manifestam no corpo. Estresse, ansiedade, euforia, medo, tristeza, excitação — todos eles têm sensações físicas associadas. Você perceberá isso cada vez mais. Isso significa que você pode agir ao encontrar essas sensações, percebê-las rapidamente e entender o que elas significam. Por exemplo: sei que hoje consigo perceber muito melhor as sensações que começam a surgir quando a preocupação se instala. Sinto-as primeiro no peito, mas depois verifico que geralmente estou cerrando a mandíbula. Com essa consciência, posso relaxar intencionalmente a mandíbula e prestar atenção no problema causador da preocupação, ou pelo menos reconhecer que me perdi em uma simulação, e então ser capaz de me envolver com o momento seguinte da melhor forma possível. Essas são microintervenções que podem nos ajudar a corrigir o caminho à medida que ficamos mais em sintonia com nossa mente e nosso corpo.

Integre a *Exploração do corpo* ao seu dia. Lembre-se: não é necessário *nenhum minuto* a mais para adicioná-la a uma tarefa que você poderia realizar sem prestar atenção. Faça a *Exploração do corpo* no chuveiro enquanto se lava da cabeça aos dedos do pé ou simplesmente quando entrar e sentir a água caindo sobre você. Não deixe de aproveitar a oportunidade.

SEMANA TRÊS

Nesta semana, seu foco é a própria atenção.

PRÁTICA CENTRAL			
DIA 1	Encontre sua lanterna	12 minutos	página 116
DIA 2	Rio do pensamento	12 minutos	página 216
DIA 3	Encontre sua lanterna	12 minutos	
DIA 4	Rio do pensamento	12 minutos	
DIA 5	Encontre sua lanterna	12 minutos	Objetivo
DIA 6			Alongamento
DIA 7			Grande chegada

O QUE FOCAR NESTA SEMANA

Nesta semana, *Encontre sua lanterna* ainda é sua base. Mas, à medida que mudamos para o *Rio do pensamento*, o foco de sua atenção passa a ser a mente. Lembre-se: com o *Rio do pensamento*, você visualiza sua mente como um rio em movimento. Todos os tipos de coisas vão flutuar naquelas águas em movimento — sua tarefa é observá-las e deixá-las ir. Não pegue nenhum desses pensamentos, preocupações ou lembranças — apenas perceba sua existência e deixe-os flutuar. Recorra às minipráticas de descentramento e *Observe seu quadro branco* oferecidas para exercitar sua capacidade de recuar e observar a mente. Se você ficar envolvido com algo, volte para a sua respiração — pense nela como um pedregulho naquele rio onde você pode descansar sua atenção e recuperar sua estabilidade. Em seguida, comece a observar novamente as águas em movimento.

Como pode ser a semana três

Não se envolver e não elaborar são habilidades atencionais ativas que exigem força central para serem realizadas. Você desenvolverá essa capacidade com o tempo, mas fazer isso pela primeira vez em uma prática formal de doze minutos pode ser tão difícil quanto tentar manter a posição de prancha quando você ainda não consegue fazer uma flexão. Isso vai melhorar. Caso note que se envolveu com pensamentos, preocupações ou lembranças que vieram à tona, lembre-se: essa percepção é uma vitória. *Isso é* metaconsciência — você conseguiu. Recupere sua lanterna, redirecione-a para a respiração, a fim de se ancorar um pouco, e então volte a observar o rio do pensamento.

Desafios frequentes

Você começará a ficar mais consciente do quanto sua mente está divagando. Isso pode ser desconfortável ou fazer você se indagar se está piorando em vez de melhorando. Você não está! Está apenas ficando mais consciente. Lembre-se: sua mente sempre divagou, você só está percebendo mais. Novamente: ponto de sucesso.

Você pode começar a observar o que está surgindo cada vez mais na sua mente (tanto durante a prática formal como ao longo do dia), e nem sempre será bom. Pode começar a perceber: "Cara, eu fico com raiva muitas vezes" ou "Estou obcecado por comida (ou sexo ou videogames) e não consigo parar". Essas não são coisas divertidas de se perceber. Reformule a situação: são informações que você pode usar. É como conhecer um novo amigo. Você é acolhedor, porém firme, acolhendo a si mesmo, suas peculiaridades e todo o resto.

Como as habilidades da semana três aparecerão em sua vida

Você aumenta a capacidade de se perguntar "O que está acontecendo neste instante? O que minha mente está fazendo? O que realmente está me aborrecendo? Por que estou sendo consumido por isso?".

Você perceberá que está começando a adotar como padrão uma postura mais observacional em relação a seus processos de pensamento; você adquire o hábito de verificar consigo mesmo se você tem uma história e como ela pode estar afetando sua interpretação de eventos ou sentimentos. Essa é uma parte importante do que significa ter uma mente no auge, e você está começando a chegar lá: você é capaz de assumir uma postura observacional ampla e receptiva.

Você pode "monitorar" sua mente dessa maneira, fora da prática formal. Tente o seguinte: enquanto dirige, caminha ou viaja de metrô, não ouça música nem um podcast; não atenda o celular. Apenas deixe sua mente vaguear. Observe para onde ela vai e o que surge.

SEMANA QUATRO

A lanterna da sua atenção move-se para fora, em direção aos outros.

	PRÁTICA CENTRAL		
DIA 1	Encontre sua lanterna	12 minutos	página 116
DIA 2	Prática de conexão	12 minutos	página 240
DIA 3	Encontre sua lanterna	12 minutos	
DIA 4	Prática de conexão	12 minutos	
DIA 5	Encontre sua lanterna	12 minutos	Objetivo
DIA 6	Prática de conexão	12 minutos	Alongamento
DIA 7	Encontre sua lanterna	12 minutos	Grande chegada

O QUE FOCAR NESTA SEMANA

A nova prática desta semana não consiste apenas em direcionar sua lanterna para outras pessoas, mas também em ter desejos bons para si próprio, e talvez especialmente, quando sua mente divaga ou você acaba no ciclo da fatalidade. Grande parte desta prática envolve lembrar que o cérebro humano funciona dessa maneira por padrão e ser amável consigo mesmo ao começar de novo.

Observe que *Encontre sua lanterna* ainda aparece intercalada: essa prática fundamental agora está reforçando as outras *três* práticas. Você recorre a essa habilidade-chave enquanto foca as sensações corporais, percebe o que surge em sua mente e pratica direcionar desejos bons para si mesmo e para os outros. *Encontre sua lanterna* tem presença permanente no treinamento da atenção: ela reforça todas as outras práticas.

Como pode ser a semana quatro

Você pode perceber que passar doze minutos por dia oferecendo desejos bons o torna mais propenso a ser acolhedor em vez de punitivo, curioso em vez de rigoroso, a esperar o melhor em vez de esperar o pior. Você pode ficar mais disponível para "ver as coisas pelos olhos do outro" durante um desentendimento. É assim que a reavaliação e a tomada de perspectiva se manifestam em nossa experiência vivida.

Desafios frequentes

Você pode achar que, às vezes, as frases parecem vazias, como se você estivesse recitando apenas uma salada de palavras ou as palavras perdessem seu significado. Se isso acontecer, lembre-se de que esta é uma prática concentrativa. Você quer usar cada frase como o foco *completo* de sua atenção. Diminua o ritmo. Entenda cada palavra. Compreenda plenamente seu significado. E, se as frases parecerem muito propensas à elaboração e à divagação mental, tente apenas usar seu discurso interior para dizer as palavras, uma por uma. A chave é compreender e estender os desejos bons sem verificar a história de cada um ou se aprofundar nela.

Se você sentir desconforto ao dirigir frases com desejos bons para si mesmo, lembre-se de que isso faz parte do treino: estamos praticando intencionalmente essa nova perspectiva. Perceba esse desconforto, mas continue.

Você também pode não sentir nada — isso é normal! E ainda assim está funcionando — então continue. Os efeitos do treino podem aparecer muito mais tarde. Um exemplo: você está dizendo essas coisas há uma semana ou duas e sente como se nada estivesse realmente acontecendo. Então, de repente, você está prestes a levantar a voz ou ser grosseiro com seu cônjuge ou filho quando percebe que sua intenção *é* que eles sejam felizes e que pode haver uma maneira melhor de dizer isso. Em vez de reagir, você responde. Você acaba comunicando a mesma mensagem, mas sem o tom reativo.

Como as habilidades da semana quatro aparecerão em sua vida

E, por fim, como sempre, integre isso ao seu dia. Você não precisa estar sentado com os olhos fechados para oferecer desejos bons aos outros ou mesmo a si próprio. Mais uma vez, coloque isso em sua rotina. Experimente fazê-lo enquanto caminha: na cadência de seus passos, diga silenciosamente para si mesmo "Que eu seja feliz, que eu seja saudável…". Deseje-o para si mesmo ou para alguém que você conheça ou estenda-o para qualquer coisa viva que encontre. Alguma vez você já esteve em uma loja ou em outro local público e ficou irritado com uma pessoa que não conhece? "Que você seja feliz!" Não há motivo para perder tempo ocupando seus pensamentos com raiva. Você pode perceber que consegue "entrar em acordo" mais facilmente com os outros à medida que se sintoniza com os modelos mentais deles, que conflitos interpessoais são resolvidos com mais facilidade ou que pessoas que você ignorou no passado reaparecem em sua vida.

SEMANA CINCO E PARA SEMPRE

Continue!

DIA 1			
DIA 2			
DIA 3			
DIA 4			
DIA 5			Objetivo
DIA 6			Alongamento
DIA 7			Grande chegada

A partir de agora, a programação é com você! Hoje você já sabe que precisará praticar por no mínimo doze minutos, procurando fazê-lo cinco vezes por semana, para observar benefícios em seu sistema de atenção. Mas a combinação de práticas é totalmente personalizável. A maioria das pessoas relata que tem uma prática preferida. Lembre-se: todas elas se reforçam mutuamente e cada uma incorpora componentes das outras. Todas fazem parte do treino central. Então, escolha a que funciona para você.

Você pode escolher uma prática diferente a cada dia. Pode combinar as práticas para completar doze minutos. Eu gosto de fazer *Encontre sua lanterna* ou *Rio do pensamento* nos primeiros doze minutos, depois terminar com uma *Prática de conexão* mais curta.

Ao praticar essas habilidades por doze minutos, em uma cadeira na sua sala de estar (ou em qualquer lugar onde você fizer esse treino da atenção), elas começarão a aparecer para você: no trabalho, nos relacionamentos, no arco de sua vida, enquanto você enfrenta desafios e tenta seguir seus objetivos e sonhos. Se esses doze minutos parecerem muito difíceis, lembre-se: você não está fazendo isso para ser um praticante com respiração de nível olímpico! Você está fazendo isso para fortalecer seu centro mental, para potencializar a agilidade e a estabilidade de sua atenção.

Com o treinamento de atenção plena, você pode usar sua atenção para romper com formas antigas e ineficazes de transitar pelo mundo. Quando você tem uma mente no auge, você tem o poder de alterar o roteiro.

O PIVÔ DA MENTE NO AUGE

Existe a forma padrão de pensar e existe o pivô da mente no auge. Não é que a forma padrão de pensar não seja valiosa — é que o pivô da mente no auge *expande muito suas opções*.

- Visão padrão: *para pensar melhor*, pratique pensar.
  Pivô da mente no auge: pratique estar consciente de que você está pensando.

- Visão padrão: *para focar melhor*, pratique direcionar sua atenção.
  Pivô da mente no auge: pratique observar e monitorar quando você não está focado.

- Visão padrão: *para se comunicar melhor*, seja mais claro no que você quer dizer.
  Pivô da mente no auge: seja melhor ouvinte.

- Visão padrão: *para entender a si mesmo*, identifique as qualidades de quem você é.
  Pivô da mente no auge: desidentifique e desvincule sua perspectiva do mim/eu para que você possa ver mais claramente a si mesmo e a situação.

- Visão padrão: *para sentir menos dor*, distraia-se dela.
  Pivô da mente no auge: pratique focá-la de modo não elaborativo. Não invente uma história sobre ela — apenas observe e perceba como ela muda com o tempo.

- Visão padrão: *para conhecer sua mente e seus distúrbios emocionais*, analise-os.
  Pivô da mente no auge: foque no corpo quando estiver vivenciando uma emoção forte para obter mais dados e maior percepção sobre o que está surgindo.

- Visão padrão: *se algo for intolerável*, rejeite e suprima.
  Pivô da mente no auge: aceite e permita.

- Visão padrão: *para mostrar seu poder*, seja agressivo.
  Pivô da mente no auge: ofereça bondade e mostre compaixão.

- Visão padrão: *para ajudar os outros a regular*, controle-os.
  Pivô da mente no auge: regule-se (primeiro). *Seja calmo para ficar calmo.*[3]

- Visão padrão: *para se distrair menos*, remova todas as distrações.
  Pivô da mente no auge: aceite que distrações surgirão. Perceba-as e pratique retornar.

Agradecimentos

Quando acabo de ler um bom livro, muitas vezes fico com um desejo de mais palavras para saborear. E, com essa sensação boa, volto-me para a página de agradecimentos. Fazer isso sempre ajuda. Ao ver o iceberg completo, meu respeito pela intenção que me capturou na superfície (da página) é aprofundado. Minha experiência escrevendo este livro me oferece uma perspectiva diferente. Aqueles que me permitiram colocar as palavras na página não são apenas o restante do iceberg, eles são o oceano inteiro. Sua orientação, seu encorajamento, sua colaboração e amizade ao longo da jornada de escrever este livro me mantiveram à tona. E, agora, estou ansiosa para agradecer a todas as *mentes no auge* que me guiaram, inspiraram, desafiaram e confortaram ao longo do caminho.

Em primeiro lugar, gostaria de agradecer à incrível equipe da Idea Architects: Doug Abrams, Rachel Neumann, Lara Love, Ty Love, Boo Prince e Alyssa Knickerbocker. Cheguei com um projeto confuso e uma "grande ideia" do que eu queria transmitir em um livro, mas eles viram o edifício que poderia ser criado a partir dos "tijolos" que eu tinha para oferecer e me incentivaram a construí-lo. Sua orientação forneceu os andaimes mais do que necessários, garantindo que a estrutura deste livro fosse robusta e forte. E, ao trabalhar com Alyssa Knickerbocker para apoio na escrita, tirei a sorte grande. Ela me ajudou a afiar meu pensamento para comunicar melhor conceitos complexos — servindo como meu suprimento de oxigênio para respirar, por meio de palavras na página, uma vida inteira de ideias, achados de pesquisas e histórias interessantes de pessoas interessantes.

Em seguida, gostaria de agradecer a Gideon Weil, Judith Curr, Laina Adler, Aly Mostel, Dan Rovzar, Lucile Culver, Lisa Zuniga, Terri Leonard, Adrian Morgan e Sam Tatum da HarperOne. Gideon escreveu-me, pela primeira vez, há impressionantes onze anos e plantou a ideia de que eu deveria considerar escrever um livro. Ele, de modo gentil, mas persistente, cuidou de minhas pesquisas e ideias germinantes ao longo desses anos. E, embora tenha demorado quase uma década, sou muito grata por termos conseguido trabalhar juntos formalmente em 2019. Sua determinação junto com sua orientação editorial direta e perspicaz, seu estilo transparente e sua paciência foram muito importantes para mim.

Sou profundamente grata a quatro leitores de confiança que forneceram seu retorno envolvente e útil sobre o primeiro rascunho completo deste livro. Obrigada Liz Buzone, Jonathan Banks, Mirabai Bush e Mike McConville.

Obrigada à minha família. Meu marido, Michael, leu cada palavra de vários rascunhos, servindo como meu editor interno, leitor crítico de fim de noite, coach motivacional, parceiro de prática de atenção plena, chef, motorista e zelador para toda a família nos meus muitos fins de semana e noites trabalhando duro. Michael, este livro não seria possível sem você. Leo e Sophie, vocês me encorajaram durante todo este processo com humor, paciência e autossuficiência. Sua curiosidade implacável, vontade de aprender e prudência em suas escolhas — no que comem, vestem e fazem para promover a conscientização sobre a crise climática — fazem-me querer prestar atenção, *melhor*. Um membro do nosso lar que eu sei que nunca lerá este livro, mas que me ajudou todos os dias, é o nosso doce cachorro, Tashi. Você é um cachorrinho tão bom.

Meu pai, Parag, morreu muitas décadas antes de este livro ser pensado, quanto mais escrito. Mas sua clareza e sua bondade têm servido como uma luz orientadora ao longo da minha vida e ao longo da jornada de escrita deste livro. Tenho a felicidade em ter o apoio amoroso de minha inspiradora e espirituosa mãe, Vandana. Obrigada por me lembrar de prestar atenção em mim mesma! Minha irmã, Toral Livingston-Jha; meu cunhado, Simon; meu sobrinho, Rohan; meu primo, Birju Pandya; e meus sogros, Jeanne e Tony, foram leitores críticos muito valiosos e são fontes de amor e apoio. Obrigada a cada um de vocês.

Além da minha querida família, quero agradecer à Liz Buzone, que gentilmente me encorajou a deixar minha caverna de escrita para passeios e conversas muito necessários. As repercussões deles estão expressas neste livro. Tenho sorte em ter uma amiga tão cuidadosa como você. Também quero agradecer a um grupo querido de amigos que amo há quase três décadas, conhecidos coletivamente como os Borgs. Afinal, estávamos certos o tempo todo, mesmo de uma perspectiva atencional — a resistência é inútil!

Tenho muita sorte em ter entre meus amigos íntimos alguém com quem tive a honra de colaborar em dezenas de pesquisas em larga escala. Scott Rogers, seu humor, sua criatividade, bondade e abertura e seus profundos conhecimentos e prática da atenção plena tornaram nosso trabalho em conjunto não apenas divertido, mas gratificante e bem-sucedido. Obrigada.

Gostaria de agradecer ao Walt e à Cynthia Piatt por seus anos de colaboração e apoio a nossos esforços de pesquisa. Quando conheci Walt, fiquei impressionada com sua descrição de vários líderes que ele conheceu durante seus destacamentos e que se tornaram seus amigos. Mas, desde então, aprendi que ele procura entender os outros, aprender com eles, e, quando ele chama alguém de "amigo", é de verdade. Agradeço a ambos por procurarem entender a atenção e a atenção plena e por me permitirem compreender o que a vida militar exige dos líderes e suas famílias. Tem sido um privilégio aprender com vocês. Tenho a felicidade em ter cada um de vocês como meu amigo.

Meu interesse pela ciência da atenção começou no laboratório de Patti Reuter-Lorenz, na Universidade de Michigan. Obrigada, Patti, por me guiar durante aqueles primeiros dias e por continuar a ser uma mentora de confiança ao longo de minha carreira. Além do que você me ensinou, vê-la conciliar a vida de mãe com a de líder acadêmica forte e bem-sucedida me ajudou a sonhar que isso poderia ser possível para mim. Tenho muita sorte por você ter me aceitado em seu laboratório todos aqueles anos atrás! E minha sorte continuou ao ter Ron Mangun como meu orientador de pós-graduação na Universidade da Califórnia, em Davis. Ron, se não fosse pela base sólida de conhecimentos relativos à ciência da atenção do cérebro que você transmitiu, eu nunca teria a confiança nem a coragem de expandir e levar meu programa de pesquisa para águas desconhecidas ao longo destes anos. Sou profundamente grata a vocês dois.

Também quero agradecer a Richie Davidson. Recentemente um repórter me perguntou se eu teria considerado estudar a atenção plena se Richie não tivesse dito a palavra *meditação* no final de um seminário, na Universidade da Pensilvânia, quase duas décadas atrás. Minha resposta: "De jeito nenhum!". Obrigada por sua liderança em nosso campo nascente da neurociência contemplativa e por ser um cientista-ativista. Pelo apoio neste campo, gostaria também de mencionar o Mind & Life Institute. Obrigada ao Adam Engle e à Susan Bauer-Wu por sua liderança nessa importante organização, à qual sou muito grata.

Por sua mentoria científica e pelos sábios conselhos ao longo da última década quando acompanhávamos estudos em uma variedade de coortes de alta demanda, gostaria de agradecer à Amy Adler, que pacientemente me orientou ao longo dos anos para adotar uma abordagem rigorosa, mas flexível, na pesquisa em ambientes complexos do mundo real. Você me ajudou a perceber que devemos ter como objetivo não apenas avançar no conhecimento sobre a atenção e na utilidade da atenção plena, mas também posicionar melhor nossa pesquisa para fornecer soluções práticas e muito necessárias. Obrigada por dedicar tempo e interesse a nossos esforços de pesquisa e fornecer conselhos inestimáveis. Os muitos estudos em cenários aplicados a que faço referência neste livro se beneficiaram de sua orientação.

Ao longo do livro, uso o termo "nós" para descrever as pesquisas realizadas em meu laboratório. Isso foi deliberado, para que todo leitor saiba que a ciência é um esporte coletivo. Tenho muita sorte em ter companheiros de equipe que são algumas das pessoas mais inteligentes, colaborativas, estratégicas, sábias e amáveis que já encontrei. Não sou capaz de mencionar todos os estagiários aqui, mas prezo cada um deles. Ekaterina Denkova, quero agradecer especialmente a você por aconselhar, orientar e apoiar todas as nossas atividades laboratoriais nesses curtos e movimentados períodos durante o processo de escrita do livro, quando tive de "desaparecer". E, além disso, agradeço por seus brilhantes insights científicos, sua integridade e seu cuidado com o processo científico, bem como pelo sucesso de nossos esforços. Agradeço a Tony Zanesco por se juntar temporariamente à equipe durante o projeto STRONG e retornar ao nosso laboratório como pesquisador de pós-doutorado. Obrigada por liderar muitas das inovações estatísticas e metodológicas que conseguimos alcançar. Quero também agradecer a membros anteriores e atuais do meu laboratório, incluindo Alex Morrison, Kartik Sreenivasan, Joshua Rooks, Marissa Krimsky, Joanna Witkin, Marieke Van Vugt, Cody Boland, Malena Price, Jordan Barry, Costanza Alessio, Bao Tran Duang, Cindy Ripoll-Martinez, Lindsey Slavin, Emily Brudner, Keith Chichester, Nicolas Ramos, Justin Dainer-Best, Suzanne Parker, Nina Rostrup, Anastasia Kiyonaga, Jason Krompinger, Melissa Ranucci, Ling Wong, Merissa Goolsarran, Matt Gosselin e muitos outros maravilhosos assistentes e estagiários de pesquisas.

Quando decidi experimentar a meditação, deparei-me "por acaso" com o livro *Meditation for Beginners* [Meditação para iniciantes], de Jack Kornfield. Ele foi meu primeiro professor de meditação, e por isso sou grata. Também sou muito grata por ter Sharon Salzberg e Jon Kabat-Zinn como mentores e professores em minha vida. Sharon, obrigada por seu amor e sua amizade. Obrigada, também, por todo o seu apoio durante o processo de escrita do livro, incluindo a leitura do guia prático no final da obra e das práticas oferecidas ao longo dela. Agradeço-lhe o tempo empregado para fazê-lo e por fornecer orientações tão úteis. Ao Jon Kabat-Zinn, quero agradecer por criar o *Mindfulness-Based Stress Reduction* [Redução de estresse com base na atenção plena], MBSR, e por atuar como conselheiro em nossos estudos militares no programa MBAT. Na primeira vez em que lhe disse que queria oferecer treinamento de atenção plena para militares e que talvez eu precisasse fazê-lo em apenas oito horas, você ficou cético. E esse ceticismo respeitoso forneceu terreno fértil para um diálogo ativo e honesto com você todos esses anos. Por isso, como também por seu apoio e seu interesse afetuoso e contínuo por nossos esforços, sou muito grata.

Este livro descreve muitas das pesquisas que conduzimos em profissionais de alta demanda e outros. Agradeço aos financiadores, aos participantes em todos esses estudos e às lideranças de várias organizações que se associaram a nós. Um agradecimento especial a: Gus Castellanos, John Gaddy, Stephen Gonzales, Margaret Cullen, Elana Rosenbaum, Jannell MacAulay, Michael Baime, Liz Stanley, Jane Carpenter Cohn e Tom Nassif. Além disso, agradeço o papel consultivo desempenhado pelos seguintes indivíduos em nosso trabalho, bem como em passagens específicas do livro: Michael Brumage, Michael Hosie, Dennis Smith e Phillip Thomas.

A Goldie Hawn, Marshall Ames, Maria Tussi Kluge, Bill Macnulty, Maurice Sipos e Ed Cardon, sou profundamente agradecida não apenas pela colaboração, mas também pelo inestimável apoio, pela sabedoria e pela amizade ao longo dos muitos anos que levaram até a escrita deste livro.

Tive a sorte de poder incluir narrativas e entrevistas profundas de Jeff Davis, Jason Spitaletta, Walt Piatt, Paul Singerman, Chris McAliley, Sara Flitner, Richard Gonzales e Eric Schoomaker. Obrigada por me permitirem compartilhar suas percepções e jornadas nestas páginas. Vocês me inspiram de muitas maneiras, e sei que conhecer cada um de vocês inspirará muitos outros também.

Ao longo desta jornada intimidadora, confusa, mas, no fim das contas, gratificante, aprendi que precisava aplicar tudo o que queria transmitir neste livro ao concebê-lo. Escrever este livro foi meu próprio intervalo de alta demanda. Felizmente, eu tinha praticado ficar muito calma, desacelerando, observando minha mente, focando e ampliando conforme necessário. E eu tinha outras ferramentas confiáveis para poder seguir em frente, dia ou noite, sob demanda, sempre que eu precisasse de um estímulo extra — ferramentas que assumiram muitas formas, da prática a poesia, prosa e música. Sou muito grata pelo silêncio, pelas tempestades de Miami, a Rumi, Pema Chödrön e Polo & Pan.

Por fim, agradeço a todos que escolheram ler este livro. Que ele seja proveitoso para você.

Notas

Introdução – "Pode me dar um minuto da sua atenção, por favor?"

1. Diversos estudos relatam divagações mentais de participantes da amostra durante a vida cotidiana (KILLINGSWORTH; GILBERT, 2010; KANE *et al.*, 2007), assim como durante o desempenho da tarefa experimental (BROADWAY *et al.*, 2015; UNSWORTH *et al.*, 2012). Nesses estudos, as taxas de divagação da mente vão de 30% a 50%, com um alto grau de variabilidade entre os participantes. Sabe-se que as taxas de divagação mental variam em função da idade (MAILLET *et al.*, 2018), da hora do dia (SMITH *et al.*, 2018) e da forma como os participantes são questionados sobre esse assunto (SELI *et al.*, 2018).

    BROADWAY, J. M. *et al.* "Early Event-Related Brain Potentials and Hemispheric Asymmetries Reveal Mind-Wandering While Reading and Predict Comprehension". *Biological Psychology*, v. 107, p. 31-43, 2015. Disponível em: http://dx.doi.org/10.1016/j.biopsycho.2015.02.009.

    KANE, M. J. *et al.* "For Whom the Mind Wanders, and When: An Experience-Sampling Study of Working Memory and Executive Control in Daily Life". *Psychological Science*, v. 18, n. 7, p. 614-621, 2007. Disponível em: https://doi.org/10.1111/j.1467-9280.2007.01948.x.

    KILLINGSWORTH, M. A.; GILBERT, D. T. "A Wandering Mind Is an Unhappy Mind". *Science*, v. 330, n. 6.006, p. 932, 2010. Disponível em: https://doi.org/10.1126/science.1192439.

    MAILLET, D. *et al.* "Age-Related Differences in Mind-Wandering in Daily Life". *Psychology and Aging*, v. 33, n. 4, p. 643-653, 2018. Disponível em: https://doi.org/10.1037/pag0000260.

    SELI, P. *et al.* "How Pervasive Is Mind Wandering, Really?". *Conscious Cognitive*, v. 66, p. 74-78, 2018. Disponível em: https://doi.org/10.1016/j.concog.2018.10.002.

    SMITH, G. K. *et al.* "Mind-Wandering Rates Fluctuate Across the Day: Evidence from an Experience-Sampling Study". *Cognitive Research Principles and Implications*, v. 3, n. 1, 2018. Disponível em: https://doi.org/10.1186/s41235-018-0141-4.

    UNSWORTH, N. *et al.* "Everyday Attention Failures: An Individual Differences Investigation". *Journal of Experimental Psychology: Learning, Memory, and Cognition*, v. 38, p. 1.765-1.772, 2012. Disponível em: https://doi.org/10.1037/a0028075.

2. Visões sobre por que a atenção é propensa à distração incluem pressões evolutivas de sobrevivência (custos de oportunidade: KURZBAN *et al.*, 2013; coleta de informações: PIROLLI, 2007; ciclo atencional: SCHOOLER *et al.*, 2011) e benefícios para a aprendizagem e a formação de memória (desabituação: SCHOOLER *et al.*, 2011; memória episódica: MILDNER; TAMIR, 2019).

KURZBAN, R. *et al*. "An Opportunity Cost Model of Subjective Effort and Task Performance". *Behavioral and Brain Sciences*, v. 36, n. 6, p. 661, 2013. Disponível em: https://doi.org/10.1017/S0140525X12003196.

MILDNER, J. N.; TAMIR, D. I. "Spontaneous Thought as an Unconstrained Memory Process". *Trends in Neuroscience*, v. 42, n. 11, p. 763–777, 2019. Disponível em: https://doi.org/10.1016/j.tins.2019.09.001.

PIROLLI, P. *Information Foraging Theory: Adaptive Interaction with Information*. Nova York: Oxford University Press, 2007.

SCHOOLER, J. W. *et al*. "Meta-Awareness, Perceptual Decoupling and the Wandering Mind". *Trends in Cognitive Sciences*, v. 15, n. 7, p. 319-326, 2011. Disponível em: https://doi.org/10.1016/j.tics.2011.05.006.

3. Há uma crescente conscientização, conforme descrito recentemente por Myllylahti (2020) e Davenport e Beck (2001), sobre a economia da atenção à medida que as empresas de notícias e mídias sociais usam nossa atenção como seu produto de venda.

DAVENPORT, T. H.; BECK, J. C. *The Attention Economy: Understanding the New Currency of Business*. Cambridge, MA: Harvard Business Review Press, 2001. [Ed. bras.: *A economia da atenção: compreendendo o novo diferencial de valor dos negócios*. Rio de Janeiro: Campus, 2001.]

MYLLYLAHTI, M. "Paying Attention to Attention: A Conceptual Framework for Studying News Reader Revenue Models Related to Platforms". *Digital Journalism*, v. 8, n. 5, p. 567-575, 2020. Disponível em: https://doi.org/10.1080/21670811.2019.1691926.

4. As informações relevantes para a tarefa que são tratadas são aprimoradas neuralmente (POSNER; DRIVER, 1992) e fenomenologicamente em nossa consciência perceptiva (CARRASCO *et al*., 2004).

CARRASCO, M. *et al*. "Attention Alters Appearance". *Nature Neuroscience*, v. 7, n. 3, p. 308-313, 2004. Disponível em: https://doi.org/10.1038/nn1194.

POSNER, M. I.; DRIVER, J. "The Neurobiology of Selective Attention". *Current Opinion in Neurobiology*, v. 2, n. 2, p. 165-169, 1992. Disponível em: https://doi.org/10.1016/0959-4388(92)90006-7.

5. Acredita-se que a atenção evoluiu para priorizar informações que garantissem a sobrevivência de um organismo. No entanto, isso pode fazer com que a atenção seja desviada da tarefa em questão. Sabe-se que tanto o estresse agudo como o crônico degradam o desempenho da atenção e perturbam o funcionamento do córtex pré-frontal (ARNSTEN, 2015). A ameaça aumenta a divagação mental (MRAZEK *et al*., 2011) e capta a atenção (KOSTER *et al*., 2004). O humor negativo e os pensamentos negativos repetitivos diminuem o desempenho em tarefas de atenção e na memória de trabalho (SMALLWOOD *et al*., 2009). Os custos do estresse, da ameaça e do mau humor em transtornos psicológicos têm sido atribuídos ao sequestro de recursos atencionais para processar tal conteúdo, o que drena a disponibilidade desses recursos para outras formas de processamento de informação (EYSENCK *et al*., 2007).

ARNSTEN, A. "Stress Weakens Prefrontal Networks: Molecular Insults to Higher Cognition". *Nature Neuroscience*, v. 18, n. 10, p. 1.376-1.385, 2015. Disponível em: https://doi.org/10.1038/nn.4087.

EYSENCK, M. W. et al. "Anxiety and Cognitive Performance: Attentional Control Theory". *Emotion*, v. 7, n. 2, p. 336-353, 2007. Disponível em: https://doi.org/10.1037/1528-3542.7.2.336.

KOSTER, E. W. et al. "Does Imminent Threat Capture and Hold Attention?". *Emotion*, v. 4, n. 3, p. 312-317, 2004. Disponível em: https://doi.org/10.1037/1528-3542.4.3.312.

MRAZEK, M. D. et al. "Threatened to Distraction: Mind-Wandering as a Consequence of Stereotype Threat". *Journal of Experimental Social Psychology*, v. 47, n. 6, p. 1.243-1.248, 2011. Disponível em: https://doi.org/10.1016/j.jesp.2011.05.011.

SMALLWOOD, J. et al. "Shifting Moods, Wandering Minds: Negative Moods Lead the Mind to Wander". *Emotion*, v. 9, n. 2, p. 271-276, 2009. Disponível em: https://doi.org/10.1037/a0014855.

6. SUN TZU. *The Art of War*. Bridgewater, MA: World Publications, 2007, p. 13.

7. KREINER, J. "How to Reduce Digital Distractions: Advice from Medieval Monks". *Aeon*, 21 abr. 2019. Disponível em: https://aeon.co/ideas/how-to-reduce-digital-distractions-advice-from-medieval-monks.

8. JAMES, W. (1890). *The Principles of Psychology*. 2 vols. Nova York: Holt, 1890, p. 424.

9. TODD, P. M.; HILLS, T. "Foraging in Mind". *Current Directions in Psychological Science*, v. 29, n. 3, p. 309-315, 2020. Disponível em: https://doi.org/10.1177/0963721420915861.

10. Não conseguiam fazê-lo quando havia algo importante em jogo ou quando estavam motivados. Não conseguiam fazê-lo nem mesmo quando eram pagos. Lapsos de atenção e falhas de desempenho ocorrem mesmo quando há algo importante em jogo (MRAZEK *et al.*, 2012) e a motivação é alta (SELI *et al.*, 2019), assim como quando são oferecidas recompensas por não errar (ESTERMAN *et al.*, 2014).

MRAZEK, M. D. et al. "The Role of Mind-Wandering in Measurements of General Aptitude". *Journal of Experimental Psychology General*, v. 141, n. 4, p. 788-798, 2012. Disponível em: https://doi.org/10.1037/a0027968.

SELI, P. et al. "Increasing Participant Motivation Reduces Rates of Intentional and Unintentional Mind Wandering". *Psychological Research*, v. 83, n. 5, p. 1.057-1.069, 2019. Disponível em: https://doi.org/10.1007/s00426-017-0914-2.

ESTERMAN, M. et al. "Reward Reveals Dissociable Aspects of Sustained Attention". *Journal of Experimental Psychology General*, v. 143, n. 6, p. 2.287-2.295, 2014. Disponível em: https://doi.org/10.1037/xge0000019.

11. Descobriu-se que o escapismo, formalmente chamado de evitação, e a supressão aumentam sintomas de transtornos psicológicos, como a depressão (ALDAO *et al.*, 2010). Enquanto o humor positivo pode ser benéfico (LE NGUYEN; FREDRICKSON, 2018), sob estresse muito agudo (HIRSHBERG *et al.*, 2018) ou intervalos mais longos de alto estresse

(JHA *et al.*, 2020), tentar aumentar a emoção positiva pode levar a maiores distúrbios do humor e do desempenho.

ALDAO, A. *et al.* "Emotion-Regulation Strategies Across Psychopathology: A Meta-Analytic Review". *Clinical Psychology Review*, v. 30, n. 2, p. 217-237, 2010. Disponível em: https://doi.org/10.1016/j.cpr.2009.11.004.

LE NGUYEN, K. D.; FREDRICKSON, B. L. *Positive Psychology: Established and Emerging Issues*. Nova York: Routledge/Taylor & Francis Group, 2018, p. 29-45.

HIRSHBERG, M. J. *et al.* "Divergent Effects of Brief Contemplative Practices in Response to an Acute Stressor: A Randomized Controlled Trial of Brief Breath Awareness, Loving-Kindness, Gratitude or an Attention Control Practice". *PLoS One*, v. 13, n. 12, e0207765, 2018. Disponível em: https://doi.org/10.1371/journal.pone.0207765.

JHA, A. P. *et al.* "Comparing Mindfulness and Positivity Trainings in High-Demand Cohorts". *Cognitive Therapy and Research*, v. 44, n. 2, p. 311-326, 2020. Disponível em: https://doi.org/10.1007/s10608-020-10076-6.

12. Existem muitos estudos em andamento examinando a prática da atenção plena. Por exemplo, ver BIRTWELL, K. *et al.* "An Exploration of Formal and Informal Mindfulness Practice and Associations with Wellbeing". *Mindfulness*, v. 10, n. 1, p. 89-99, 2019. Disponível em: https://doi.org/10.1007/s12671-018-0951-y.

13. JHA, A. P. *et al.* "Examining the Protective Effects of Mindfulness Training on Working Memory Capacity and Affective Experience". *Emotion*, v. 10, n. 1, p. 54-64, 2010. Disponível em: https://doi.org/10.1037/a0018438.

ROOKS, J. D. *et al.* "'We Are Talking About Practice': The Influence of Mindfulness vs. Relaxation Training on Athletes' Attention and Well-Being over High Demand Intervals". *Journal of Cognitive Enhancement*, v. 1, n. 2, p. 141-153, 2017. Disponível em: https://doi.org/10.1007/s41465-017-0016-5.

1 – A atenção é seu superpoder

1. SLIMANI, M. *et al.* "Effects of Mental Imagery on Muscular Strength in Healthy and Patient Participants: A Systematic Review". *Journal of Sports Science & Medicine*, v. 15, n. 3, p. 434-450, 2016. Disponível em: https://pubmed.ncbi.nlm.nih.gov/27803622.

2. Existem muitos estudos sobre cegueira inatencional, semelhantes ao famoso estudo do "gorila dançante". SIMONS, D. J.; CHABRIS, C. F. "Gorillas in Our Midst: Sustained Inattentional Blindness for Dynamic Events". *Perception*, v. 28, n. 9, p. 1.059-1.074, 1999. Disponível em: https://doi.org/10.1068/p281059.

3. HAGEN, S. "The Mind's Eye". *Rochester Review*, v. 74, n. 4, p. 32-37, 2012.

4. Há evidências cada vez maiores não apenas de conectividade estrutural reduzida encontrada *post mortem*, mas também de atividade funcional em estado de repouso e conectividade reduzidas identificadas por IRMF em doenças como Parkinson (VAN EIMEREN *et al.*, 2009), Alzheimer (GREICIUS *et al.*, 2004) e Huntington (WERNER *et al.*, 2004).

VAN EIMEREN, T. et al. "Dysfunction of the Default Mode Network in Parkinson Disease: A Functional Magnetic Resonance Imaging Study". JAMA Neurology, v. 66, n. 7, p. 877-883, 2009. Disponível em: https://doi.org/10.1001/archneurol.2009.97.

GREICIUS, M. D. et al. "Default-Mode Network Activity Distinguishes Alzheimer's Disease from Healthy Aging: Evidence from Functional MRI". Proceedings of the National Academy of Sciences of the United States of America, v. 101, n. 13, p. 4.637-4.642, 2004. Disponível em: https://doi.org/10.1073/pnas.0308627101.

WERNER, C. J. et al. "Altered Resting-State Connectivity in Huntington's Disease". Human Brain Mapping v. 35, n. 6, p. 2.582-2.593, 2014. Disponível em: https://doi.org/10.1002/hbm.22351.

5. Refiro-me ao fenômeno bem estabelecido das interações competitivas entre estímulos visuais para representação neural, especialmente quando esses estímulos recrutam uma população comum de neurônios (DESIMONE; DUNCAN, 1995). Esse fenômeno é observado em registros de eletroencefalograma (EEG), como o componente N170 em humanos (JACQUES; ROSSION, 2004), bem como em estudos com primatas não humanos (ROLLS; TOVEE, 1995).

DESIMONE, R.; DUNCAN, J. "Neural Mechanisms of Selective Visual Attention". Annual Review of Neuroscience, v. 18, p. 193-222, 1995. Disponível em: https://doi.org/10.1146/annurev.ne.18.030195.001205.

JACQUES, C.; ROSSION, B. "Concurrent Processing Reveals Competition Between Visual Representations of Faces". Neuroreport v. 15, n. 15, p. 2.417-2.421, 2004. Disponível em: https://doi.org/10.1097/00001756-200410250-00023.

ROLLS, E. T.; TOVEE, M. J. "The Responses of Single Neurons in the Temporal Visual Cortical Areas of the Macaque When More Than One Stimulus Is Present in the Receptive Field". Experimental Brain Research v. 103, p. 409-420, 1995. Disponível em: https://doi.org/10.1007/BF00241500.

6. PETERSEN, S. E.; M. I. POSNER. "The Attention System of the Human Brain: 20 Years After". Annual Review of Neuroscience, v. 35, p. 73-89, 2012. Disponível em: https://doi.org/10.1146/annurev-neuro-062111-150525l.

7. UNSWORTH, N. et al. "Are Individual Differences in Attention Control Related to Working Memory Capacity? A Latent Variable Mega-Analysis". Journal of Experimental Psychology General, v. 38, n. 6, p. 1.765-1.772, 2020. Disponível em: https://doi.org/10.1037/xge0001000.

8. LEDOUX, J. E.; BROWN, R. "A Higher-Order Theory of Emotional Consciousness". Proceedings of the National Academy of Sciences of the United States of America, v. 114, n. 10, p. E2016-E2025, 2017. Disponível em: https://doi.org/10.1073/pnas.1619316114.

BADDELEY, A. "The Episodic Buffer: A New Component of Working Memory?". Trends in Cognitive Sciences, v. 4, n. 11, p. 417-423, 2000. Disponível em: https://doi.org/10.1016/S1364-6613(00)01538-2.

9. "Facts About Your Heart". MetLife AIG. Disponível em: https://tcs-ksa.com/en/metlife/facts-about-your-heart.php. Acesso em: 10 set. 2020.

10. Em Paczynski *et al.* (2015), examinamos as consequências da distração neutra da atenção em relação à distração negativa e descobrimos que a apresentação de imagens negativas irrelevantes reduziu o efeito de atenção do N170. É importante observar que há um "viés de negatividade" bem estabelecido em que informações negativas têm efeitos mais fortes (relativos a informações positivas igualmente extremas e estimulantes) em uma ampla gama de funções, como atenção, percepção e memória, motivação e tomada de decisão (ver NORRIS, 2019, para uma revisão recente). Além de estímulos externos negativos que captam a atenção, como em Paczynski *et al.* (2015), há evidências cada vez maiores de que conteúdo negativo gerado internamente (ou seja, pensamentos e lembranças com valência negativa, divagações mentais negativas) capta mais a atenção do que conteúdo positivo ou neutro. E há evidências crescentes de que a divagação mental com valência negativa prejudica o desempenho em tarefas de atenção e memória de trabalho (BANKS *et al.*, 2016).

PACZYNSKI, M. *et al.* "Brief Exposure to Aversive Stimuli Impairs Visual Selective Attention". *Journal of Cognitive Neuroscience*, v. 27, n. 6, p. 1.172-1.179, 2015. Disponível em: https://doi.org/10.1162/jocn_a_00768.

NORRIS, C. J. "The Negativity Bias, Revisited: Evidence from Neuroscience Measures and an Individual Differences Approach". *Social Neuroscience*, v. 16, 2019. Disponível em: https://doi.org/10.1080/17470919.2019.1696225.

BANKS, J. B. *et al.* "Examining the Role of Emotional Valence of Mind Wandering: All Mind Wandering Is Not Equal". *Consciousness and Cognition*, v. 43, p. 167-176, 2016. Disponível em: https://doi.org/10.1016/j.concog.2016.06.003.

2 – ... Mas tem a kriptonita

1. THEEUWES, J. "Goal-Driven, Stimulus-Driven, and History-Driven Selection". *Current Opinion in Psychology*, v. 29, p. 97-101, 2019. Disponível em: https://doi.org/10.1016/j.copsyc.2018.12.024.
2. Além do padrão de U invertido de correspondência entre desempenho e estresse descrito inicialmente por Yerkes e Dodson (1908; ver também TEIGEN, 1994) e por muitos outros estudos desde então, há evidências recentes, conforme revisado por Qin *et al.* (2009), de que os níveis precisos de determinados neurotransmissores relacionados ao estresse, como a norepinefrina (NE), que orientam a atividade em regiões do cérebro como o lócus cerúleo (LC), mostram um padrão de U invertido relacionado ao desempenho. O desempenho ótimo está associado a níveis de NE que resultam em um nível intermediário de atividade de LC. Mas, quando os níveis de NE levam à hipoatividade e à hiperatividade de LC, o desempenho é prejudicado. A questão aqui não é se o estresse é bom ou mau, mas o fato de as consequências estarem ligadas à sua quantidade. O distresse, em oposição ao eustresse, é muitas vezes abreviado como estresse. Tarefas que demonstram esse padrão de U invertido relacionado ao estresse são aquelas que exigem o envolvimento, com grande esforço, da atenção e da memória de trabalho para seu desempenho bem-sucedido.

YERKES, R. M.; DODSON, J. D. "The Relation of Strength of Stimulus to Rapidity of Habitat-Formation". *Journal of Comparative Neurology and Psychology*, v. 18, p. 459-482, 1908. Disponível em: https://doi.org/10.1002/cne.920180503.

TEIGEN, K. H. "Yerkes-Dodson: A Law for All Seasons". *Theory Psychology*, v. 4, p. 525, 1994. Disponível em: https://doi.org/10.1177/0959354394044004.

QIN, S. *et al.* "Acute Psychological Stress Reduces Working Memory-Related Activity in the Dorsolateral Prefrontal Cortex". *Biological Psychiatry*, v. 66, n. 1, p. 25-32, 2009. Disponível em: https://doi.org/10.1016/j.biopsych.2009.03.006.

3. Isso está descrevendo o desempenho em uma tarefa de atenção sustentada (SMALLWOOD *et al.*, 2009). Observe que a relação entre atenção, memória de trabalho e humor foi analisada usando-se uma variedade de tarefas e uma variedade de métodos para sondar o humor e a distração afetiva. Distratores negativos apresentados durante o experimento (por exemplo, WITKIN *et al.*, 2020; GARRISON; SCHMEICHEL, 2018) bem como o humor negativo desordenado e disposicional estão associados a uma queda de desempenho em tarefas de atenção e memória de trabalho (EYSENCK *et al.*, 2007; GOTLIB; JOORMANN, 2010). Ver também Schmeichel e Tang (2015) e Mitchell e Phillips (2007).

SMALLWOOD, J. *et al.* "Shifting Moods, Wandering Minds: Negative Moods Lead the Mind to Wander". *Emotion*, v. 9, n. 2, p. 271-276, 2009. Disponível em: https://doi.org/10.1037/a0014855.

WITKIN, J. *et al.* "Dynamic Adjustments in Working Memory in the Face of Affective Interference". *Memory & Cognition*, v. 48, p. 16-31, 2020. Disponível em: https://doi.org/10.3758/s13421-019-00958-w.

GARRISON, K. E.; SCHMEICHEL, B. J. "Effects of Emotional Content on Working Memory Capacity". *Cognition and Emotion*, v. 33, n. 2, p. 370-377, 2018. Disponível em: https://doi.org/10.1080/02699931.2018.1438989.

EYSENCK, M. W. *et al.* "Anxiety and Cognitive Performance: Attentional Control Theory". *Emotion*, v. 7, n. 2, p. 336-353, 2007. Disponível em: https://doi.org/10.1037/1528-3542.7.2.336.

GOTLIB, I. H.; JOORMANN, J. "Cognition and Depression: Current Status and Future Directions". *Annual Review of Clinical Psychology*, v. 6, p. 285-312, 2010. Disponível em: https://doi.org/10.1146/annurev.clinpsy.121208.131305.

SCHMEICHEL, B. J.; TANG, D. "Individual Differences in Executive Functioning and Their Relationship to Emotional Processes and Responses". *Current Directions in Psychological Science*, v. 24, n. 2, p. 93-98, 2015. Disponível em: https://doi.org/10.1177/0963721414555178.

MITCHELL, R. L.; PHILLIPS, L. H. "The Psychological, Neurochemical and Functional Neuroanatomical Mediators of the Effects of Positive and Negative Mood on Executive Functions". *Neuropsychologia*, v. 45, n. 4, p. 617-629, 2007. Disponível em: https://doi.org/10.1016/j.neuropsychologia.2006.06.030.

4. Há evidências cada vez maiores de que informações relacionadas a ameaças podem captar e manter a atenção (KOSTER et al., 2004) e perturbar a memória de trabalho (SCHMADER; JOHNS, 2003), prejudicando o desempenho da tarefa em curso (SHIH et al., 1999).

   KOSTER, E. H. W. et al. "Does Imminent Threat Capture and Hold Attention?". *Emotion*, v. 4, n. 3, p. 312-317, 2004. Disponível em: https://doi.org/10.1037/1528-3542.4.3.312.

   SCHMADER, T.; JOHNS, M. "Converging Evidence that Stereotype Threat Reduces Working Memory Capacity". *Journal of Personality and Social Psychology*, v. 85, n. 3, p. 440-452, 2003. Disponível em: https://doi.org/10.1037/0022-3514.85.3.440.

   SHIH, M. et al. "Stereotype Susceptibility: Identity Salience and Shifts in Quantitative Performance". *Psychological Science*, v. 10, n. 1, p. 80-83, 1999. Disponível em: https://doi.org/10.1111/1467-9280.00111.

5. NEUBAUER, S. "The Evolution of Modern Human Brain Shape". *Science Advances*, v. 4, n. 1, 2018. Disponível em: https://doi.org/10.1126/sciadv.aao5961.

6. GIBSON, C. E. et al. "A Replication Attempt of Stereotype Susceptibility: Identity Salience and Shifts in Quantitative Performance". *Social Psychology*, v. 45, n. 3, p. 194-198, 2014. Disponível em: http://dx.doi.org/10.1027/1864-9335/a000184.

7. Além do estresse, da ameaça e do mau humor, muitos fatores prejudicam o desempenho em tarefas de atenção e memória de trabalho.

   BLASIMAN, R. N.; WAS, C. A. "Why Is Working Memory Performance Unstable? A Review of 21 Factors". *Europe's Journal of Psychology*, v. 14, n. 1, p. 188-231, 2018. Disponível em: https://doi.org/10.5964/ejop.v14i1.1472.

8. ALQUIST, J. L. et al. "What You Don't Know Can Hurt You: Uncertainty Impairs Executive Function". *Frontiers in Psychology*, v. 11, p. 576.001, 2020. Disponível em: https://doi.org/10.3389/fpsyg.2020.576001.

9. Para saber mais sobre a saliência da mortalidade e o declínio do desempenho, ver GAILLIOT, M. T. et al. "Self-Regulatory Processes Defend Against the Threat of Death: Effects of Self-Control Depletion and Trait Self-Control on Thoughts and Fears of Dying". *Journal of Personality and Social Psychology*, v. 91, n. 1, p. 49-62, 2006. Disponível em: https://doi.org/10.1037/0022-3514.91.1.49.

10. STROOP, J. R. "Studies of Interference in Serial Verbal Reactions". *Journal of Experimental Psychology*, v. 18, n. 6, p. 643-662, 1935. Disponível em: https://doi.org/10.1037/h0054651.

11. O padrão de melhor desempenho após um julgamento de alto conflito em relação a um de baixo conflito é chamado de efeito de adaptação ao conflito. Deve resultar da regulação crescente e dinâmica de recursos de controle cognitivo provocada por alto conflito e outras demandas cognitivas altas, como a carga da memória de trabalho e a interferência de distratores.

    ULLSPERGER, M. et al. "The Conflict Adaptation Effect: It's Not Just Priming". *Cognitive, Affective, & Behavioral Neuroscience*, v. 5, p. 467-472, 2005. Disponível em: https://doi.org/10.3758/CABN.5.4.467.

WITKIN, J. E. *et al.*, *op. cit.*

JHA, A. P.; KIYONAGA, A. "Working-Memory-Triggered Dynamic Adjustments in Cognitive Control". *Journal of Experimental Psychology, Learning, Memory, and Cognition*, v. 36, n. 4, p. 1.036-1.042, 2010. Disponível em: https://doi.org/10.1037/a0019337.

12. Esses diferentes estados mentais estão alinhados com as descrições budistas dos Cinco Obstáculos.

    WALLACE, B. A. *The Attention Revolution: Unlocking the Power of the Focused Mind*. Boston: Wisdom Publications, 2006. [Ed. bras.: *A revolução da atenção*: revelando o poder da mente focada. 4. ed. Petrópolis: Vozes, 2017.]

13. "Tente propor a si mesmo esta tarefa: não pensar em um urso polar, e você verá que a coisa maldita virá à mente a cada minuto" ("Notas de inverno sobre impressões de verão", Fiódor Dostoiévski, 1863). Essa citação motivou um estudo clássico que descobriu que havia um aumento paradoxal na frequência de um pensamento que deveria ser suprimido (WEGNER *et al.*, 1987; ver também WINERMAN, 2011, e RASSIN *et al.*, 2000). Há evidências cada vez maiores de que a supressão do pensamento e a supressão expressiva, que se refere a controlar com esforço as respostas emocionais automáticas, prejudicam a memória de trabalho (FRANCHOW; SUCHY, 2015) e provocam resultados negativos na saúde psicológica (GROSS; JOHN, 2003).

    WEGNER, D. M. *et al.* "Paradoxical Effects of Thought Suppression". *Journal of Personality and Social Psychology*, v. 53, n. 1, p. 5-13, 1987. Disponível em: https://doi.org/10.1037//0022-3514.53.1.5.

    WINERMAN, L. "Suppressing the 'White Bears'". *American Psychological Association*, v. 42, n. 9, p. 44, 2011. Disponível em: https://www.apa.org/monitor/2011/10/unwanted-thoughts.

    RASSIN, E. *et al.* "Paradoxical and Less Paradoxical Effects of Thought Suppression: A Critical Review". *Clinical Psychology Review*, v. 20, n. 8, p. 973-995, 2000. Disponível em: https://doi.org/10.1016/S0272-7358(99)00019-7.

    FRANCHOW, E.; SUCHY, Y. "Naturally-Occurring Expressive Suppression in Daily Life Depletes Executive Functioning". *Emotion*, v. 15, n. 1, p. 78-89, 2015. Disponível em: https://doi.org/10.1037/emo0000013.

    GROSS, J. J.; JOHN, O. P. "Individual Differences in Two Emotion Regulation Processes: Implications for Affect, Relationships, and Well-Being". *Journal of Personality and Social Psychology*, v. 85, n. 2, p. 348-362, 2003. Disponível em: https://doi.org/10.1037/0022-3514.85.2.348.

3 – Flexões para a mente

1. MAGUIRE, E. A. *et al.* "London Taxi Drivers and Bus Drivers: A Structural MRI and Neuropsychological Analysis". *Hippocampus*, v. 16, n. 12, p. 1.091-1.101, 2006. Disponível em: https://doi.org/10.1002/hipo.20233.

2. Fundamentalmente, as funções cerebrais ocorrem por meio de processos eletroquímicos, em particular aqueles que ocorrem durante o disparo de neurônios. A IRMF não mede a atividade elétrica no cérebro, mas sim o aumento do fluxo sanguíneo que acompanha essa atividade. Como tal, a IRMF é uma medida indireta da atividade neural.

   DE HAAN, M.; THOMAS, K. M. "Applications of ERP and FMRI Techniques to Developmental Science". *Developmental Science*, v. 5, n. 3, p. 335-343, 2002. Disponível em: https://doi.org/10.1111/1467-7687.00373.

3. PARONG, J.; MAYER, R. E. "Cognitive Consequences of Playing Brain-Training Games in Immersive Virtual Reality". *Applied Cognitive Psychology*, v. 34, n. 1, p. 29-38, 2020. Disponível em: https://doi.org/10.1002/acp.3582.

   "A Consensus on the Brain Training Industry from the Scientific Community". Max Planck Institute for Human Development and Stanford Center on Longevity. Comunicado de imprensa, 20 out. 2014. Disponível em: https://longevity.stanford.edu/a-consensus-on-the-brain-training-industry-from-the-scientific-community-2 /.

   KABLE, J. W. et al. "No Effect of Commercial Cognitive Training on Brain Activity, Choice Behavior, or Cognitive Performance". *Journal of Neuroscience*, v. 37, n. 31, p. 7.390-7.402, 2017. Disponível em: https://doi.org/10.1523/JNEUROSCI.2832-16.2017.

   SLAGTER, H. A. et al. "Mental Training as a Tool in the Neuroscientific Study of Brain and Cognitive Plasticity". *Frontiers in Human Neuroscience*, v. 5, n. 17, 2011. Disponível em: https://doi.org/10.3389/fnhum.2011.00017.

4. WITKIN, J. et al. "Mindfulness Training Influences Sustained Attention: Attentional Benefits as a Function of Training Intensity". Pôster apresentado em International Symposium for Contemplative Research, Phoenix, Arizona, 2018.

5. BIGGS, A. T. et al. "Cognitive Training Can Reduce Civilian Casualties in a Simulated Shooting Environment". *Psychological Science*, v. 26, n. 8, p. 1.064-1.076, 2015. Disponível em: https://doi.org/10.1177/0956797615579274.

6. JHA, A. P. et al. "Mindfulness Training Modifies Subsystems of Attention". *Cognitive, Affective, & Behavioral Neuroscience*, v. 7, n. 2, p. 109-119, 2007. Disponível em: https://doi.org/10.3758/CABN.7.2.109.

7. ROOKS, J. D. et al. "'We Are Talking About Practice': The Influence of Mindfulness vs. Relaxation Training on Athletes' Attention and Well-Being over High-Demand Intervals". *Journal of Cognitive Enhancement*, v. 1, n. 2, p. 141-153, 2017. Disponível em: https://doi.org/10.1007/s41465-017-0016-5.

8. Encontramos um padrão de declínio de desempenho em intervalos de estresse intenso em uma ampla variedade de grupos, desde alunos de graduação ao longo do semestre acadêmico (MORRISON et al., 2014) e fuzileiros navais em pré-destacamento durante oito semanas de treinamento (JHA et al., 2010) até jovens encarcerados (LEONARD et al., 2013) e jogadores de futebol americano durante o treinamento de pré-temporada (ROOKS et al., 2017).

MORRISON, A. B. et al. "Taming a Wandering Attention: Short-Form Mindfulness Training in Student Cohorts". *Frontiers in Human Neuroscience*, v.7, p. 897, 2014. Disponível em: https://doi.org/10.3389/fnhum.2013.00897.

JHA, A. P. et al. "Examining the Protective Effects of Mindfulness Training on Working Memory Capacity and Affective Experience". *Emotion*, v.10, n. 1, p. 54-64, 2010. Disponível em: https://doi.org/10.1037/a0018438.

LEONARD, N. R. et al. "Mindfulness Training Improves Attentional Task Performance in Incarcerated Youth: A Group Randomized Controlled Intervention Trial". *Frontiers in Psychology*, v. 4, n. 792, p. 2-10, 2013. Disponível em: https://doi.org/10.3389/fpsyg.2013.00792.

ROOKS, J. D. et al., *op. cit.*

9. LYNDSAY, E. K.; CRESWELL, J. D. "Mindfulness, Acceptance, and Emotion Regulation: Perspectives from Monitor and Acceptance Theory (MAT)". *Current Opinion in Psychology*, v. 28, p. 120-125, 2019. Disponível em: https://doi.org/10.1007/s41465-017-0016-5.

4 – Encontre o seu foco

1. LAMPE, C.; ELLISON, N. "Social Media and the Workplace". *Pew Research Center*, 22 jun. 2016. Disponível em: https://www.pewresearch.org/internet/2016/06/22/social-media-and-the-workplace/.

2. CAMERON, L. et al. "Mind Wandering Impairs Textbook Reading Comprehension and Retention". Pôster apresentando em Cognitive Neuroscience Society Annual Meeting, Boston, Massachusetts, abr. 2014.

3. Ver, por exemplo, ZANESCO, A. P. et al. "Meditation Training Influences Mind Wandering and Mindless Reading". *Psychology of Consciousness: Theory, Research, and Practice*, v. 3, n. 1, p. 12-33, 2016. Disponível em: https://doi.org/10.1037/cns0000082.

4. SMALLWOOD, J. et al. "The Lights Are On but No One's Home: Meta-Awareness and the Decoupling of Attention When the Mind Wanders". *Psychonomic Bulletin & Review*, v. 14, n. 3, p. 527-533, 2007. Disponível em: https://doi.org/10.3758/BF03194102.

5. ESTERMAN, M. et al. "In the Zone or Zoning Out? Tracking Behavioral and Neural Fluctuations During Sustained Attention". *Cerebral Cortex*, v. 23, n. 11, p. 2.712-2.723, 2013. Disponível em: https://doi.org/10.1093/cercor/bhs261.

MRAZEK, M. D. et al. "The Role of Mind-Wandering in Measurements of General Aptitude". *Journal of Experimental Psychology General*, v. 141, n. 4, p. 788-798, 2012. Disponível em: https://doi.org/10.1037/a0027968.

WILSON, T. D. et al. "Just Think: The Challenges of the Disengaged Mind". *Science*, v. 345, n. 6.192, p. 75-77, 2014. Disponível em: https://doi.org/10.1126/science.1250830.

6. WEBSTER, D. M.; KRUGLANSKI, A. W. "Individual Differences in Need for Cognitive Closure".

Journal of Personality and Social Psychology, v. 67, n. 6, p. 1.049-1.062, 1994. Disponível em: https://doi.org/10.1037//0022-3514.67.6.1049.

7. LAVIE, N. *et al.* "Load Theory of Selective Attention and Cognitive Control". *Journal of Experimental Psychology*, v. 133, n. 3, p. 339-354, 2004. Disponível em: https://doi.org/10.1037/0096-3445.133.3.339.

8. O decréscimo da vigilância, também conhecido como efeito do tempo na tarefa, é o padrão comportamental de desempenho reduzido com períodos mais longos de envolvimento em uma tarefa. Há um debate sobre as causas desse fenômeno, que variam do esgotamento de recursos ao ciclo atencional e consideração dos custos de oportunidade. Ver Rubinstein (2020) e Davies e Parasuraman (1982) para discussão.

    RUBINSTEIN, J. S. "Divergent Response-Time Patterns in Vigilance Decrement Tasks". *Journal of Experimental Psychology: Human Perception and Performance*, v. 46, n. 10, p. 1.058-1.076, 2020. Disponível em: https://doi.org/10.1037/xhp0000813.

    DAVIES, D. R.; PARASURAMAN, R. *The Psychology of Vigilance*. Londres: Academic Press, 1982.

9. DENKOVA, E. *et al.* "Attenuated Face Processing During Mind Wandering". *Journal of Cognitive Neuroscience*, v. 30, n. 11, p. 1.691-1.703, 2018. Disponível em: https://doi.org/10.1162/jocn_a_01312.

10. SCHOOLER, J. W. *et al.* "Meta-Awareness, Perceptual Decoupling and the Wandering Mind". *Trends in Cognitive Sciences*, v. 15, n. 7, p. 319-326, 2011. Disponível em: https://doi.org/10.1016/j.tics.2011.05.006.

11. Embora a divagação mental possa ocorrer em muitos contextos do mundo real, as taxas do mundo real de divagação mental e as taxas baseadas em desempenho e laboratório podem nem sempre estar alinhadas entre os indivíduos (KANE *et al.*, 2017), e fatores como esforço autoimposto para se concentrar, demandas de tarefas e outras diferenças podem resultar em um desalinhamento da divagação mental e da memória de trabalho na vida real em relação a contextos de laboratório.

    KANE, M. J. *et al.* "For Whom the Mind Wanders, and When, Varies Across Laboratory and Daily-Life Settings". *Psychological Science*, v. 28, n. 9, p. 1.271-1.289, 2017. Disponível em: https://doi.org/10.1177/0956797617706086.

12. CROSSWELL, A. D. *et al.* "Mind Wandering and Stress: When You Don't Like the Present Moment". *Emotion*, v. 20, n. 3, p. 403-412, 2020. Disponível em: https://doi.org/10.1037/emo0000548.

13. KILLINGSWORTH, M. A.; GILBERT, D. T. "A Wandering Mind Is an Unhappy Mind". *Science*, v. 330, n. 6.006, p. 932, 2010. Disponível em: https://doi.org/10.1126/science.1192439.

14. POSNER, M. I. *et al.* "Inhibition of Return: Neural Basis and Function". *Cognitive Neuropsychology*, v. 2, n. 3, p. 211-228, 1985. Disponível em: https://doi.org/10.1080/02643298508252866.

15. WARD, A. F.; WEGNER, D. M. "Mind-Blanking: When the Mind Goes Away". *Frontiers in Psychology*, v. 4, p. 650, 2013. Disponível em: https://doi.org/10.3389/fpsyg.2013.00650.

16. Alguns estudos sugerem que flutuações temporais lentas nos padrões de desempenho e atividade cerebral podem refletir o ciclo de atenção para diversos objetivos, um após o outro. SMALLWOOD, J. *et al.* "Segmenting the Stream of Consciousness: The Psychological Correlates of Temporal Structures in the Time Series Data of a Continuous Performance Task". *Brain and Cognition*, v. 66, n. 1, p. 50-56, 2008. Disponível em: https://doi.org/10.1016/j.bandc.2007.05.004.

17. ROSEN, Z. B. *et al.* "Mindfulness Training Improves Working Memory Performance in Adults with ADHD". Pôster apresentado em Annual Meeting of the Society for Neuroscience, Washington, D.C., 2008.

18. RUBINSTEIN, J. S. *et al.* "Executive Control of Cognitive Processes in Task Switching". *Journal of Experimental Psychology: Human Perception and Performance*, v. 27, n. 4, p. 763-797, 2001. Disponível em: https://doi.org/10.1037/0096-1523.27.4.763.

19. LEVY, D. M. *et al.* "The Effects of Mindfulness Meditation Training on Multitasking in a High-Stress Information Environment". *Proceedings of Graphics Interface*, p. 45-52, 2012. Disponível em: https://dl.acm.org/doi/10.5555/2305276.2305285.

20. ETKIN, J.; MOGILNER, C. "Does Variety Among Activities Increase Happiness?". *Journal of Consumer Research*, v. 43, n. 2, p. 210-229, 2016. Disponível em: https://doi.org/10.1093/jcr/ucw021.

5 – Permaneça no *play*

1. A memória de trabalho é um sistema cognitivo que permite a manutenção de curto prazo da informação em um estado altamente acessível e a manipulação dessa informação a serviço dos objetivos. Existem vários modelos proeminentes de memória de trabalho. Por exemplo, enquanto o modelo de Baddeley (BADDELEY, 2010) enfatiza a estrutura componente da memória de trabalho, o modelo de Engle (ENGLE; KANE, 2004) enfatiza uma abordagem das diferenças individuais e o papel do controle executivo (semelhante ao sistema executivo central de atenção) na explicação das diferenças individuais na capacidade da memória de trabalho.
    BADDELEY, A. "Working Memory". *Current Biology*, v. 20, n. 4, p. R136-R140, 2010. Disponível em: https://doi.org/10.1016/j.cub.2009.12.014.
    ENGLE, R. W.; KANE, M. J. "Executive Attention, Working Memory Capacity, and a Two-Factor Theory of Cognitive Control". *In*: ROSS, B. (ed.). *The Psychology of Learning and Motivation*, v. 44, p. 145-199, 2004.

2. RAYE, C. L. *et al.* "Refreshing: A Minimal Executive Function". *Cortex*, v. 43, n. 1, p. 134-145, 2007. Disponível em: https://doi.org/10.1016/s0010-9452(08)70451-9.

3. BRAVER, T. S. *et al.* "A Parametric Study of Prefrontal Cortex Involvement in Human Working Memory". *NeuroImage*, v. 5, n. 1, p. 49-62, 1997. Disponível em: https://doi.org/10.1006/nimg.1996.0247.

4. Vários estudos foram feitos com IRMF relacionada a eventos comparando a ativação durante julgamentos de adjetivos para si mesmo e para "outros" próximos em oposição a pessoas fa-

mosas ou desconhecidos. A ativação é maior em nodos-chave da rede de modo padrão, como o córtex pré-frontal medial, o córtex cingulado posterior e o pré-cúneo, durante julgamentos sobre si mesmo e "outros" próximos em oposição a pessoas famosas ou desconhecidas.

VAN DER MEER, L. et al. "Self-Reflection and the Brain: A Theoretical Review and Meta-Analysis of Neuroimaging Studies with Implications for Schizophrenia". Neuroscience & Biobehavioral Reviews, v. 34, n. 6, p. 935-946, 2010. Disponível em: https://doi.org/10.1016/j.neubiorev.2009.12.004.

ZHU, Y. et al. "Neural Basis of Cultural Influence on Self-Representation". NeuroImage, v. 34, n. 3, p. 1.310-1.316, 2007. Disponível em: https://doi.org/10.1016/j.neuroimage.2006.08.047.

HEATHERTON, T. F. et al. "Medial Prefrontal Activity Differentiates Self from Close Others". Social Cognitive & Affective Neuroscience, v. 1, n. 1, p. 18-25, 2006. Disponível em: https://doi.org/10.1093/scan/nsl001.

5. RAICHLE, M. E. "The Brain's Default Mode Network". Annual Review of Neuroscience, v. 38, p. 433-447, 2015. Disponível em: https://doi.org/10.1146/annurev-neuro-071013-014030.

6. WEISSMAN, D. H. et al. "The Neural Bases of Momentary Lapses in Attention". Nature Neuroscience, v. 9, n. 7, p. 971-978, 2006. Disponível em: https://doi.org/10.1038/nn1727.

7. ANDREWS-HANNA, J. R. et al. "Dynamic Regulation of Internal Experience: Mechanisms of Therapeutic Change". In: LANE, R. D.; NADEL, L. Neuroscience of Enduring Change: Implications for Psychotherapy. Nova York: Oxford University Press, 2020, p. 89-131. Disponível em: https://doi.org/10.1093/oso/9780190881511.003.0005.

8. BARRETT, L. F. et al. "Individual Differences in Working Memory Capacity and Dual-Process Theories of the Mind". Psychological Bulletin, v. 130, n. 4, p. 553-573, 2004. Disponível em: https://doi.org/10.1037/0033-2909.130.4.553.

9. MIKELS, J. A.; REUTER-LORENZ, P. A. "Affective Working Memory: An Integrative Psychological Construct". Perspectives on Psychological Science, v. 14, n. 4, p. 543-559, 2019. Disponível em: https://doi.org/10.1177/1745691619837597.

LEDOUX, J. E.; BROWN, R. "A Higher-Order Theory of Emotional Consciousness". Proceedings of the National Academy of Sciences of the United States of America, v. 114, n. 10, p. E2016-E2025, 2017. Disponível em: https://doi.org/10.1073/pnas.1619316114.

10. SCHMEICHEL, B. J. et al. "Working Memory Capacity and the Self-Regulation of Emotional Expression and Experience". Journal of Personality and Social Psychology, v. 95, n. 6, p. 1.526-1.540, 2008. Disponível em: https://doi.org/10.1037/a0013345.

11. KLINGBERG, T. "Development of a Superior Frontal-Intraparietal Network for Visuo-Spatial Working Memory". Neuropsychologia, v. 44, n. 11, p. 2.171-2.177, 2006. Disponível em: https://doi.org/10.1016/j.neuropsychologia.2005.11.019.

12. NOGUCHI, Y.; KAKIGI, R. "Temporal Codes of Visual Working Memory in the Human Cerebral Cortex: Brain Rhythms Associated with High Memory Capacity". NeuroImage, v. 222, n. 15, p. 117.294, 2020. Disponível em: https://doi.org/10.1016/j.neuroimage.2020.117294.

13. MILLER, G. A. "The Magical Number Seven, Plus or Minus Two: Some Limits on Our Capacity for Processing Information". *Psychological Review*, v. 101, n. 2, p. 343-352, 1956. Disponível em: https://doi.org/10.1037/0033-295x.101.2.343.

14. LÜER, G. et al. "Memory Span in German and Chinese: Evidence for the Phonological Loop". *European Psychologist*, v. 3, n. 2, p. 102-112, 2006. Disponível em: https://doi.org/10.1027/1016-9040.3.2.102.

15. MORRISON, A. B.; RICHMOND, L. L. "Offloading Items from Memory: Individual Differences in Cognitive Offloading in a Short-Term Memory Task". *Cognitive Research: Principles and Implications*, v. 5, n. 1, 2020. Disponível em: https://doi.org/10.1186/s41235-019-0201-4.

16. KAWAGOE, T. et al. "The Neural Correlates of 'Mind Blanking': When the Mind Goes Away". *Human Brain Mapping*, v. 40, n. 17, p. 4.934-4.940, 2019. Disponível em: https://doi.org/10.1002/hbm.24748.

17. ZHANG, W.; LUCK, S. J. "Sudden Death and Gradual Decay in Visual Working Memory". *Psychological Science*, v. 20, n. 4, p. 423-428, 2009. Disponível em: https://doi.org/10.1111/j.1467-9280.2009.02322.x.

18. DATTA, D.; ARNSTEN, A. F. T. "Loss of Prefrontal Cortical Higher Cognition with Uncontrollable Stress: Molecular Mechanisms, Changes with Age, and Relevance to Treatment". *Brain Sciences*, v. 9, n. 5, 2019. Disponível em: https://doi.org/10.3390/brainsci9050113.

19. ROESER, R. W. et al. "Mindfulness Training and Reductions in Teacher Stress and Burnout: Results from Two Randomized, Waitlist-Control Field Trials". *Journal of Educational Psychology*, v. 105, n. 3, p. 787-804, 2013. Disponível em: https://doi.org/10.1037/a0032093.

20. MRAZEK, M. D. et al. "The Role of Mind-Wandering in Measurements of General Aptitude". *Journal of Experimental Psychology General*, v. 141, n. 4, p. 788-798, 2012. Disponível em: https://doi.org/10.1037/a0027968.

21. BEATY, R. E. et al. "Thinking About the Past and Future in Daily Life: An Experience Sampling Study of Individual Differences in Mental Time Travel". *Psychological Research*, v. 83, n. 4, p. 805-916, 2019. Disponível em: https://doi.org/10.1007/s00426-018-1075-7.

22. SREENIVASAN, K. K. et al. "Temporal Characteristics of Top-Down Modulations During Working Memory Maintenance: An Event-Related Potential Study of the N170 Component". *Journal of Cognitive Neuroscience*, v. 19, n. 11, p. 1.836-1.844, 2017. Disponível em: https://doi.org/10.1162/jocn.2007.19.11.1836.

23. A capacidade visual da memória de trabalho está ligada à eficiência com que os distratores podem ser filtrados.

    VOGEL, E. K. et al. "The Time Course of Consolidation in Visual Working Memory". *Journal of Experimental Psychology: Human Perception and Performance*, v. 32, n. 6, p. 1.436-1.451, 2006. Disponível em: https://doi.org/10.1037/0096-1523.32.6.1436.

    LURIA, R. et al. "The Contralateral Delay Activity as a Neural Measure of Visual Working Memory". *Neuroscience & Biobehavioral Reviews*, v. 62, p. 100-108, 2016. Disponível em: https://doi.org//10.1016/j.neubiorev.2016.01.003.

6 – Aperte *gravar*

1. Estudos recentes sugerem que a capacidade da memória de trabalho está de moderada a fortemente relacionada a medidas da memória de longo prazo (MOGLE et al., 2008; UNSWORTH et al., 2009). A memória de trabalho pode servir como um espaço de rascunho para a memória de longo prazo, onde a informação pode ser manipulada (isto é, reordenada, organizada, integrada; ver BLUMENFELD; RANGANATH, 2006) para armazenamento mais eficiente. No entanto, ainda há um debate intenso sobre os sistemas neurais dissociáveis que podem ou não ter um papel único na memória de trabalho e na memória de longo prazo (RANGANATH; BLUMENFELD, 2005).

    MOGLE, J. A. et al. "What's So Special About Working Memory? An Examination of the Relationships Among Working Memory, Secondary Memory, and Fluid Intelligence". *Psychological Science*, v. 19, p. 1.071-1.077, 2008. Disponível em: https://doi.org/10.1111/j.1467-9280.2008.02202.x.

    UNSWORTH, N. et al. "There's More to the Working Memory–fluid Intelligence Relationship Than Just Secondary Memory". *Psychonomic Bulletin & Review*, v.16, p. 931-937, 2009. Disponível em: https://doi.org/10.3758/pbr.16.5.931.

    BLUMENFELD, R. S.; RANGANATH, C. "Dorsolateral Prefrontal Cortex Promotes Long-Term Memory Formation Through Its Role in Working Memory Organization". *Journal of Neuroscience*, v. 26, n. 3, p. 916-925, 2006. Disponível em: https://doi.org/10.1523/jneurosci.2353-05.2006.

    RANGANATH, C.; BLUMENFELD, R. S. "Doubts About Double Dissociations Between Short- and Long-Term Memory". *Trends in Cognitive Sciences*, v. 9, n. 8, p. 374-380, 2005. Disponível em: https://doi.org/10.1016/j.tics.2005.06.009.

2. SPANIOL, J. et al. "Aging and Emotional Memory: Cognitive Mechanisms Underlying the Positivity Effect". *Psychology and Aging*, v. 23, n. 4, p. 859-872, 2008. Disponível em: https://doi.org/10.1037/a0014218.

3. SCHROOTS, J. J. F. et al. "Autobiographical Memory from a Life Span Perspective". *International Journal of Aging and Human Development*, v. 58, n. 1, p. 69-85, 2004. Disponível em: https://doi.org/10.2190/7A1A-8HCE-0FD9-7CTX.

4. O esquecimento é frequentemente estudado por meio do paradigma de esquecimento dirigido.

    WILLIAMS, M. et al. "The Benefit of Forgetting". *Psychonomic Bulletin & Review*, v. 20, p. 348-355, 2013. Disponível em: https://doi.org/10.3758/s13423-012-0354-3.

5. TAMIR, D. I. et al. "Media Usage Diminishes Memory for Experiences". *Journal of Experimental Social Psychology*, v. 76, p. 161-168, 2018. Disponível em: https://doi.org/10.1016/j.jesp.2018.01.006.

6. ALLEN, A. et al. "Is the Pencil Mightier Than the Keyboard? A Meta-Analysis Comparing the Method of Notetaking Outcomes". *Southern Communication Journal*, v. 85, n. 3, p. 143-154, 2020. Disponível em: https://doi.org/10.1080/1041794X.2020.1764613.

7. SQUIRE, L. R. "The Legacy of Patient H. M. for Neuroscience". *Neuron*, v. 61, n. 1, p. 6-9, 2009. Disponível em: https://doi.org/10.1016/j.neuron.2008.12.023.

8. ANDREWS-HANNA, J. R. *et al.* "Dynamic Regulation of Internal Experience: Mechanisms of Therapeutic Change". In: LANE, R. D.; NADEL, L. *Neuroscience of Enduring Change*: Implications for Psychotherapy. Nova York: Oxford University Press, 2020, p. 89-131. Disponível em: https://doi.org/10.1093/oso/9780190881511.003.0005.

9. MILDNER, J. N.; TAMIR, D. I. "Spontaneous Thought as an Unconstrained Memory Process". *Trends in Neuroscience*, v. 42, n. 11, p. 763-777, 2019. Disponível em: https://doi.org/10.1016/j.tins.2019.09.001.

10. WHEELER, M. A. *et al.* "Toward a Theory of Episodic Memory: The Frontal Lobes and Autonoetic Consciousness". *Psychological Bulletin*, v. 121, n. 3, p. 331-354, 1997. Disponível em: https://doi.org/10.1037/0033-2909.121.3.331.

11. HENKEL, L. A. "Point-and-Shoot Memories: The Influence of Taking Photos on Memory for a Museum Tour". *Psychological Science*, v. 25, n. 2, p. 396-402, 2014. Disponível em: https://doi.org/10.1177/0956797613504438.

12. CHRISTOFF, K. *et al.* "Mind-Wandering as Spontaneous Thought: A Dynamic Framework". *Nature Reviews Neuroscience*, v. 17, n. 11, p. 718-731, 2016. Disponível em: https://doi.org/10.1038/nrn.2016.113.

    FOX, K. C. R.; CHRISTOFF, K. (ed.). *The Oxford Handbook of Spontaneous Thought*: Mind-wandering, Creativity, and Dreaming. Nova York: Oxford University Press, 2018. Disponível em: http://dx.doi.org/10.1093/oxfordhb/9780190464745.001.0001.

13. Há controvérsias em relação às memórias traumáticas serem ou não diferentes de outras memórias e em relação aos mecanismos pelos quais isso pode ocorrer.

    GERAERTS, E. *et al.* "Traumatic Memories of War Veterans: Not So Special After All". *Consciousness and Cognition*, v. 16, n. 1, p. 170-177, 2007. Disponível em: https://doi.org/10.1016/j.concog.2006.02.005.

    MARTINHO, R. *et al.* "Epinephrine May Contribute to the Persistence of Traumatic Memories in a Post-Traumatic Stress Disorder Animal Model". *Frontiers in Molecular Neuroscience*, v. 13, n. 588.802, 2020. Disponível em: https://doi.org/10.3389/fnmol.2020.588802.

14. BOYD, J. E. *et al.* "Mindfulness-Based Treatments for Posttraumatic Stress Disorder: A Review of the Treatment Literature and Neurobiological Evidence". *Journal of Psychiatry & Neuroscience*, v. 43, n. 1, p. 7-25, 2018. Disponível em: https://doi.org/10.1503/jpn.170021.

7 – Descarte a história

1. KAPPES, A. *et al.* "Confirmation Bias in the Utilization of Others' Opinion Strength". *Nature Neuroscience*, v. 23, n. 1, p. 130-137, 2020. Disponível em: https://doi.org/10.1038/s41593-019-0549-2.

2. SCHACTER, D. L.; ADDIS, D. R. "On the Nature of Medial Temporal Lobe Contributions to the Constructive Simulation of Future Events". *Philosophical Transactions of the Royal Society*, v. 364, n. 1.521, p. 1.245-1.253, 2009. Disponível em: https://doi.org/10.1098/rstb.2008.0308.

3. JONES, N. A. et al. "Mental Models: An Interdisciplinary Synthesis of Theory and Methods". *Ecology and Society*, v. 16, n. 1, 2011. Disponível em: http://www.jstor.org/stable/26268859.

   JOHNSON-LAIRD, P. N. "Mental Models and Human Reasoning". *Proceedings of the National Academy of Sciences of the United States of America*, v. 107, n. 43, p.18.243-18.250, 2010. Disponível em: https://doi.org/10.1073/pnas.1012933107.

4. VERWEIJ, M. et al. "Emotion, Rationality, and Decision-Making: How to Link Affective and Social Neuroscience with Social Theory". *Frontiers in Neuroscience*, v. 9, p. 332, 2015. Disponível em: https://doi.org/10.3389/fnins.2015.00332.

5. BLONDÉ, J.; GIRANDOLA, F. "Revealing the Elusive Effects of Vividness: A Meta-Analysis of Empirical Evidences Assessing the Effect of Vividness on Persuasion". *Social Influence*, v. 11, n. 2, p. 111-129, 2016. Disponível em: https://doi.org/10.1080/15534510.2016.1157096.

6. CARREY, J. "Discurso de formatura da graduação na Maharishi International University". *YouTube*, 30 maio 2014. Vídeo. Disponível em: https://www.youtube.com/watch?v=V-80-gPkpH6M.acce.

7. ANDREWS-HANNA, J. R. et al. "Dynamic Regulation of Internal Experience: Mechanisms of Therapeutic Change". *In*: LANE, R. D.; NADEL, L. *Neuroscience of Enduring Change*: Implications for Psychotherapy. Nova York: Oxford University Press, 2020, p. 89-131. Disponível em: https://doi.org/10.1093/oso/9780190881511.003.0005.

8. ELLAMIL, M. et al. "Dynamics of Neural Recruitment Surrounding the Spontaneous Arising of Thoughts in Experienced Mindfulness Practitioners". *NeuroImage*, v. 136, p. 186-196, 2016. Disponível em: https://doi.org/10.1016/j.neuroimage.2016.04.034.

9. BERNSTEIN, A. et al. "Metacognitive Processes Model of Decentering: Emerging Methods and Insights". *Current Opinion in Psychology*, v. 28, p. 245-251, 2019. Disponível em: https://doi.org/10.1016/j.copsyc.2019.01.019.

10. BARRY, J. et al. "The Power of Distancing During a Pandemic: Greater Decentering Protects Against the Deleterious Effects of COVID-19-Related Intrusive Thoughts on Psychological Health in Older Adults". Pôster apresentado em Mind & Life 2020 Contemplative Research Conference, on-line, nov. 2020.

11. KROSS, E.; AYDUK, O. "Self-Distancing: Theory, Research, and Current Directions". *In*: OLSON, J. M. (ed.). *Advances in Experimental Social Psychology*, v. 55, p. 81-136, 2017. Disponível em: https://doi.org/10.1016/bs.aesp.2016.10.002.

12. KROSS, E. et al. "Coping with Emotions Past: The Neural Bases of Regulating Affect Associated with Negative Autobiographical Memories". *Biological Psychiatry*, v. 65, n. 5, p. 361-366, 2009. Disponível em: https://doi.org/10.1016/j.biopsych.2008.10.019.

13. HAYES-SKELTON, S. A. et al. "Decentering as a Potential Common Mechanism Across Two

Therapies for Generalized Anxiety Disorder". *Journal of Consulting and Clinical Psychology*, v. 83, n. 2, p. 83-404, 2015. Disponível em: https://doi.org/10.1037/a0038305.

SEAH, S. *et al.* "Spontaneous Self-Distancing Mediates the Association Between Working Memory Capacity and Emotion Regulation Success". *Clinical Psychological Science*, v. 9, n. 79-96, 2020. Disponível em: https://doi.org/10.1177/2167702620953636.

KING, A. P.; FRESCO, D. M. "A Neurobehavioral Account for Decentering as the Salve for the Distressed Mind". *Current Opinion in Psychology*, v. 28, p. 285-293, 2019. Disponível em: https://doi.org/10.1016/j.copsyc.2019.02.009.

PERESTELO-PEREZ, L. *et al.* "Mindfulness-Based Interventions for the Treatment of Depressive Rumination: Systematic Review and Meta-Analysis". *International Journal of Clinical and Health Psychology*, v. 17, n. 3, p. 282-295, 2017. Disponível em: https://doi.org/10.1016/j.ijchp.2017.07.004.

BIELING, P. J. *et al.* "Treatment-Specific Changes in Decentering Following Mindfulness-Based Cognitive Therapy Versus Antidepressant Medication or Placebo for Prevention of Depressive Relapse". *Journal of Consulting and Clinical Psychology*, v. 80, n. 3, p. 365-372, 2012. Disponível em: https://doi.org/10.1037/a0027483.

14. JHA, A. P. *et al.* "Bolstering Cognitive Resilience via Train-the-Trainer Delivery of Mindfulness Training in Applied High-Demand Settings". *Mindfulness*, v. 11, p. 683-697, 2020. Disponível em: https://doi.org/10.1007/s12671-019-01284-7.

ZANESCO, A. P. *et al.* "Mindfulness Training as Cognitive Training in High-Demand Cohorts: An Initial Study in Elite Military Servicemembers". In: *Progress in Brain Research*, v. 244, p. 323-354, 2019. Disponível em: https://doi.org/10.1016/bs.pbr.2018.10.001.

15. LUEKE, A.; GIBSON, B. "Brief Mindfulness Meditation Reduces Discrimination". *Psychology of Consciousness: Theory, Research, and Practice*, v. 3, n. 1, p. 34-44, 2016. Disponível em: https://doi.org/10.1037/cns0000081.

8 – Vá com tudo

1. ENDSLEY, M. R. "The Divergence of Objective and Subjective Situation Awareness: A Meta-Analysis". *Journal of Cognitive Engineering and Decision Making*, v. 14, n. 1, p. 34-53, 2020. Disponível em: https://doi.org/10/ggqfzd.

2. Estudos recentes sugerem uma correspondência entre negligenciar as próprias metas, a capacidade da memória de trabalho e a divagação mental.

    MCVAY, J. C.; KANE, M. J. "Conducting the Train of Thought: Working Memory Capacity, Goal Neglect, and Mind Wandering in an Executive-Control Task". *Journal of Experimental Psychology: Learning, Memory, and Cognition*, v. 35, n. 1, p. 196-204, 2009.

3. SCHOOLER, J. W. *et al.* "Meta-Awareness, Perceptual Decoupling and the Wandering Mind". *Trends in Cognitive Sciences*, v. 15, n. 7, p. 319-326, 2011. Disponível em: https://doi.org/10.1016/j.tics.2011.05.006.

4. KRIMSKY, M. et al. "The Influence of Time on Task on Mind Wandering and Visual Working Memory". *Cognition*, v. 169, p. 84-90, 2017. Disponível em: https://doi.org/10.1016/j.cognition.2017.08.006.

5. Alguns estudos sugerem que flutuações temporais lentas nos padrões de desempenho e atividade cerebral podem refletir o ciclo de atenção para diversos objetivos, um após o outro.

    SMALLWOOD, J. et al. "Segmenting the Stream of Consciousness: The Psychological Correlates of Temporal Structures in the Time Series Data of a Continuous Performance Task". *Brain and Cognition*, v. 66, n. 1, p. 50-56, 2008. Disponível em: https://doi.org/10.1016/j.bandc.2007.05.004.

6. KRIMSKY, M. et al., *op. cit.*

7. Durante atividades desafiadoras que exigem concentração e esforço, sujeitos com capacidade de memória de trabalho (CMT) maior mantiveram melhor os pensamentos na tarefa, e sua mente divagou menos, do que sujeitos com CMT menor.

    KANE, M. J. et al. "For Whom the Mind Wanders, and When: An Experience-Sampling Study of Working Memory and Executive Control in Daily Life". *Psychological Science*, v. 18, n. 7, p. 614-621, 2007. Disponível em: https://doi.org/10.1111/j.1467-9280.2007.01948.x.

8. FRANKLIN, M. S. et al. "Tracking Distraction: The Relationship Between Mind-Wandering, Meta-Awareness, and ADHD Symptomatology". *Journal of Attention Disorders*, v. 21, n. 6, p. 475-486, 2017. Disponível em: https://doi.org/10.1177/1087054714543494.

9. SMALLWOOD, J. et al., *op. cit.*

    POLYCHRONI, N. et al. "Response Time Fluctuations in the Sustained Attention to Response Task Predict Performance Accuracy and Meta-Awareness of Attentional States". *Psychology of Consciousness: Theory, Research, and Practice*, 2020. Disponível em: https://doi.org/10.1037/cns0000248.

10. SAYETTE, M. A. et al. "Lost in the Sauce: The Effects of Alcohol on Mind Wandering". *Psychological Science*, v. 20, n. 6, p. 747-752, 2009. Disponível em: https://doi.org/10.1111/j.1467-9280.2009.02351.x.

11. BREWER, J. A. et al. "Meditation Experience Is Associated with Differences in Default Mode Network Activity and Connectivity. *Proceedings of the National Academy of Sciences of the United States of America*, v. 108, n. 50, p. 20.254-20.259, 2011. Disponível em: https://doi.org/10.1073/pnas.1112029108.

    KRAL, T. R. A. et al. "Mindfulness-Based Stress Reduction-Related Changes in Posterior Cingulate Resting Brain Connectivity". *Social Cognitive and Affective Neuroscience*, v. 14, n. 7, p. 777-787, 2019. Disponível em: https://doi.org/10.1093/scan/nsz050.

    LUTZ, A. et al. "Investigating the Phenomenological Matrix of Mindfulness-Related Practices from a Neurocognitive Perspective". *American Psychologist*, v. 70, n. 7, p. 632-658, 2015. Disponível em: https://doi.org/10.1037/a0039585.

12. SUN TZU. *The Art of War*. Bridgewater, MA: World Publications, 2007, p. 95.

13. BHIKKHU, T. (trans.). "Sallatha Sutta: The Arrow. Access to Insight". Edição BCBS, 30 nov. 2013. Disponível em: https://www.accesstoinsight.org/tipitaka/sn/sn36/sn36.006.than.html.
14. MCCAIG, R. G. et al. "Improved Modulation of Rostrolateral Prefrontal Cortex Using Real-Time FMRI Training and Meta-Cognitive Awareness". NeuroImage, v. 55, n. 3, p. 1.298-1.305, 2011. Disponível em: https://doi.org/10.1016/j.neuroimage.2010.12.016.

9 – Fique conectado

1. PERISSINOTTO, C. M. et al. "Loneliness in Older Persons: A Predictor of Functional Decline and Death". *Archives of Internal Medicine*, v. 172, n. 14, p. 1.078-1084, 2012. Disponível em: https://doi.org/10.1001/archinternmed.2012.1993.
2. ALFRED, K. L. et al. "Mental Models Use Common Neural Spatial Structure for Spatial and Abstract Content". *Communications Biology*, v. 3, n. 17, 2020. Disponível em: https://doi.org/10.1038/s42003-019-0740-8.

   JONKER, C. M. et al. "Shared Mental Models: A Conceptual Analysis". *Lecture Notes in Computer Science*, v. 6.541, p. 132-151, 2011. Disponível em: https://doi.org/10.1007/978-3-642-21268-0_8.
3. DEATER-DECKARD, K. et al. "Maternal Working Memory and Reactive Negativity in Parenting". *Psychological Sciences*, v. 21, n. 1, p. 75-79, 2010. Disponível em: https://doi.org/10.1177/0956797609354073.
4. FRANCHOW, E. I.; SUCHY, Y. "Naturally-Occurring Expressive Suppression in Daily Life Depletes Executive Functioning". *Emotion*, v. 15, n. 1, p. 78-89, 2015. Disponível em: https://doi.org/10.1037/emo0000013.

   BREWIN, C. R.; BEATON, A. "Thought Suppression, Intelligence, and Working Memory Capacity". *Behaviour Research and Therapy*, v. 40, n. 8, p. 923-930, 2002. Disponível em: https://doi.org/10.1016/S0005-7967(01)00127-9.
5. Esses artigos fornecem revisões abrangentes de achados em vários estudos.

   DAHL, C. J. et al. "The Plasticity of Well-Being: A Training-Based Framework for the Cultivation of Human Flourishing". *Proceedings of the National Academy of Sciences of the United States of America*, v. 117, n. 51, p. 32.197-32.206, 2020. Disponível em: https://doi.org/10.1073/pnas.2014859117.

   BRANDMEYER, T.; DELORME, A. "Meditation and the Wandering Mind: A Theoretical Framework of Underlying Neurocognitive Mechanisms". *Perspectives on Psychological Science*, v. 16, n. 1, p. 39-66. 2021. Disponível em: https://doi.org/10.1177/1745691620917340.
6. KANG, Y. et al. "The Nondiscriminating Heart: Lovingkindness Meditation Training Decreases Implicit Intergroup Bias". *Journal of Experimental Psychology: General*, v. 143, n. 3, p. 1.306-1.313, 2021. Disponível em: https://doi.org/10.1007/s11031-015-9514-x.

10 – Sinta a queimação

1. COOPER, K. H. "The History of Aerobics (50 Years and Still Counting)". *Research Quarterly for Exercise and Sport*, v. 89, n. 2, p. 129-134, 2018. Disponível em: https://doi.org/10.1080/02701367.2018.1452469.
2. PRAKASH, R. S. et al. "Mindfulness and Attention: Current State-of-Affairs and Future Considerations". *Journal of Cognitive Enhancement*, v. 4, p. 340-367, 2020. Disponível em: https://doi.org/10.1007/s41465-019-00144-5.
3. HASENKAMP, W. et al. "Mind Wandering and Attention During Focused Meditation: A Fine-Grained Temporal Analysis of Fluctuating Cognitive States". *NeuroImage*, v. 59, n. 1, p. 750-760, 2012. Disponível em: https://doi.org/10.1016/j.neuroimage.2011.07.008.
4. BRANDMEYER, T.; DELORME, A. "Meditation and the Wandering Mind: A Theoretical Framework of Underlying Neurocognitive Mechanisms". *Perspectives on Psychological Science*, v. 16, n. 1, p. 39-66, 2021. Disponível em: https://doi.org/10.1177/1745691620917340.

    FOX, K. C. R. et al. "Functional Neuroanatomy of Meditation: A Review and Meta-Analysis of 78 Functional Neuroimaging Investigations". *Neuroscience & Biobehavioral Reviews*, v. 65, p. 208-228, 2016. Disponível em: https://doi.org/10.1016/j.neubiorev.2016.03.021.

5. Existem vários estudos de outros grupos de pesquisa (por exemplo, LUTZ et al., 2008, para revisão; ZANESCO et al., 2013; ZANESCO et al., 2016) relatando benefícios para a atenção devido à participação em retiros de longa duração. Os benefícios específicos no desempenho do SART (WITKIN et al., 2018) incluem melhora no desempenho da atenção sustentada, redução no autorrelato de divagação mental, aumento da metaconsciência, melhora no alerta (JHA et al., 2007) e melhora na codificação da memória de trabalho (VAN VUGT; JHA, 2011). Esses foram todos estudos conduzidos no Shambhala Mountain Center. O estudo de Witkin et al. (2018) foi realizado em colaboração com a Universidade Naropa, com minha colega Jane Carpenter Cohn. Além de estudos que examinam os efeitos cognitivos de retiros de atenção plena, muitos estudos foram conduzidos examinando outros benefícios (MCCLINTOCK et al., 2019).

    LUTZ, A. et al. "Attention Regulation and Monitoring in Meditation". *Trends in Cognitive Sciences*, v. 12, n. 4, p. 163-169, 2008. Disponível em: https://doi.org/10.1016/j.tics.2008.01.005.

    ZANESCO, A. et al. "Executive Control and Felt Concentrative Engagement Following Intensive Meditation Training". *Frontiers in Human Neuroscience*, v. 7, p. 566, 2013. Disponível em: https://doi.org/10.3389/fnhum.2013.00566.

    ZANESCO, A. P. et al. "Meditation Training Influences Mind Wandering and Mindless Reading". *Psychology of Consciousness: Theory, Research, and Practice*, v. 3, n. 1, p. 12-33, 2016. Disponível em: https://doi.org/10.1037/cns0000082.

    WITKIN, J. et al. "Mindfulness Training Influences Sustained Attention: Attentional Benefits as a Function of Training Intensity". Pôster apresentado em International Symposium for Contemplative Research, Phoenix, Arizona, 2018.

JHA, A. P. *et al.* "Mindfulness Training Modifies Subsystems of Attention". *Cognitive, Affective & Behavioral Neuroscience*, v. 7, n. 2, p. 109-119, 2007. Disponível em: https://doi.org/10.3758/CABN.7.2.109.

VAN VUGT, M.; JHA, A. P. "Investigating the Impact of Mindfulness Meditation Training on Working Memory: A Mathematical Modeling Approach". *Cognitive, Affective & Behavioral Neuroscience*, v. 11, p. 344-353, 2011. Disponível em: https://doi.org/10.3758/s13415-011-0048-8.

MCCLINTOCK, A. S. *et al.* "The Effects of Mindfulness Retreats on the Psychological Health of Non-Clinical Adults: A Meta-Analysis". *Mindfulness*, v. 10, p. 1.443-1.454, 2019. Disponível em: https://doi.org/10.1007/s12671-019-01123-9.

6. JHA, A. P. *et al.* "Minds 'At Attention': Mindfulness Training Curbs Attentional Lapses in Military Cohorts". *PLoS One*, v. 10, n. 2, pp. 1-19, 2015. Disponível em: https://doi.org/10.1371/journal.pone.0116889.

JHA, A. P. *et al.* "Examining the Protective Effects of Mindfulness Training on Working Memory Capacity and Affective Experience". *Emotion*, v. 10, n. 1, p. 54-64, 2010. Disponível em: https://doi.org/10.1037/a0018438.

7. Muitos outros estudos em larga escala com militares, cônjuges de militares, socorristas, líderes comunitários e vários outros grupos:

Militares:

JHA, A. P. *et al.* "Bolstering Cognitive Resilience via Train-the-Trainer Delivery of Mindfulness Training in Applied High-Demand Settings". *Mindfulness*, v. 11, p. 683-697, 2020. Disponível em: https://doi.org/10.1007/s12671-019-01284-7.

ZANESCO, A. P. *et al.* "Mindfulness Training as Cognitive Training in High-Demand Cohorts: An Initial Study in Elite Military Servicemembers". *In: Progress in Brain Research*, v. 244, p. 323-354, 2019. Disponível em: https://doi.org/10.1016/bs.pbr.2018.10.001.

Cônjuges de militares:

BRUDNER, E. G. *et al.* "The Influence of Training Program Duration on Cognitive Psychological Benefits of Mindfulness and Compassion Training in Military Spouses". Pôster apresentado em International Symposium for Contemplative Studies, San Diego, Califórnia, nov. 2016.

Bombeiros:

DENKOVA, E. *et al.* "Resilience Trainable? An Initial Study Comparing Mindfulness and Relaxation Training in Firefighters". *Psychiatry Research*, v. 285, p. 112.794, Disponível em: https://doi.org/10.1016/j.psychres.2020.112794.

Líderes comunitários e trabalhistas:

ALESSIO, C. *et al.* "Leading Mindfully: Examining the Effects of Short-Form Mindfulness Training on Leaders' Attention, Well-Being, and Workplace Satisfaction". Pôster apresentado em The Mind & Life 2020 Contemplative Research Conference, on-line, nov. 2020.

Contabilistas:

DENKOVA, E. *et al.* "Strengthening Attention with Mindfulness Training in Workplace Settings". *In*: SIEGEL, D. J.; SOLOMON, M. *Mind, Consciousness, and Well-Being*. Nova York: W. W. Norton & Company, 2020, p. 1-22.

8. JHA, A. P. *et al.* "Comparing Mindfulness and Positivity Trainings in High-Demand Cohorts". *Cognitive Therapy and Research*, v. 44, n. 2, p. 311-326, 2020. Disponível em: https://doi.org/10.1007/s10608-020-10076-6. Sabe-se que o treinamento da positividade tem efeitos benéficos quando oferecido em outros contextos, tipificados por níveis normativos de angústia e desafio, particularmente aqueles que sofrem de disforia.

BECKER, E. S. *et al.* "Always Approach the Bright Side of Life: A General Positivity Training Reduces Stress Reactions in Vulnerable Individuals". *Cognitive Therapy and Research*, v. 40, p. 57-71, 2016. Disponível em: https://doi.org/10.1007/s10608-015-9716-2.

9. JHA, A. P. "Short-Form Mindfulness Training Protects Against Working Memory Degradation Over High-Demand Intervals". *Journal of Cognitive Enhancement*, v. 1, p. 154-171, 2017. Disponível em: https://doi.org/10.1007/s41465-017-0035-2.

10. Para determinar se existe uma "dose mínima efetiva" de treinamento de atenção plena, primeiro precisávamos examinar se a dose é importante. Para isso, examinamos se há efeitos dose-resposta, que se referem a padrões nos quais a magnitude de uma resposta varia em função da dose de exposição a algo. Em nossos estudos, a "dose" foi a quantidade real de tempo que os participantes saudáveis dedicaram a exercícios de treinamento de atenção plena fora do tempo formal que passaram em um curso de treinamento com um instrutor qualificado. A "resposta" foi o desempenho deles em nossas métricas de avaliação da atenção e memória de trabalho após (versus antes) o intervalo de treinamento formal. Observamos efeitos dose-resposta no desempenho de tarefas cognitivas em muitos de nossos estudos de coortes com altos níveis de estresse. Muitas outras equipes de pesquisa relataram efeitos dose-resposta também em domínios não cognitivos (LLOYD *et al.*, 2018; PARSONS *et al.*, 2017). Os benefícios do treinamento de atenção plena são maiores naqueles com mais (versus menos) dedicação à prática.

Um ponto-chave sobre "dose" em estudos de treinamento de atenção plena é que atribuir aos participantes uma quantidade específica de tempo de prática a cada dia não significa que eles irão aderir a esses requisitos. De fato, em nossos estudos de coortes com altos níveis de estresse, descobrimos que há uma variabilidade considerável na adesão à prática atribuída. Essa descoberta sugeriu que determinar o que é uma "dose mínima efetiva" por meio da prescrição experimental da dose (atribuindo a subgrupos de participantes do treinamento de atenção plena ou do treinamento de comparação condições para diferentes quantidades de prática diária) provavelmente seria infrutífero, uma vez que era provável que encontrássemos variabilidade no envolvimento real autorrelatado com a prática em todos os subgrupos da prática. Em vez disso, optamos por uma abordagem emergente de dados usando os autorrelatos dos participantes de quanto eles realmente praticaram. Especificamente, os participantes foram dividdos em subgrupos de práticas alta e baixa com base em sua prática autorrelatada. Então, testamos estatisticamente para verificar qual desses dois grupos diferiu significativamente do outro, bem como de seu respectivo grupo comparativo de treinamento ativo ou grupo de controle sem treinamento, que também fizeram parte desses estudos.

Em nossos estudos iniciais (JHA et al., 2010; JHA et al., 2015), atribuímos trinta minutos de prática diária para todo o intervalo de treinamento de oito semanas. Pouquíssimos participantes relataram envolvimento com essa dose. Não foram encontradas diferenças significativas quando comparamos todo o grupo de treinamento (que compreendia aqueles com práticas baixa e alta) com o grupo de controle sem treinamento. Mas, após decompor o grupo de treinamento em subgrupos de práticas alta e baixa, descobrimos que o desempenho do grupo de prática alta foi significativamente melhor do que o do grupo de prática baixa e o do grupo de controle sem treinamento. O grupo de prática alta neste estudo praticou uma média de doze minutos diários. Usamos esse número para guiar nossos próximos passos. Em nosso estudo seguinte em larga escala (ROOKS et al., 2017), predefinimos a prática de doze minutos diários para um intervalo de treinamento de quatro semanas (as gravações da prática guiada duravam doze minutos cada, e os participantes foram incentivados a completar toda a gravação). Mais uma vez, houve variabilidade, com alguns participantes praticando apenas alguns dias por semana e outros praticando mais. E, novamente, o grupo de treinamento de atenção plena como um todo não diferiu significativamente do grupo de comparação, que recebeu treinamento de relaxamento. Decompusemos cada grupo de treinamento em subgrupos de práticas alta e baixa. Descobrimos que aqueles que receberam treinamento de atenção plena tiveram desempenho significativamente melhor no subgrupo de prática alta em relação ao de prática baixa. O grupo de prática alta de atenção plena também teve um desempenho significativamente melhor do que o grupo de prática alta de relaxamento. O grupo de prática alta de atenção plena envolveu-se em doze minutos de prática, em média cinco dias por semana. Em dois estudos de acompanhamento (ZANESCO et al., 2019; JHA et al., 2020), restringimos os requisitos de prática a cinco dias por semana em vez de exigir a prática diária durante todo o intervalo de treinamento, como ocorrera em nossos estudos anteriores. Além disso, aumentamos ligeiramente a dose diária para quinze minutos, fornecendo gravações de quinze minutos (em vez de doze), porque agora contávamos com os instrutores que havíamos treinado rapidamente em vez de instrutores especializados. Em ambos os estudos, os participantes aderiram amplamente à prática atribuída, e o grupo de treinamento de atenção plena como um todo teve um desempenho significativamente melhor do que o grupo de controle sem treinamento ao final do intervalo de treinamento. Esses estudos sugerem que praticar por quatro ou cinco dias por semana proporciona benefícios para o desempenho cognitivo.

Assim, em conjunto, esses estudos sugerem que a dose mínima efetiva que gera benefícios para a atenção e a memória de trabalho em intervalos de alta demanda em participantes saudáveis é de doze a quinze minutos diários, cinco dias por semana. Reconhecemos que são necessários muitos mais estudos para explorar ainda mais essa prescrição e que esses resultados podem diferir para outras métricas e outros tipos de grupos. Todavia, por meio dessa série de estudos, parecemos ter chegado a uma receita à qual muitos participantes estão dispostos a aderir. Além disso, ela abre muitas linhas de pesquisa novas e fascinantes relativas a fatores (como personalidade, experiências de vida anteriores, demandas da vida atual, e assim por diante) que podem determinar quanto tempo as pessoas estão dispostas a praticar. Por exemplo, em nossos estudos iniciais com Fuzileiros Navais, descobrimos que aqueles que tinham como traço de personalidade uma maior abertura e aqueles que haviam sido anteriormente destacados estavam mais dispostos a praticar do que os outros. E, por fim, é essencial ter em mente que qualquer prescrição fundamentada em pesquisa é baseada em estatísticas que se apoiam em dados agregados, como médias, tendências e correlações. Como tal, é inteiramente plausível que qualquer indivíduo possa experimentar os efeitos benéficos do treinamento da atenção plena sem estar em conformidade com esta ou outras prescrições derivadas de pesquisas.

LLOYD, A. et al. "The Utility of Home-Practice in Mindfulness-Based Group Interventions: A Systematic Review". *Mindfulness*, v. 9, p. 673-692, 2018. Disponível em: https://doi.org/10.1007/s12671-017-0813-z.

PARSONS, C. E. et al. "Home Practice in Mindfulness-Based Cognitive Therapy and Mindfulness-Based Stress Reduction: A Systematic Review and Meta-Analysis of Participants' Mindfulness Practice and Its Association with Outcomes". *Behaviour Research and Therapy*, v. 95, p. 29-41, 2017. Disponível em: https://doi.org/10.1016/j.brat.2017.05.004.

JHA, A. P. et al. "Examining the Protective Effects of Mindfulness Training on Working Memory Capacity and Affective Experience". *Emotion*, v. 10, n. 1, p. 54-64, 2010. Disponível em: https://doi.org/10.1037/a0018438.

JHA, A. P. et al. "Minds 'At Attention': Mindfulness Training Curbs Attentional Lapses in Military Cohorts". *PLoS One*, v. 10, n. 2, pp. 1-19, 2015. Disponível em: https://doi.org/10.1371/journal.pone.0116889.

ROOKS, J. D. et al. "'We Are Talking About Practice': The Influence of Mindfulness vs. Relaxation Training on Athletes' Attention and Well-Being over High-Demand Intervals". *Journal of Cognitive Enhancement*, v. 1, n. 2, p. 141-153, 2017. Disponível em: https://doi.org/10.1007/s41465-017-0016-5.

ZANESCO, A. P., *op. cit.*

JHA, A. P. et al. "Bolstering Cognitive Resilience via Train-the-Trainer Delivery of Mindfulness Training in Applied High-Demand Settings". *Mindfulness*, v. 11, p. 683-697, 2020. Disponível em: https://doi.org/10.1007/s12671-019-01284-7.

11. Existem outros programas por aí que incorporam a atenção plena como parte de um plano de tratamento para distúrbios psicológicos como depressão, ansiedade e TEPT: existem muitos recursos na redução do estresse baseada na atenção plena (KABAT-ZINN, 1990) e na terapia cognitiva baseada na atenção plena para redução de estresse e sintomas (SEGAL et al., 2002), bem como metanálises sobre o estresse e os benefícios para a saúde desses programas (GOYAL et al., 2014).

KABAT-ZINN, J. *Full Catastrophe Living*: How to Cope with Stress, Pain and Illness Using Mindfulness Meditation. Nova York: Bantam Dell, 1990. [Ed. bras.: *Viver a catástrofe total:* como utilizar a sabedoria do corpo e da mente para enfrentar o estresse, a dor e a doença. 2. ed. São Paulo: Palas Athena, 2021. E-book.]

SEGAL, Z. V. *et al. Mindfulness-Based Cognitive Therapy for Depression:* A New Approach to Preventing Relapse. Nova York: Guilford, 2002.

GOYAL, M. *et al.* "Meditation Programs for Psychological Stress and Well-Being: A Systematic Review and Meta-Analysis". JAMA *Internal Medicine*, v. 174, n. 3, p. 357-368, 2014. Disponível em: https://doi.org/10.1007/s41465-017-0016-5.

12. NILA, K. *et al.* "Mindfulness-Based Stress Reduction (MBSR) Enhances Distress Tolerance and Resilience Through Changes in Mindfulness". *Mental Health & Prevention*, v. 4, n. 1, p. 36-41, 2016. Disponível em: https://doi.org/10.1016/j.mhp.2016.01.001.

O guia prático da mente no auge

1. JAMES, W. *The Principles of Psychology*. 2 vols. Nova York: Holt, 1890, p. 243.

2. FOGG, B. J. *Tiny Habits*: The Small Changes That Change Everything. Nova York: Houghton Mifflin Harcourt, 2020. Disponível em: http://tinyhabits.com. [Ed. bras.: *Micro-hábitos:* as pequenas mudanças que mudam tudo. Rio de Janeiro: HarperCollins, 2020.]

3. Comunicação pessoal de Walt Piatt (4 de outubro de 2018), com citação de Cynthia Piatt, referindo-se à necessidade e à importância de nos autorregularmos emocionalmente antes de o solicitarmos ou exigirmos dos outros.

Este livro, composto na fonte Fairfield, foi impresso em papel Pólen Natural 70g/m², na gráfica Eskenazi. São Paulo, julho de 2022.